JN007102

ExcelとRによる例題で学ぶ

# 統計モデル・データ解析入門

最小2乗法から最尤法へ

藤川 浩 著

# はじめに

本書では実験、調査および検査などで得たデータについて統計モデルを用いて解析する手法を解説します。一般的な統計処理方法はそのデータが正規分布に従っているという前提の基で作られています。つまり、多くのデータ解析方法は最小2乗法に基づく統計学的な手法で行われていますが、この最小2乗法はデータが正規分布に従う（つまり正規分布から生成された）という前提に成り立っています。私たちはこの前提をほとんど考慮せずにデータを統計処理しています。しかし、正規分布は数多くある確率分布の1つであり、もしデータが正規分布よりも適切な確率分布から生じたと考えられる場合はその分布を用いた方がより正確な解析結果を得られます。各種の確率分布をデータに当てはめるとき、最小2乗法は使えないため、最尤法という手法を使います。本書ではその最尤法をやさしく説明し、この手法を使ってデータ解析をします。最尤法を理解すると、ベイズ統計学も理解しやすくなります。

統計モデルという言葉は聞きなれない言葉かもしれませんが、ある確率分布を基に作られたモデルを意味します。本書では多くの例題に各種の確率分布を当てはめて解析し、その中で最も適している確率分布、つまり統計モデルを選ぶというスタイルで書かれています。参考となる書籍も少ないので、著者自身が試行錯誤をしながら最適な統計モデルを選んだプロセスを、本書を通じて学習してほしいと思います。

筆者は以前「Excelで学ぶ食品微生物学」（2015 オーム社）を上梓し、食品中の微生物の増殖、死滅のモデル化について解説しました。そこでは微生物の挙動を微分方程式で表し、それを数値解析（ルンゲークッタ法）で解く方法を説明しました。この方法は決定論的といえます。それに対して、本書で説明する統計モデルは確率分布に基づいたモデルですから、決定論的な1つの決まった数値は得られませんが、それに代わって結果は分布で表されます。その分布から各種の情報を得ることができます。

本書には読者の理解を深めるために、「問」と「練習問題」を用意してあります。「問」は時間をかけずに解答できるので、ぜひトライしてください。一方、「練習問題」はやや解答に時間がかかると思われるので、余裕のある場合にチャレンジしてください。

本書ではExcelとRを使って例題のデータを解析しています。本書で使った代表的なExcelファイルは例えば Ex 8-1 のように表してオンラインで公開しているので、読者はそれを参考にして自己のデータを解析できます。

本書は主に以下の書籍を参考に執筆されました。

- 「リスク解析がわかる」藤川浩 2022 技術評論社
- "Risk Analysis: A Quantitative Guide" (third ed.) David Vose 2008 John Wiley & Sons Inc

リスクアナリストのDavid Vose氏は「確率分布を理解すると、身の回りに起こるいろいろな現象を確率分布を通して考えることができる」と話しています。読者が本書を基に自己のデータを解析し、新しい知見を得ることを期待します。

2024年4月

藤　川　　浩

# 目次

【プログラムファイルのダウンロードについて】

オーム社のホームページで、本書で取り上げたプログラムとデータファイルを圧縮ファイル形式で提供しています。

https://www.ohmsha.co.jp/

圧縮ファイルをダウンロードし、解凍（フォルダ付き）してご利用ください。

# 第1章 データ解析のための準備

本章ではデータ解析のために必要な基礎事項を確認します。すでに理解している読者はパスして構いません。

## 1.1 四則計算と対数・指数計算

一般にデータ解析で使う数は34.571、1200、2/7のような実数です。なお、実数に対する数が虚数で、実数と虚数を含んだ数が複素数です。本書では実数のみを扱います。**図1-1**に示すように実数は$a/b$のような割り算の形で表される数(有理数)と表せない数(無理数)とに分けられます。ここで$a$と$b(\neq 0)$は整数です。有理数の例としては1.6、0.32、－32などがあります。無理数の例として円周率$\pi$や$\sqrt{3}$などがあります。有理数の中には整数があり、43、5、－98のように正と負のものがあります。自然数は1、2、3、…のように正の整数からなり、個数や順番を表す場合に使います。ただし、0は自然数に含まれません。

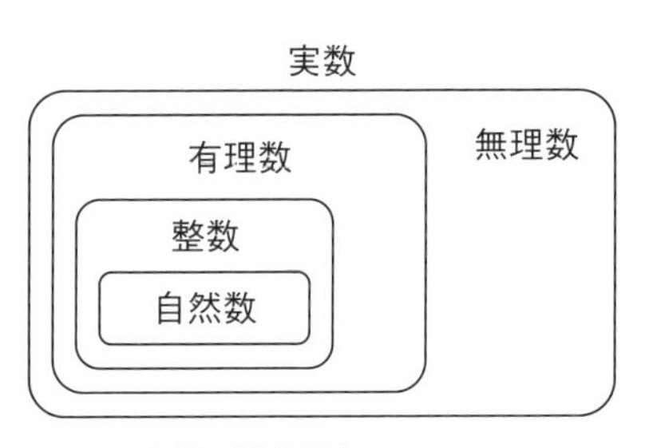


図1-1　実数の構成要素

## 1 四則演算

四則演算は本書でも非常に多く使われますが、和を表す記号$\sum$（シグマ）と積を表す記号$\Pi$（パイ）を使った演算にも慣れておきましょう。次の式(1-1)と(1-2)に示すように、それぞれ指定された整数（ここでは$i$）に従って、順次計算していきます。

$$\sum_{i=2}^{4} i = 2+3+4=9 \tag{1-1}$$

$$\prod_{i=0}^{5} i = 0\times1\times2\times3\times4\times5=0 \tag{1-2}$$

**例題1**　次の計算をしなさい。

1. $\sum_{i=1}^{5} 7$
2. $\sum_{i=1}^{5} i$
3. $\sum_{i=1}^{5} 7i$

**解答1**

1. $\sum_{i=1}^{5} 7 = 7+7+7+7+7=35$
2. $\sum_{i=1}^{5} i = 1+2+3+4+5=15$
3. $\sum_{i=1}^{5} 7i = 7\times1+7\times2+7\times3+7\times4+7\times5=7\times15=105$

**問1-1**　次の計算をしなさい。ただし、$a$は定数です。

1. $\sum_{k=0}^{4} k$
2. $\sum_{k=1}^{4} k^2$
3. $\sum_{k=0}^{4} a$

**例題2**　次の計算をしなさい。

1. $$\prod_{i=3}^{6} i$$
2. $$\prod_{i=2}^{5} 8$$
3. $$\prod_{i=3}^{6} 2i$$

**解答2**

1. $$\prod_{i=3}^{6} i = 3 \times 4 \times 5 \times 6 = 360$$
2. $$\prod_{i=2}^{5} 8 = 8 \times 8 \times 8 \times 8 = 4096$$
3. $$\prod_{i=3}^{6} 2i = (2 \times 3) \times (2 \times 4) \times (2 \times 5) \times (2 \times 6) = 5760$$

**問1-2**　次の計算をしなさい。ただし、$k$は定数です。

1. $$\prod_{i=1}^{5} i$$
2. $$\prod_{i=3}^{6} i^2$$
3. $$\prod_{i=1}^{5} k$$

## 2 指数と対数

演算5×5×5は$5^3$と表しますが、この3を指数あるいは「べき」といいます。指数は正の整数だけではなく、負の整数の場合もあります。なお、$7^0 = 1$のようにある数字の0乗は常に1とします。また、指数は整数だけではなく、分数、小数の場合もあります。

$x \geqq 0$のとき指数関数$y = e^x$と$y = 10^x$のグラフを**図1-2**に示します。関数$y = x$と比較して、$x$の増加に対して急激に$y$が増加することが分かります。

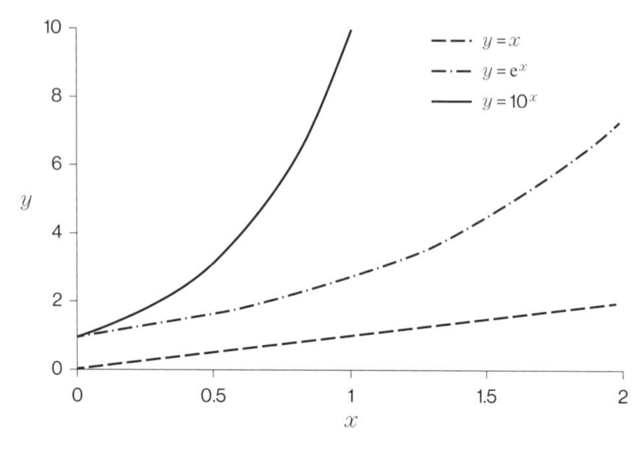


図1-2　指数関数のグラフ

指数に関して次の法則があります。ここで、$x, y, a, b$ は実数で、$a$>0, $b$>0です。

1. $x^a x^b = x^{a+b}$
2. $x^a / x^b = x^{a-b}$
3. $\left(x^a\right)^b = x^{ab}$
4. $\left(xy\right)^a = x^a y^a$
5. $$\left(\frac{x}{y}\right)^a = \frac{x^a}{y^a}$$

**例題3**　次の式を簡単に表しなさい。

1. $3^4 \times 3^5$
2. $5^6/5^3$
3. $(5^3)^7$

**解答3**

1. $3^4 \times 3^5 = 3^{4+5} = 3^9$
2. $5^6/5^3 = 5^{6-3} = 5^3$
3. $(5^3)^7 = 5^{3 \times 7} = 5^{21}$

㊂**1-3** 次の式を簡単に表しなさい。ここで$a>0$, $b>0$です。

1. $3^4 \times 9$
2. $2^a / 4^b$
3. $3^2 / 9^3$

対数に関しては次の法則があります。実数$x$ (>0) が式$a^y = x$と表される場合、（底$a$で）その対数をとると、$y = \log_a x$と表されます。ただし、$a>0$かつ$a \neq 1$です。なお、$a$がeのときを自然対数、10のときを常用対数といいます。ここで、eはネイピア数とよばれ、e=2.718…です。

対数を使うと、次のように掛け算が和で、割り算が差で表せます。これは非常に重要な性質で本書でもしばしば使われます。

$$\log_a xy = \log_a x + \log_a y$$

$$\log_a \frac{x}{y} = \log_a x - \log_a y$$

ここで$y \neq 0$です。また、次の関係もあります。

$$\log_x y = \frac{\log_a y}{\log_a x}$$

$$\log_a a = 1$$

$$\log_a x^y = y \times \log_a x$$

**例題4** 次の計算をしなさい。ただし、$a>0$および$a \neq 1$です。

1. $\log_5 4 + \log_5 7$
2. $\log_3 20 - \log_3 4$
3. $\log_a a^3$

**解答4**

1. $\log_5 4 + \log_5 7 = \log_5 28$
2. $\log_3 20 - \log_3 4 = \log_3 \dfrac{20}{4} = \log_3 5$
3. $\log_a a^3 = 3\log_a a = 3$

問 **1-4**　次の計算をしなさい。ただし、$a>0$ および $a \neq 1$ です。

1. $\log_a 21 - \log_a 7$
2. $\log_a 2 + \log_a 12 - \log_a 3$
3. $\dfrac{\log_a 16}{\log_a 2}$

ある実数 $x$ (>0) に対して、その対数変換値は**図1-3**に示すように単調な増加を示します。この図では $x$ に対してその自然対数を $\ln x$、常用対数を $\log x$ と表しています。いずれも単調な増加を示しているので、ある数値 $x$ に対してその対数値は1つだけ決まります。例えば $x=9$ に対して $\ln x$ は1つの値 $\ln 9$ しか取らないので、点Aしか存在しません。つまり数値とその対数値は1対1の対応をしていることが分かります。図に示すように $x$ が1未満の場合、その対数値は負の値となりますが、1対1の関係は成り立ちます。したがって、ある正の数値からその対数値へ、逆にある対数値から元の数値への変換が可能です。

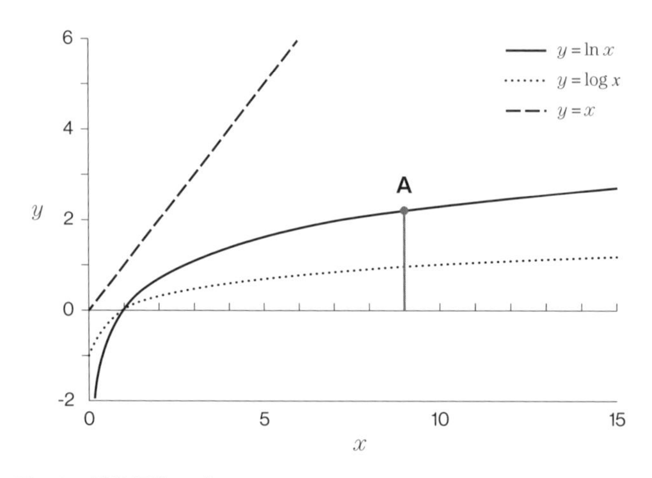


図1-3　対数関数のグラフ

また、$x$ の対数値は**図1-3**の $y=x$ のグラフと比較して分かるように元の値 $x$ に比べてかなり小さい値に抑えられるので、大きな桁数の数値も容易に扱うことができます。

**例題5**　次の計算を、Excel関数などを用いて対数に変換して行いなさい。

1. $352 \times 790$
2. 135.67/30104.9

**解答5**

1. 例えばExcel関数=LN()を使って数値を自然対数変換すると、352は5.863･･･および790は6.672･･･に変換されます。これらの和12.53･･･を、Excel関数=EXP()を使って元の数値に変換すると、278080が得られます。直接計算すると278080が得られ、両者は一致しました。
2. 同様にExcel関数=LN()を使って数値を自然対数変換すると、4.910･･･および10.31･･･となり、前者から後者の値を引くと－5.40･･･が得られます。これをExcel関数=EXP()を使って元の数値に変換すると、0.004507が得られます。直接計算すると0.004507が得られ、両者は一致しました。これらは共に有効数字4桁までの数値ですが、さらに下の位の数値でも一致していました。

**問1-5**　次の計算をExcel関数などを用いて対数に変換して行いなさい。

1. $3007 \times 2859$
2. 5679/104.9

# 1.2　条件(場合)分け

データ解析を行う際、各種の条件によって分けることがあります。その例として$x$に関する2次方程式(1-3)の解を係数の値について分けて考えましょう。

$$ax^2 + bx + c = 0 \tag{1-3}$$

ここで$a, b, c$は係数です。この3つの係数の値がさまざまな場合を考え、それぞれ$x$の解を求めましょう。ここで3つの係数が0であるか否かで場合を分けると、各係数で2通りあるので、全部で$2^3 = 8$の場合に分けられます。これを基に各条件で解を求めます。

①$a = 0$のとき、式(1-3)は1次式$bx+c = 0$となります。その結果、$x = -c/b$が得られます。

②$b = 0$のとき、式(1-3)は2次式$ax^2+c = 0$となります。$ax^2 = -c$より、$c$が負の値であれば、$x = \pm\sqrt{-c/a}$が得られます。もし、$c$が正の値であれば、実数の解は得られません。

③$c = 0$のとき、式(1-3)は2次式$ax^2+bx = 0$となります。これを因数分解すると、$x(ax+b) = 0$となるので、解は0および$-b/a$となります。

④$a = b = 0$のとき、式(1-3)は$c = 0$となってしまい、$x$の式として成り立ちません。

⑤$a = c = 0$のとき、式(1-3)は$bx = 0$となり、これを満たす解は$x = 0$です。

⑥$b = c = 0$のとき、式(1-3)は2次式$ax^2 = 0$となり、これを満たす解は$x = 0$です。

⑦$a = b = c = 0$のとき、式(1-3)は$0 = 0$となり、$x$に関する方程式ではなくなります。

⑧すべて0でないとき、式(1-3)の解は2つあり、高等学校の数学で学習する一般的な2次方程式の解として式(1-4)で表されます。

$$x = \frac{-b \pm \sqrt{b^2 - 4ac}}{2a} \tag{1-4}$$

ただし、根号内の$D = b^2 - 4ac$は、正の値か0である必要があります。$D<0$の場合、実数の解は得られません。

# 1.3 順列と組み合わせ

多数の異なった要素($n$個)でできた集団から決められた数の要素($r$個)を任意に取り出し、それらを取り出した順番に並べる並べ方、つまり配列が順列Permutationです。ただし$r \leqq n$です。例えばスペードの1から10までのカード10枚から3枚を任意に取り出し、それを取り出した順に並べるときの並べ方です。順列では、3枚のカードが例えば順に{7, 1, 9}に並べる配列と{1, 9, 7}に並べる配列は区別して数えます。

順列の数を考えると、スペードのカードの例では1枚目の数には10通りあります。2枚目は1枚減っているので9通り、3枚目は2枚減って8通りのカードの選び方があります。つまり、順列で最初の1個目の要素は$n$通りの選び方があり、2個目は残った$n-1$通り、3個目も同様に$n-2$通りの選び方があります。最後の$r$個目の選び方は$n-(r-1)$通りとなります。この並べ方の総数はこれら$r$個の選び方の積となり、${}_nP_r$と表します。カードの例では${}_{10}P_3 = 10 \times 9 \times 8 = 720$となります。${}_nP_r$は次の式(1-5)のように表されます。

$$
{}_nP_r = n(n-1)(n-2)\cdots\{n-(r-1)\} \tag{1-5}
$$

一方、順列の数${}_nP_r$は次の式(1-6)のように表すこともできます。

$$
{}_nP_r = \frac{n!}{(n-r)!} \tag{1-6}
$$

ここで、「!」は階乗を表します。階乗は1から始まる連続した自然数の積です。例えば、$5! = 5 \times 4 \times 3 \times 2 \times 1$となります。ただし、0の階乗0!は1とします。

上述したカードの順列の数を式(1-6)を使って表すと

$$
{}_{10}P_3 = \frac{10!}{(10-3)!} = \frac{10!}{7!}
$$

となり、分子と分母を約分すると${}_{10}P_3 = 10 \times 9 \times 8 = 720$通りとなり、式(1-5)を用いた結果と等しくなります。

**例題6**　次の計算をしなさい。

1.　${}_6P_3$
2.　${}_7P_1$

**解答6**

1.
$$
{}_6P_3 = \frac{6!}{(6-3)!} = \frac{6!}{3!} = 6 \times 5 \times 4 = 120
$$

2.
$$
{}_7P_1 = \frac{7!}{(7-1)!} = \frac{7!}{6!} = 7
$$

問1-6　次の計算をしなさい。

1. ${}_7P_0$
2. ${}_4P_4$

一方、組み合わせCombinationは、多数の異なった要素からなる集団から決められた個数の要素を任意に取り出す選択をいいます。順列と違って取り出した要素の順序は考えません。上記のスペードのカードの例では配列{7, 1, 9}と配列{1, 9, 7}とは区別しません。

$n$個の異なる要素から任意に$r$個取るときの組み合わせの数は${}_nC_r$と表し、次の式で表されます。

$${}_7C_0 = \frac{{}_nP_r}{r!} = \frac{n!}{(n-r)!r!} \tag{1-7}$$

すなわち、取り出した$r$個の要素の並べ方は$r!$通りの並べ方があるので、${}_nP_r$をさらに$r!$で割った値が${}_nC_r$となります。10枚のスペードのカードから3枚を取り出す組み合わせの数は、その3枚の順序を考慮した並べ方はそれぞれ3!あるので、${}_{10}C_3 = {}_{10}P_3/3!$となります。したがって、階乗を使って組み合わせの数を求めるときは$n!$を最初に$(n-r)!$で割り、次に$r!$で割ります。この順序は重要です。

また、10枚のスペードのカードから3枚を取り出す組み合わせの数は10枚から7枚を取り出して残しておく組み合わせの数と一致します。つまり、$n$個の異なる要素から任意に$r$個取ることは$n$個から$n-r$個を取って残すことと同じなので、次の式が成り立ちます。

$${}_nC_r = {}_nC_{n-r} \tag{1-8}$$

なお、${}_nC_r$を$\binom{n}{r}$と表すこともあります。

**例題7**　36人のクラスで2人の図書委員を無作為に選ぶとき、その選び方は何通りありますか。

解答7

36人から2人を無作為に選ぶ組み合わせですから、${}_{36}C_2$通りとなります。したがって、${}_{36}C_2 = 36!/(34! \times 2!) = 36 \times 35/2 = 630$通りです。

問1-7　24人の競技選手の中から3人の代表選手の選び方は何通りありますか。

例題8　黒い碁石が8個、白い碁石が10個入っている箱から、無作為に4個の碁石を取り出すとき、黒い碁石が3個、白い碁石が1個となる組み合わせは何通りありますか。

解答8

黒い碁石を3個取り出す組み合わせは${}_8C_3$通りあり、白い碁石を1個取り出す組み合わせは${}_{10}C_1$通りあります。求める組み合わせは両者の積となりますから、

${}_8C_3 \times {}_{10}C_1 = 8!/(5! \times 3!) \times 10!/(9! \times 1!) = 8 \times 7 \times 6/(3 \times 2) \times 10 = 560$通りです。各グループの組み合わせの数を掛け合わせるという、この考え方は以後もよく出てきます。

問1-8　男子が23人と女子が21人からなるクラスで、男子2人、女子2人からなる委員会を作るとき、その組み合わせは何通りありますか。

# 1.4 集合

集合Setとはある条件を満たす集団Populationを指し、実験や調査、検査で得られるデータも1つの集合と考えられます。その集合を構成しているものを要素Elementと呼びます。

例えば1年の奇数月の集合を$A$とすると、次のように記述できます。

$$A = \{x | x \text{ は1年の奇数月}\}$$

この式の右辺は縦の線で分けられ、線の左側の要素$x$についてその内容を右側で説明しています。集合$A$のように要素の数が有限の集合を有限集合といいます。集合$A$のすべての要素は1, 3, 5, 7, 9, 11ですから、$A$を次のように具体的に表すこともで

きます。

$A$={1, 3, 5, 7, 9, 11}

一方、要素の数が無限である集合を無限集合といいます。例えば、正の奇数全体を集合$B$と考えると、集合$B$は要素の数が無限であるので、無限集合です。集合$B$は次の2通りに表すことができます。

$B$ = {1, 3, 5, 7, 9, …}
$B$ = {$x$|$x$は正の奇数}

集合$A$と$B$をみると、$A$の要素はすべて$B$に属するので、$A$は$B$の部分集合Subsetであるといいます。これを数学記号では$A \subseteq B$と表します。さらに、この例のように集合$A$と$B$が等しくない場合、$A$は$B$の真部分集合であるといい、$A \subset B$と表します。

複数の集合の包含関係を**図1-4**のように図で表すと分かりやすく、これをベン図Venndiagramとよびます。2つの集合$C$と$D$を考えたとき、図1-4のAに示すように、そのどちらにも属する要素がある場合、その要素がつくる集合を共通部分Intersectionとよび、$C \cap D$と表します。これを「$C$かつ$D$」あるいは「$C$ cap $D$」と呼びます。図1-4のBは、集合$C$と$D$に共通部分がない場合です。また、$C$または$D$のいずれかに属する要素のつくる集合を$C \cup D$と表します。これは「$C$または$D$」あるいは「$C$ cup $D$」と呼びます。

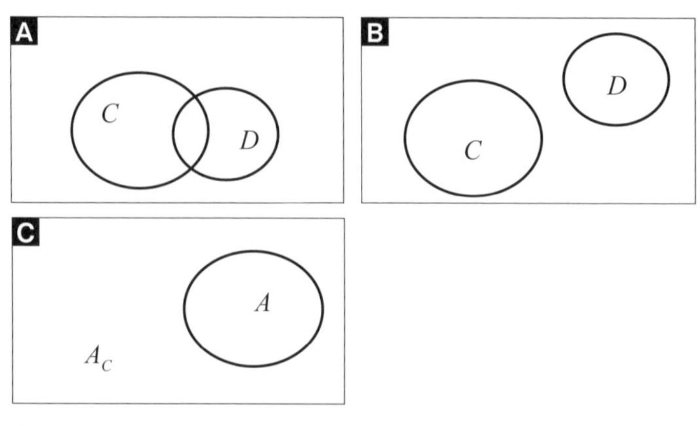


図1-4　ベン図

ある集合$U$の全体を全体集合Universeといいます。図1-4のCに示すように、集合$U$の中に部分集合$A$があるとき、集合$U$の中で$A$に属さない要素のつくる集合を補集合Complementary setとよび、$A_c$と表します。例えば、全体集合$U$をある高等学校の生徒全員とし、その中の1年生徒の集合を$A$とすると、補集合$A_c$は2年と3年の生徒の集合となります。

また、要素をまったく持たない集合を定義しなければならない場合もあります。このような集合を空(くう)集合Null setといい、$\phi$と表します。例えば、ある女子高校の生徒を全体集合とすると、その中の男子生徒の集合は空集合となります。

**例題9**　$U = \{1, 2, 3, \cdots, 10\}$を全体集合とし、次の集合を考えます。

$A = \{1, 2, 3, 10\}$、$B = \{1, 3, 6, 7, 9\}$

このとき、次の集合を求めなさい。$A \cap B$、$A \cup B$、$A_c$

**解答9**

$A \cap B = \{1, 3\}$

$A \cup B = \{1,2,3,6,7,9,10\}$

$A_C = \{4,5,6,7,8,9\}$

**問1-9**　$U = \{3, 4, 5, \cdots, 13\}$を全体集合とし、次の集合を考えます。

$A = \{4, 5, 7, 11\}$、$B = \{5, 6, 7, 9, 12$

このとき、次の集合を求めなさい。$A \cap B$、$A \cup B$、$A_c$

ある有限集合$G$の要素の数を$n(G)$とします。例えばコインの表と裏を集合$G$と考えると、$G$の要素は2つあるので$n(G) = 2$です。また、無限集合の要素の数は前述したように無限大であり、空集合$\phi$は要素を持たないので、$n(\phi) = 0$となります。

集合$C$と$D$の有限集合要素の数について、次の関係が成り立ちます。

$$n\left(C \cup D\right) = n\left(C\right) + n\left(D\right) - n\left(C \cap D\right) \tag{1-9}$$

式(1-9)を2つの集合が共通部分を持つかどうかで考えていきましょう。まず、図1-4のAのように集合$C$と$D$が共通部分を持つ場合は$n(C)$と$n(D)$を合計すると、共通部分$n(C \cap D)$は2度数えられているので、式(1-9)に示すように、この部分を引く必要があります。図1-4のBでは、共通部分は空集合ですから$n(C \cap D)=0$となり、式(1-9)について右辺は単に$n(C)$と$n(D)$を合計すればよいわけです。

また、図1-4のCで示す全体集合$U$と集合$A$、補集合$A_c$の各要素数の間に次の式が成り立ちます。

$$n(U)=n(A)+n(A_c) \tag{1-10}$$

**例題10**　$U$を全体集合とし、その部分集合$A$、$B$を考えます。各要素の数について$n(U)=100$、$n(B_c)=40$、$n(A_c \cap B)=30$、$n(A \cup B)=80$とします。このとき、$n(A)$、$n(B)$、$n(A \cap B)$を求めなさい。

**解答10**

下のベン図と式(1-9)および式(1-10)を使って解きます。

$n(B)=n(U)-n(B_c)=100-40=60$

$n(A \cap B)=n(B)-n(A_c \cap B)=60-30=30$

$n(A)=n(A \cap B)+n(A \cup B)-n(B)=80+30-60=50$

別解　$n(A)=n(A \cup B)-n(A_c \cap B)=80-30=50$

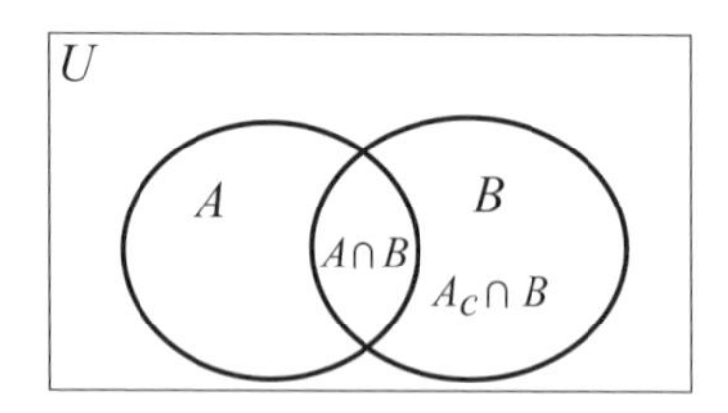


**問1-10**　Uを全体集合とし、部分集合$A$、$B$を考えます。各要素の数について$n(U)=90$、$n(A_c)=30$、$n(A \cap B_c)=20$、$n(A \cup B)=70$とします。このとき、$n(A)$、$n(B)$、$n(A \cap B)$を求めなさい。

# ㊌ 解答

## ㊌1-1

1. $$\sum_{k=0}^{4} k = 0+1+2+3+4=10$$

2. $$\sum_{k=1}^{4} k^2 = 1^2+2^2+3^2+4^2 = 1+4+9+16=30$$

3. $$\sum_{k=0}^{4} a = a+a+a+a+a=5a$$

## ㊌1-2

1. $$\prod_{i=1}^{5} i = 1\times 2\times 3\times 4\times 5=120$$

2. $$\prod_{i=3}^{6} i^2 = 3^2\times 4^2\times 5^2\times 6^2 = 9\times 16\times 25\times 36=129600$$

3. $$\prod_{i=1}^{5} k = k\times k\times k\times k\times k=k^5$$

## ㊌1-3

1. $3^4\times 9 = 3^6$
2. $2^a/4^b = 2^a/2^{2b} = 2^{a-2b}$
3. $3^2/9^3 = 3^2/3^{2\times 3} = 1/3^4$

## ㊌1-4

1. $$\log_a 21-\log_a 7=\log_a \frac{21}{7}=\log_a 3$$

2. $$\log_a 2+\log_a 12-\log_a 3=\log_a \frac{2\times 12}{3}=\log_a 8=\log_a 2^3=3\log_a 2$$

3. $$\frac{\log_a 16}{\log_a 2}=\log_2 16=\log_2 2^4=4$$

### 問1-5

Excel関数=LN()を使って解く手法を示します。

1. $3007 \times 2859 \fallingdotseq e^{8.0087} \times e^{7.9582} \fallingdotseq e^{15.967}$ より8597013
2. $5679 / 104.9 \fallingdotseq e^{8.6445} \times e^{4.6530} \fallingdotseq e^{3.9915}$ より54.137…

### 問1-6

1. $${}_7P_0 = \frac{7!}{(7-0)!} = \frac{7!}{7!} = 1$$
2. $${}_4P_4 = \frac{4!}{(4-4)!} = \frac{4!}{0!} = 4 \times 3 \times 2 \times 1 = 24$$

### 問1-7

$${}_{24}C_3 = \frac{24!}{21! \times 3!} = 24 \times 23 \times \frac{22}{3 \times 2} = 2024\text{通り}$$

### 問1-8

$$\binom{23}{2}\binom{21}{2} = \frac{23!}{21! \times 2!} \times \frac{21!}{19! \times 2!} = \frac{23 \times 22 \times 21 \times 20}{2 \times 2} = 53130\text{通り}$$

### 問1-9

$A \cap B = \{5, 7\}$

$A \cup B = \{4, 5, 6, 7, 9, 11, 12\}$

$A_c = \{3, 6, 8, 9, 10, 12, 13\}$

### 問1-10

$n(A) = 90 - 30 = 60$

$n(A \cap B) = 60 - 40 = 20$

$n(B) = 70 - 20 = 50$ または $n(B) = 70 - 60 + 40 = 50$

# 第2章 統計および確率

実験や検査、調査で得られたデータは、統計モデルで解析する前にまずその特徴を知っておく必要があります。すなわち、データの分布状態、平均や平均からのバラつきなどを調べておくことが重要です。本章ではそのための統計および確率に関する基礎を説明します。

## 2.1 データ

データDataという用語は現在社会のいろいろな分野で使われています。本書では実験、検査あるいは調査などで対象の集団Populationからサンプル Sampleを取り出し、サンプルから得られた測定および調査結果をデータとします(**図2-1**)。対象集団の持つ特性(平均、分散など)を推定することが統計学の重要な目的の1つです。集団の持つこれらの特性をパラメーターParameterといいますが、パラメーターの真の値は通常求められないため、データから求めた値、つまり標本値から推定します。

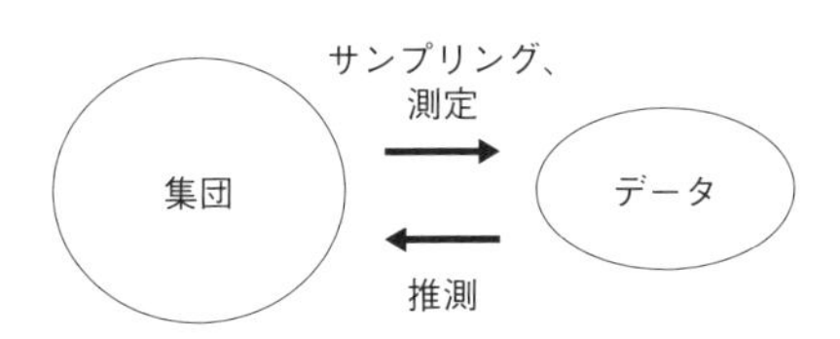


図2-1　集団とデータ

サンプルはある条件下の集団から得られた1つの群Groupであり、サンプル数とはその群の数を言います。1つのサンプルはいくつかの要素（あるいは個体）から構成されているため、データもいくつかの要素（あるいは個体）から構成されています。例えば、得られたデータが{39.4, 24.5, 29.0, 38.3}であれば、各数値が要素あるいは個体です。また、データサイズという用語があります。これはそのデータを構成する要素の数です。この例のデータサイズは4です。類似した用語にサンプルサイズがありますが、これもデータサイズと同様、そのサンプルを構成する要素の数です。サンプルサイズはサンプルを機器分析するときに用いるサンプル量（g, mLなど）ではないので、注意してください。

## 2.2 度数分布表とヒストグラム

ある条件で得られた数値データの分布を大まかに把握するために、度数分布表とヒストグラムがあります。度数分布表では、まずデータの数値を小さい値から大きさの順に並べ替え、その値に従って複数の均等な幅の区間に分けます。次に、その各区間に入る要素の数を数えて表にします。この区間を階級、各階級に入る要素の数を度数といいます。小さい数値の階級から度数を累積した値を累積度数といいます。各度数を総数（データサイズ）で割った比率を相対度数、それを累積していった値を累積相対度数と呼びます。また、各階級を代表する値を階級値と呼び、一般にはその区間の中央の値を指します。区間すなわち階級の幅を小さくするほど階級の数は増え、各度数は減少するので、データ全体を説明しやすい適度の幅が必要となります。なお、度数分布表によってその階級に属する度数は分かりますが、個々のデータは消えてしまいます。

度数分布表の各階級での度数を視覚的に分かりやすく棒グラフにしたものがヒストグラムHistogramです。すなわち、横軸に階級、縦軸にその度数をとります。ヒストグラムによってそのデータの分布が直感的につかみやすくなります。このようにデータの持つ分布の形状を掴むことは、後述するように解析を行ううえで重要なポイントになります。

## 2.3 データの代表値

データの分布の特徴はいくつかの統計学的な指標、つまり統計量によっても知ることができます。よく使われる統計量として、平均（値）、分散、中央値、最頻値などがあります。



## 1 平均

データの代表値として最も多く用いられるものが、私たちがよく使っている平均Averageです。$n$個のデータ$x_1, x_2, x_3, \cdots, x_n$が得られたとき、その平均値はそのデータの値をすべて合計し、それをデータの個数で割った値です（式（2-1））。

$$\bar{x} = \frac{x_1 + x_2 + \cdots + x_n}{n} = \frac{1}{n}\sum_{i=1}^{n} x_i \tag{2-1}$$

ここで$\bar{x}$はエックスバーと呼びます。データから得た平均は標本平均といい、その集団の真の平均$\mu$と区別します。

標本平均はExcel関数では=AVERAGE()、Rではmean()を使って求めます。

データの中にはその他の値と比べて極端に高く（あるいは低く）離れた値、すなわち外れ値Outlierが得られることがあります。平均は外れ値があると、その影響を大きく受けることがあるので、注意が必要です。その例として、年収があります。年収は個人差が非常に大きいため、対象集団の平均を求めてもあまり意味がない場合があります。

## 2 中央値

中央値Medianはデータの要素（数値）を大きさの順序に並べたとき、その中央に位置する値を示します。データが奇数個の場合、中央値は直接求められます。一方、偶数個の場合は中央に相当する2個の値の平均を中央値とします。中央値はその定義から順番で決まるため、外れ値の影響をほとんど受けません。したがって、ある集団で個人の年収を調べるとき、その中央値は参考になると考えられます。

Excel関数では=MEDIAN()、Rではmedian()を使って求めます。

## 3 最頻値

最頻値Modeは得られたデータの中で最大の度数（頻度）を持つ値を指します。

Excel関数では=MODE.SNGL()を使って求めます。Rでは最頻値を求めるオリジナルの関数はありません。

## 4 分散

あるデータについてその要素が平均の周りにどの程度散らばっているかを散布度といいます。その散布度を表す指標の1つとして標本分散があります。各要素の数値$x_i$と平均$\overline{x}$の差$x_i-\overline{x}$を偏差といいます。偏差は正の値あるいは負の値をとり、それらをすべて合計すると、平均の定義からその値は$0$となります。そこで偏差を二乗するとすべて$0$以上の正の値となるので、その総和、すなわち偏差平方和は散らばりの指標となりそうです。しかし、データの数が多いと偏差平方和も当然増大します。そこで偏差平方和をデータのサイズで割って平均をとれば、散らばりの指標となります。これを標本分散Sample variance, $S^2$と呼び、次の式(2-2)で表します。

$$S^2=\frac{\left(x_1-\overline{x}\right)^2+\left(x_2-\overline{x}\right)^2+\cdots+\left(x_n-\overline{x}\right)^2}{n}=\frac{1}{n}\sum_{i=1}^{n}\left(x_i-\overline{x}\right)^2 \tag{2-2}$$

なお、分散に関して標本から得られた分散は$S^2$のようにアルファベット(大文字)で表します。一方、対象集団の持つ(真と考えられる)固有の分散はギリシャ文字$\sigma^2$で表します。

分母を$n$ではなく、$n-1$とした分散を不偏標本分散Unbiased sample varianceといい、ここでは$U^2$と表します(式(2-3))。

$$U^2=\frac{1}{n-1}\sum_{i=1}^{n}\left(x_i-\overline{x}\right)^2 \tag{2-3}$$

標本分散の単位は測定した単位の二乗ですから、例えばデータが長さcmの場合はcm$^2$となります。そこで、標本分散の正の平方根$S$をとると、測定値の単位と等しくなり、扱いやすくなります。この値を標本標準偏差と呼びます。また、不偏標本分散の正の平方根を不偏標本標準偏差といいます。

Excel関数で標本分散は=VAR.P()、不偏標本分散は=VAR.S()を用いてそれぞれ計算できます。標本標準偏差は=STDEV.P()、不偏標本標準偏差は=VAR.S()で求められます。Rで不偏標本分散はvar()、不偏標準偏差はsd()で求められますが、標本分散および標本標準偏差を直接求める関数はありません。

対象とする集団固有の統計量、例えば平均$\mu$と分散$\sigma^2$は通常知り得ないので、サンプルから得た標本統計量から推定するしかありません。そのとき、その統計量の期待値（平均）が集団固有の統計量と一致すると考えられるものを統計学では不偏推定量といいます。平均$\mu$の不偏推定量は標本平均$\bar{x}$、分散$\sigma^2$の不偏推定量は不偏標本分散$U^2$です。なお、後述するようにデータの統計モデルによる解析に標本統計量はよく出てきますが、不偏推定量はほとんど出てきません。



## 2.4 事象と確率

確率Probabilityは統計モデルを扱ううえで、最も基礎的な概念となります。実験や調査、検査でデータをとる操作を試行Trialと呼び、その試行によって得られる結果を事象、つまり出来事Eventと呼びます。試行によって得られた要素を根元事象Elementary eventといいます。例えば「サイコロを1回振ってその出た目を調べる」試行を考えると、根元事象は{1, 2, 3, 4, 5, 6}の6個となります。確率を簡単に表すと、「起こりうるすべての事象の中で対象とする事象が起こる確からしさ、つまり起こりやすさの程度」といえます。確率には数学的確率と統計的確率があります。

数学的確率は理論的に求められる確率です。後述するように確率分布が扱う確率は数学的確率です。起こりうるすべての要素（根元事象）の数を$n(S)$、ある事象$A$が持つ要素（根元事象）の数を$n(A)$とおくと、事象$A$が起こる数学的確率$P(A)$は次の式のように表せます。

$$P(A)=\frac{n(A)}{n(S)} \tag{2-4}$$

このとき、各要素が起こる事象は同等に確からしいと考えます。

例えば「サイコロを1回振って奇数の目が出る」確率$P(A)$は、要素は{1, 3, 5}の3つですから、確率$P(A)$は$n(A)=3$および$n(S)=6$より$P(A)=3/6=1/2$です。各事象が起こる確率はどれも等しいと考えられるので、このように要素の数$n(A)$から確率$P(A)$が表せます。また、出る目に偏りがない、つまりどの目の出る確率も等しいと考えられる理想のサイコロを公平なfairサイコロといいます。

**例題1**　公平なサイコロを2回振って出た目の和が7となる事象の起こる確率を求めなさい。

**解答1**

このサイコロを2回振って出た目の組み合わせは1回振って出る目は6通り、2回目も6通りあるため、すべての要素の数は6×6 = 36個です。出た目を順に例えば{5, 2}のように表すと、その中で目の和が7となる事象は{1, 6}、{2, 5}、{3, 4}、{4, 3}、{5, 2}、{6, 1}の6つの要素があります。したがってこの事象の起こる確率は式(2-4)より6/36 = 1/6となります。

**問 2-1**

公平なサイコロを2回振って出た目の和が9以上となる事象Cの起こる確率$P(C)$を求めなさい。

一方、統計的確率はそれまで測定したデータに基づいた確率です。例えば、病院Hでは最近4年間に2631人の子供が生まれ、そのうち1478人が男児でした。このとき、明日この病院で最初に生まれる子供が男児である確率$P$(boy)を推定すると、これまでのデータから$P$(boy) = 1478/2631 = 0.562と求められます。プロ野球選手の打率も統計的確率になります。統計的確率は当然、データサイズが大きいほど、統計的確率は信頼性が高くなると考えられます。それを表した法則が次に示す**大数の法則**です。

「統計的確率はデータサイズが大きくなるに従って、ある一定値に近づく」

数学的確率について次の例題を使って理解していきましょう。

> **例題2**　黒い碁石が8個、白い碁石が10個入っている箱から無作為に4個の碁石を取り出すとき、黒い碁石が3個、白い碁石が1個となる確率を求めなさい。

**解答2**

これは第1章の組み合わせで出た例題8とまったく同じ条件で、確率を求める問題です。式(2-4)を使って該当する事象(ここでは組み合わせ)の数を全事象の数で割って確率を求めます。すなわち、黒い碁石を3個取り出す組み合わせは${}_8C_3$通りあり、白い碁石を1個取り出す組み合わせは${}_{10}C_1$通りあります。したがって、該当する事象の数は${}_8C_3 \times {}_{10}C_1 = 560$です。全事象の数は計18個の碁石から4個を取り出す組み合わせの数ですから、${}_{18}C_4$ = 18!/(14! × 4!) = 18 × 17 × 16 × 15/(4 × 3 × 2 × 1) = 3060です。したがって求める確率は560/3060 = 28/153です。



㊎ 2-2

ある学級36人の中で19人が男子、17人が女子です。この中から無作為に委員を2人選ぶとき、全員が女子である確率Pを求めなさい。

## 2.5 確率の性質

事象の起こる確率は第1章で説明した集合を考えると理解しやすくなります。起こりうる全事象$S$を全体集合と考えると、事象$A$に適合した要素からなる事象$A$はその中の1つの集合（部分集合）になります。事象$A$または事象$B$が起こる事象を和事象と呼び、$A \cup B$と表します。一方、事象$A$かつ事象$B$が同時に起こる事象を積事象と呼び、$A \cap B$と表します（**図2-2A**）。和事象と積事象は集合ではそれぞれ和集合および共通部分に相当します。**図2-2A**で積事象は事象$A$と事象$B$の重なった部分になります。

和事象および積事象の要素の数に関しては次の定理があります。

$$n(A \cup B) = n(A) + n(B) - n(A \cap B) \tag{2-5}$$

$S$の中で$A$の起こらない事象not$A$を余事象といいます（**図2-2B**）。余事象は集合の補集合に相当します。

事象$A$かつ事象$B$が同時には起こらない、すなわち共通の根元事象を持たない場合、$A$と$B$は互いに「排反である」といいます（**図2-2C**）。この場合、**図2-2C**に示すように2つの事象に重なった部分はありません。つまり、$n(A \cap B) = 0$です。**図2-2A**で事象$A$と$B$とは共通する要素があるため、排反ではありません。

また、まったく起こることのない事象を空事象と呼び、$\phi$と表します。集合の空集合に相当します。

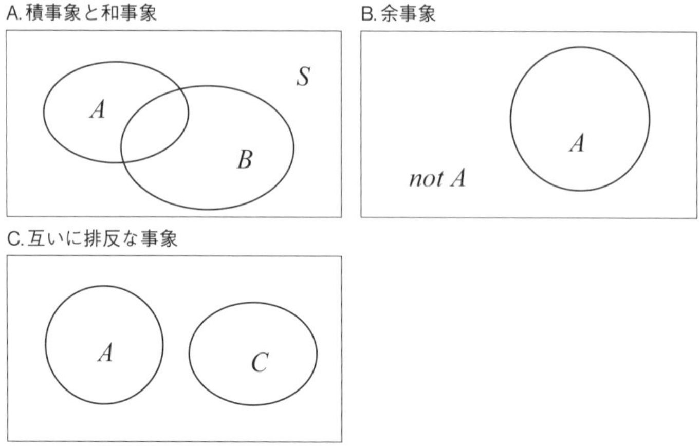

A.積事象と和事象

B.余事象

C.互いに排反な事象

図2-2　事象と集合

式(2-5)に関して全体を全要素の数$n$で割ると、次の**加法定理**が得られます。

$$P(A \cup B) = P(A) + P(B) - P(A \cap B) \tag{2-6}$$

互いに排反な事象の場合は$n(A \cap B) = 0$より次の定理となります。

$$P(A \cup B) = P(A) + P(B) \tag{2-7}$$

以上をまとめると、次のような性質があります。

(i)　各事象の起こる確率は0以上1以下である。

(ii)　全事象の起こる確率は1である。

(iii)　空集合の起こる確率は0である。

(iv)　互いに排反な事象$A$と$B$の和事象が起こる確率$P(A \cup B)$は各事象の起こる確率の和$P(A)+P(B)$に等しい。

**例題3**　ある学年の学生(計240人)のうち、美術と音楽を選択している人数はそれぞれ120人と140人で、両方とも選択している人数は40人です。この学年からある学生を選んだとき、その学生が美術または音楽を選択している学生の確率を求めなさい。

解答3

美術Aと音楽Mを選択している確率はそれぞれ$P(A)$ = 120/240、$P(M)$ = 140/240で、両方とも選択している確率$P(A \cap M)$は40/240です。したがって美術または音楽を選択している確率$P(A \cup M)$は加法定理より$P(A \cup M)$ = 120/240 + 140/240 − 40/240 = 11/12です。

> **例題4** 公平なサイコロを2回振って出た目の和が4以上となる事象の起こる確率を求めなさい(ヒント：余事象を使う)。

解答4

公平なサイコロを2回振って出た目を組み合わせた全要素の数は36です。その和が4以上の各事象について要素の数を1つひとつ数えるのは労力がかかります。「少なくとも$x$個」、「$x$個以上」、「$x$個以下」、「$x$個未満」のようにある範囲で確率を求めるときは、その余事象を考えると簡単に解けることが多くあります。出た目の和は2から12まであるので、この場合の余事象は「出た目の和が2および3である」という2つの事象になります。それに該当する要素は{1,1}, {1,2}, {2,1}の3つだけです。したがって求める要素の数は36 − 3 = 33であり、この事象の起こる確率は$P(E)$ = 33/36 = 11/12となります。

問 2-3

公平な硬貨を4回トスしたとき、表が2回以上現れる確率を求めなさい。

> **例題5** ある箱に赤い玉が6個、白い玉が10個入っています。この16個の中から無作為に3個取り出したとき、少なくとも1個赤い玉が入っている確率を求めなさい。

解答5

この例題では余事象「まったく赤い玉が取り出されない(すべて白い玉である)」を考えます。それが起こる確率を求め、全体1からその確率を引きます。余事象は白い玉を3個、赤い玉を0個選ぶことですから、その確率は ${}_{10}C_3 \times {}_6C_0 / {}_{16}C_3$ = 10!/(7! × 3!)}/{16!/(13! × 3!)} = (10 × 9 × 8)/(16 × 15 × 14) = 3/14となります。したがって求める確率は1 − 3/14 = 11/14(≒0.786)となります。

**別解**：1個ずつ取って3個ともすべて白い玉である確率は順番に考えて(10/16)×(9/15)×(8/14)＝3/14となります。

この例題では玉の色を調べた後、元の試料に戻していません。この抽出方法を「非復元抽出」といいます。多くの実験や検査では一度取り出した試料は測定に使い、元の集団に戻せないので、非復元抽出になります。

一方、この例題で玉の色を調べた後、再度試料に戻し、混ぜた後、再び取り出す抽出方法を「復元抽出」といいます。この場合、毎回同じ条件で試料を抽出しています。次の例題で非復元抽出を考えてみましょう。

**例題6**　ある箱に赤い玉が6個、白い玉が10個入っています。この16個の中から無作為に1個取り出しては色を調べた後、箱に戻します。この操作を3回行ったとき、少なくとも1個赤い玉が入っている確率を求めなさい。

**解答6**

余事象「3個すべて白色である」を考えます。各試行は復元抽出なので、白色を取り出す確率は毎回10/16 ＝ 5/8です。したがって3回とも白色である確率は$(5/8)^3$ですから、求める確率は$1-(5/8)^3 = 1-(125/512) = 387/512$（≒0.756）となり、例題5の非復元抽出による確率とは異なります。

**練習問題2-1**

農場Aから出荷する果実Bはその全個数の5%が規格外であることが、これまでのデータから分かっています。この農場の果実Bから無作為に3個取り出したとき、(1)すべて規格外である確率および(2)少なくとも2個が規格外である確率を求めなさい。

**練習問題2-2**

農場Aから出荷した果実C（500個）を調べた結果、その5%が規格外でした。この果実500個から無作為に3個取り出したとき、(1)すべて規格外である確率および(2)少なくとも1個が規格外である確率を求めなさい。

# 2.6 条件付き確率

事象$A$と$B$があって、事象Aが起こった条件下で事象$B$が起こる確率を**条件付き確率**Conditional probabilityと呼び、$P(B|A)$と表します。カッコ内のバーの右側に条件を記し、左側に対象とする事象を記します。

例えばある中学校の学生について事象$A$を「バス通学をしている」、事象$B$を「女子である」とします。このとき、この学校から任意に1人の学生を選んだ学生が「バス通学をしている」確率と「バス通学をしていて、かつ女子である」確率はそれぞれ$P(A)$と$P(A \cap B)$と表されます。さらに、「バス通学をしている学生の中で女子である」確率は条件付確率$P(B|A)$と書け、この確率について次の定義が成り立ちます。

$$P(B|A) = \frac{P(A \cap B)}{P(A)} \tag{2-8}$$

例えば$P(A) = 2/5, P(A \cap B) = 1/5$のとき、$P(B|A) = (1/5)/(2/5) = 1/2$です。

一方で、「女子学生の中でバス通学をしている」条件付確率$P(A|B)$を考えることもできます。この条件付き確率についても同様に次の定義が成り立ちます。

$$P(A|B) = \frac{P(A \cap B)}{P(B)} \tag{2-9}$$

この例で$P(B) = 3/5$であれば、$P(A|B) = (1/5)/(3/5) = 1/3$です。

この2式から共通する$P(A \cap B)$について次の式が成り立ち、これを**乗法定理**といいます。

$$P(A \cap B) = P(A)P(B|A) = P(B)P(A|B) \tag{2-10}$$

この例では$P(A)P(B|A) = (2/5) \times (1/2) = 1/5$、$P(B)P(A|B) = (3/5) \times (1/3) = 1/5$となり、共に$P(A \cap B) = 1/5$に等しくなります。

**例題7**　事象$A$と$B$の起こる確率$P(A)$、$P(B)$がそれぞれ1/3, 1/4、Aが起こったとき$B$が起こる確率$P(B|A)$が1/5であるとき、$B$が起こったときAが起こる確率$P(A|B)$を求めなさい。

**解答7**

事象$A$と$B$に乗法定理を当てはめると、$P(A \cap B) = (1/3)(1/5) = (1/4)P(A|B)$が成り立ちます。したがって、$P(A|B) = (1/3)(1/5)/(1/4) = 4/15$が得られます。

**例題8**　ある学年で65%の学生が数学Mの試験に合格し、75%の学生が英語Eの試験に合格しました。また、55%の学生は両方M∩Eに合格しました。このとき、

(i) ある学生が英語に合格しました。その学生が数学でも合格した確率を求めなさい。

(ii) ある学生が数学または英語で合格した確率を求めなさい。

**解答8**

その学生が数学Mに合格した確率は$P(M) = 0.65$、英語Eの試験に合格した確率は$P(E) = 0.75$、両方M∩Eに合格した確率は$P(M \cap E) = 0.55$と表せます。

(i)　乗法の定理より$P(M \cap E) = P(E)P(M|E)$が成り立ちます。したがって求める確率$P(M|E)$は$P(M|E) = P(M \cap E)/P(E) = 0.55/0.75 = 11/15$です。

(ii)　加法の定理より$P(M \cup E) = P(M)+P(E)-P(M \cap E) = 0.65+0.75-0.55 = 0.85$です。

### 問 2-4

例題8である学生が英語に合格しました。その学生が数学で不合格となった確率を求めなさい。

ここで該当する事象の要素の数を考えると、次の式が成り立ちます。ただし、$S$は全要素を含む全体集合です。

$$P(A \cap B) = \frac{n(A \cap B)}{n(S)}$$

$$P(A) = \frac{n(A)}{n(S)}$$

この2式を条件確率の式(2-8)に代入すると、次のように該当する要素の数で表すことができます。

$$P(B|A) = \frac{n(A \cap B)}{n(A)} \tag{2-11}$$



**例題9**　数字1から10までをそれぞれ書いたカード10枚から無作為に2枚を引き、その和が10のとき、一方の数字が4である確率を求めなさい。

**解答9**

$A$ = {数字の和が10}、$B$ = {一方の数字が4}とおくと、求める確率は$P(B|A)$と書けます。該当する事象の要素は$A$ = {(1,9),(2,8),(3,7),(4,6),(5,5),(6,4),(7,3),(8,2),(9,1)}、$A \cap B$ = {(4,6),(6,4)} より$n(A)$ = 9, $n(A \cap B)$ = 2ですから、$P(B|A)$ = 2/9となります。

問 2-5

数字1から10までをそれぞれ書いたカード10枚から無作為に2枚を引き、その和が6のとき、その中の1つが1である確率を求めなさい。

# 2.7 独立事象

事象$A$と$B$について次の関係が成り立っているとき、$A$と$B$は「**独立である**」といいます。

$$P(B|A) = P(B)$$
$$P(A|B) = P(A)$$

この2式に条件付確率の式(2-8)を使うと、次の式が成り立つとき$A$と$B$は独立であるといいます。

$$P(A \cap B) = P(A)P(B) \tag{2-12}$$

**例題10**　事象$A$と$B$についての確率が$P(A)=0.4$, $P(B)=0.3$, $P(A\cup B)=0.5$であるとき、(1) $P(A\cap B)$, $P(A|B)$, $P(B|A)$を求めなさい。(2) 事象$A$と$B$は独立ですか。

**解答10**

(1)　$P(A\cap B)=P(A)+P(B)-P(A\cup B)=0.4+0.3-0.5=0.2$

$P(A|B)=P(A\cap B)/P(B)=0.2/0.3=2/3$

$P(B|A)=P(A\cap B)/P(A)=0.2/0.4=0.5$

(2)　$P(A|B)=2/3$と$P(A)=0.4$は等しくないから、独立ではない。または$P(B|A)=0.5$と$P(B)=0.3$は等しくないから、独立ではない。

**別解**：$P(A\cap B)=0.2$と$P(A)P(B)=0.4\times 0.3=0.12$は等しくないので独立ではない。

### 問 2-6

事象$C$と$D$についての確率が$P(C)=0.3$, $P(D)=0.4$, $P(C\cup D)=0.4$であるとき、(1) $P(C\cap D)$, $P(C|D)$, $P(D|C)$を求めなさい。(2) 事象$C$と$D$は独立ですか。

また、事象$A$を{サイコロAを振って5の目が出る事象}、事象$B$を{サイコロBを振って2の目が出る事象}とすると、一方の事象の結果に他方の事象の結果は影響を与えないと考えられます。この場合、事象$A$と$B$は独立であり、$A$と$B$が共に起こる確率は式(2-12)より各事象の起こる確率1/6と1/6の積で1/36となります。

**例題11**　野球選手AとBの打率はこれまでの成績からそれぞれ0.28と0.30です。二人がそれぞれ打席に立つとき、次の事象が起こる確率を求めなさい。(1) 二人とも(ホームランを含めて)ヒットを打つ、(2) どちらか一人がヒットを打つ。

**解答11**

(1)　AとBがヒットを打つ事象はそれぞれ独立と考えられるので、二人ともヒットを打つ事象の起こる確率は$P(A\cap B)=P(A)P(B)=0.28\times 0.30=0.084$.

(2)　加法定理より$P(A\cup B)=P(A)+P(B)-P(A\cap B)=0.28+0.30-0.084=0.496$.

**別解**：余事象「二人ともヒットを打たない」を考えると、$1-(1-0.28)(1-0.30)=1-0.504=0.496$.



対象とする複数の事象がお互いに独立であるかどうかは重要で、特に後で述べる尤度を求める場合に関連します。なお、事象が互いに「独立」であることと共通の要素を持たない「排反」であることとは混同しやすいので注意してください。

# 2.8 確率変数

## 1 確率変数とは何か

変数はある規則に従っていろいろな数値が入った一種の箱と考えられます。1, 2, 3, ･･･のように離散した数値をとることもありますし、2.338, −4.83, ･･･のように連続した値をとることもあります。それに対して、確率変数Random variableという統計学で使われる概念は、ある値をとるとき、その確率が決まっている変数をいいます。つまり、確率変数はとる数値に対して確率を持たせた変数と考えられます。

簡単な確率変数の例として、とる値が{1,2,3,4,5}の5個で、それが現れる確率がそれぞれ{0.2, 0.1, 0.2, 0.3, 0.2}である確率変数$X$を考えることができます。当然、全確率の和は1になります。これを$p(x=1)=0.2$, $p(x=2)=0.1$, $p(x=3)=0.3$, $p(x=4)=0.3$, $p(x=5)=0.2$と書き表すことができます[*1]。この$X$では例えば1という数値は、2という数値の2倍の確率（頻度）で現れることになります。

すべての事象が等しい確率で現れる分布もあります。これを一様分布といいます。公平なコインを投げて表か裏の出る事象は確率が共に1/2ですから、一様分布となります。確率変数$Y$で$p(y=1)=p(y=2)=p(y=3)=p(y=4)=p(y=5)=0.2$の場合、$Y$は一様分布に従うと考えられます。このように考えると、通常の変数もその定義された範囲、例えば正の値をとる変数$Z$は範囲が0から$+\infty$の連続した一様分布に従う確率変数と考えることもできます。

確率変数には離散型と連続型があります。ここで離散型とは確率変数のとる値であって現れる確率の値ではないので注意してください。上記の確率変数$X$は離散型

---

***1** なお、統計学では変数自体は大文字で表しますが、その具体的な数値を表すときは小文字で表す慣習があるので、本書ではそれに従います。

です。連続型には例えば正規分布があり、例えば$-\infty$から$+\infty$の範囲で平均0、分散1の正規分布$N(0,1)$に従う確率変数$Z$を考えることができます。

離散型確率変数の場合、とる数値に対する各確率は関数と考えられ、これを確率質量関数Probability mass functionと呼びます。上記の確率変数$X$の確率質量関数を次の**図2-3A**に示します。また、**図2-3B**に示すように、離散型確率変数のとる数値に対する確率を小さい数値から積算していった関数を累積分布関数といいます。

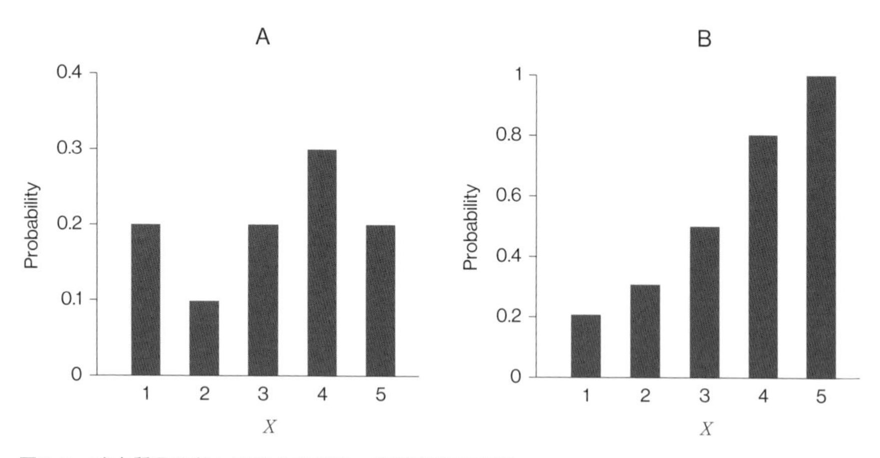


図2-3　確率質量関数と累積分布関数：離散型確率変数

離散型確率変数の場合、図のバーの高さが直接確率を示すので分かりやすいのですが、連続型確率変数の確率は、その確率密度関数Probability density functionの示す面積として表されます。連続型確率変数$X$の確率密度関数$f(X)$を模式的にグラフで表すと**図2-5**のようになります。この図では$X$は$-\infty$から$a$まで$f(X)$は$0$で、$a$から$d$まで正の値をとり、$d$から$+\infty$で再び$0$です。この図の確率密度関数は右側に歪んだ（すそ野が長い）“right skewed”形状を示しています。なお、**図2-4**で$x$<0の部分は省略しています。

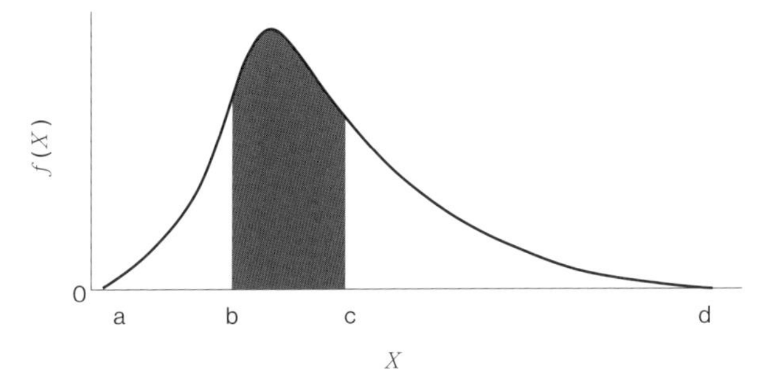


図2-4　連続型確率変数の確率密度関数（模式図）

連続型確率変数では$x=b$のようなある特定の値に対して$f(b)$のように確率密度の値が得られます。この値は図の$x=b$での高さに相当しますが、確率ではありません。連続型確率変数での確率は$X$のある範囲に対して定義されます。例えば**図2-4**の$x=b$から$x=c$までの範囲（黒く塗られた部分）に対する確率$P(b<X\le c)$として定義されます。この確率$P(b<X\le c)$は次の式のように積分の形で表すことができます。

$$P\left(b<X\le c\right)=\int_b^c f\left(x\right)dx \tag{2-13}$$

なお、この図で確率密度曲線$f(X)$と横軸$X$で囲まれた面積は全確率1に相当します。

連続型確率変数の累積分布関数は、離散型確率変数と同様に最終的に1となる単調増加曲線となります。確率$P(b<X\le c)$は累積分布関数$F(X)$を使うと次のように積分値の差として表せます。

$$P\left(b<X\le c\right)=F\left(c\right)-F\left(b\right) \tag{2-14}$$

ここで、$F\left(c\right)=\int_{-\infty}^{c} f\left(x\right)dx,\ F\left(b\right)=\int_{-\infty}^{b} f\left(x\right)dx$です。

## 2 確率変数の平均と分散

確率変数$X$がとる数値を$x$, 確率関数を$f(x)$とすると、確率変数$X$の平均$E(X)$は次の式で定義されます。平均は期待値Expectationともいいます。$E(X)$を$\mu$（ミュー）

と表すこともあります。

確率変数$X$が離散型の場合、平均はそれぞれとる値とその確率の積の総和として、次の式で表されます。

$$E\left[X\right]=\sum_{i=1}^{n}x_i f\left(x_i\right) \tag{2-15}$$

確率変数$X$の分散$V(X)$は次の式で定義されます。

$$V\left[X\right]=\sum_{i=1}^{n}\left(x_i-\mu\right)^2 f\left(x_i\right) \tag{2-16}$$

$V(X)$は$\sigma^2$（シグマ二乗）と表すこともあります。この式から分かるように、分散とは確率変数の平均からの差（偏差）の二乗平均ともいえます。分散の正の平方根$\sigma$を標準偏差と呼びます。

確率変数$X$が連続型の場合、平均と分散は次のように表されます。

$$E\left[X\right]=\int_{-\infty}^{\infty}xf\left(x\right)dx \tag{2-17}$$

$$V\left[X\right]=\int_{-\infty}^{\infty}\left(x-\mu\right)^2 f\left(x\right)dx \tag{2-18}$$

一方で、分散は確率変数の平均からの差（偏差）の二乗平均$V\left[X\right]=E\left[\left(X-\mu\right)^2\right]$ともいえるので、この式を変形していくと、

$$\begin{aligned}E\left[\left(X-\mu\right)^2\right]&=E\left[X^2-2X\mu+\mu^2\right]=E\left[X^2\right]-2\mu E\left[X\right]+\mu^2\\&=E\left[X^2\right]-2\mu^2+\mu^2=E\left[X^2\right]-\mu^2\end{aligned}$$

と表せます。ただし、$\mu=E[X]$です。つまり、分散と期待値の間には次の関係がみられます。

$$V\left[X\right] = E\left[X^2\right] - \mu^2 \tag{2-19}$$

この式は「分散は$X^2$の期待値から$X$の期待値$\mu$の二乗を引いた値に等しい」という意味です。分散を求めるとき計算が簡単になるので、よく使う式です。

**例題 12**　確率変数Xが次のような値$x$を確率$f(x)$でとるとき、その期待値$E[X]$と分散$V[X]$を求めなさい。

| $x$ | 1 | 2 | 5 | 7 |
|---|---|---|---|---|
| $f(x)$ | 0.2 | 0.4 | 0.1 | 0.3 |

**解答 12**

確率$f(x)$の和は1となるので、$X$は表の4つの値のみとることが分かります。

$E[X] = 0.2 \times 1 + 0.4 \times 2 + 0.1 \times 5 + 0.3 \times 7 = 0.2 + 0.8 + 0.5 + 2.1 = 3.6$

$V[X] = 0.2 \times 1^2 + 0.4 \times 2^2 + 0.1 \times 5^2 + 0.3 \times 7^2 - 3.6^2 = 0.2 + 1.6 + 2.5 + 14.7 - 12.96 = 6.04$

**別解**：$V[X] = 0.2 \times (1 - 3.6)^2 + 0.4 \times (2 - 3.6)^2 + 0.1 \times (5 - 3.6)^2 + 0.3 \times (7 - 3.6)^2$
$= 0.2 \times (-2.6)^2 + 0.4 \times (-1.6)^2 + 0.1 \times (1.4)^2 + 0.3 \times (3.4)^2 = 6.04$（やや計算量が多い）

### 問 2-7

確率変数$X$が次のような値$x$を確率$f(x)$でとるとき、その期待値$E[X]$と分散$V[X]$を求めなさい。

| $x$ | 0 | 2 | 1 | −2 |
|---|---|---|---|---|
| $f(x)$ | 0.1 | 0.5 | 0.2 | 0.2 |

**例題 13**　1から4までの目が公平に出る正4面体のサイコロを1回振って出る目の平均と分散を求めなさい。

**解答 13**

公平なサイコロを1回振って出る目を$X$とすると、$X$は等しい確率（1/4）で1から4

の値をとる確率変数です。したがって、

$E[X] = (1/4) \times (1+2+3+4) = 10/4 = 5/2$
$V[X] = (1/4) \times (1^2+2^2+3^2+4^2) - (5/2)^2 = 30/4 - 25/4 = 5/4$

### ㊐ 2-8

公平なサイコロを1回振って出る目$X$の平均と分散を求めなさい。ただし、このサイコロの目は1, 2, 3, 4, 4, 5となっています。

## 3 確率変数の加法と乗法

確率変数$X$を$a$倍して$b$を加えた新しい確率変数$aX+b$の平均と分散について次の式が成り立ちます。ただし，$a$と$b$は定数とします。

$$E[aX+b] = aE[X]+b \quad (2\text{-}20)$$
$$V[aX+b] = a^2V[X] \quad (2\text{-}21)$$

公平なサイコロを1回振って出る目を$X$とすると、$E[X] = (1+2+3+4+5+6)/6 = 7/2$および$V[X] = (1^2+2^2+3^2+4^2+5^2+6^2)/6 - (7/2)^2 = 35/12$です。ここで$X$を4倍して1を加えた新しい確率変数$Y$を考えます。つまり、$Y = 4X+1$です。$Y$の平均と分散は上の2式を使うと$a=4$、$b=1$ですから、次のようになります。

$E[Y] = 4 \times (7/2)+1 = 15$
$V[Y] = 4^2 \times (35/12) = 140/3$

また、2つの確率変数$X_1$と$X_2$について，その和$X_1+X_2$の期待値は次の式で表すことができます。

$$E[X_1+X_2] = E[X_1]+E[X_2] \quad (2\text{-}22)$$

公平な2つのサイコロをそれぞれ1回振ったとき出る目$X_1$と$X_2$の和の平均$E[X_1+X_2]$は、この式を使うと各サイコロで出た目の平均の和に等しいので、$E[X_1+X_2] = (7/2)+(7/2) = 7$となります。この式は確率変数が3つ以上でも成り立ちます。

また，$X_1$と$X_2$が独立のとき、$X_1+X_2$の分散は次のように表されます。

$$V\left[X_1+X_2\right]=V\left[X_1\right]+V\left[X_2\right] \tag{2-23}$$

公平な2つのサイコロをそれぞれ1回振ったとき出る目の和の分散$V[X_1+X_2]$は、この式を使うと各サイコロで出た目の分散の和に等しいので、$V[X_1+X_2]$ = (35/12) + (35/12) = 35/6となります。この式は確率変数が互いに独立であれば3つ以上でも成り立ちます。

**例題 14**　偏りのないサイコロを投げて3の目が出た場合は$x$ = 4、5の目が出た場合は$x$ = 2、それ以外の目が出た場合は$x$ = 0をとる確率変数$X$を考えます。確率変数$X$の期待値と分散を求めなさい。また、このサイコロを7回投げたときの$X$の和$Y$の期待値と分散を求めなさい。

**解答 14**

1回投げるとき各目が出る確率はすべて1/6ですから、

$E[X]=(0+0+4+0+2+0)\times(1/6)=1$

$V[X]=(0^2+0^2+4^2+0^2+2^2+0^2)\times(1/6)-1^2=20/6-1=7/3$

次に確率変数の加法と乗法の公式を用いて、

$E[Y]=E[X_1+X_2+\cdots+X_7]=1\times 7=7$

$V[Y]=V[X_1+X_2+\cdots+X7]=7/3\times 7=49/3$

### 問 2-9

偏りのないコインを投げて表Hが出た場合は$x$ = 5、裏Tが出た場合は$x$ = $-2$をとる確率変数$X$を考えます。確率変数$X$の期待値と分散を求めなさい。また、このコインを8回トスしたときの和$Y$の期待値と分散を求めなさい。

## 参考　モンティーホール問題

確率に関してよく話題になっていた問題が、モンティーホール問題です。これはモンティーホールというアメリカのゲーム番組の司会者が出した問題です。簡単に説明すると、解答者はドアに1、2、3と書かれた3つの小部屋の1つに賞品があるので、その部屋の番号を言い当てるという、いわゆる3択問題です。ただし、司会者は事前に正解を知っています。例えば正解が1で解答者が2と答えたとき、司会者はもう1つの外れた3のドアを開けて解答者に見せ、最初に選んだ番号2を1に変えるか、そのままにするかをたずねます。解答者は番号を変えるべきかがこの問題のポイントです。この場合、もし解答者が2から1に変えれば成功です。しかし、解答者が最初に正解の番号1を選んでいた場合、司会者の見せた外れた3を見て、2に変えると失敗になります。

この問題に対してサヴァントというコラムニストは番号を変えたほうが成功する確率は2倍になると発表しました。これに対して全米に著名な統計学者達が批判し、大きな議論を巻き起こしました。結論としては、確率的には最初に決めた番号の成功する確率は当然1/3ですが、後で司会者から得た情報によって最初の番号を変えると成功確率が2倍に上がります。

この問題を条件を分けて考えてみましょう。司会者の情報に従い、番号を変える場合の成功確率$p$を考えます。最初に正解を選んだ場合（その確率は1/3）、番号を変えると不正解となり、成功確率は0となります。一方、最初に不正解を選んだ場合（その確率は2/3）、司会者の情報に従って番号を変えると、正解を選び、成功確率は1です。したがって、正解となる確率$p$は$1/3\times0+2/3\times1=2/3$となります。番号を変えない場合の確率は単純に1/3ですから、変えることによって2倍になります。

実際に（Excelを使った）シミュレーションを行ってみましょう（図2-5）。すなわち、図のB列で1から3までの整数をランダムに100個、Excel関数=RANDBETWEEN(1,3)を使って発生させます。C列でも同様に1から3までの乱数を100個発生させます。ここでB列が解答者の選んだ番号、C列が正解の番号に相当します。B列とC列の数字が異なっている場合、解答者が変えると正解が得られるので、D列で1とします。B列とC列の数字が等しく、解答者が正解を選んだ場合、その数字を変えることで失敗となるので、D列で0とします。その操作を100回行うと、この図ではF列に示すように成功比率Successは0.69となり、上述した理論値2/3 = 0.666･･･に近い理論値が得られました。

| | A | B | C | D | E | F |
|---|---|---|---|---|---|---|
| 1 | Monty Hall | | 3択問題 | | | |
| 2 | | | | | | Ratio |
| 3 | No. | Choise | TRUE | Success | Success | 0.69 |
| 4 | 1 | 2 | 3 | 1 | Fail | 0.31 |
| 5 | 2 | 1 | 3 | 1 | | |
| 6 | 3 | 2 | 2 | 0 | | |
| 7 | 4 | 1 | 2 | 1 | | |
| 8 | 5 | 3 | 2 | 1 | | |
| 9 | 6 | 1 | 2 | 1 | | |
| 10 | 7 | 2 | 3 | 1 | | |
| 11 | 8 | 2 | 3 | 1 | | |
| 12 | 9 | 1 | 1 | 0 | | |

図2-5　モンティーホール問題のシミュレーション

モンティーホール問題を一般化して$n$択問題にして司会者の情報に従った場合の正解率を考えましょう。もし最初に選んだ番号を司会者の情報に従って変更した場合、正解率$P(n)$は、$P(n)=\frac{1}{n}\times 0+\frac{n-1}{n}\times\frac{1}{n-2}=\frac{n-1}{n(n-2)}$となります。$P(n)=\frac{1-1/n}{n-2}$より$n$を大きくすると$P(n)$は$\frac{1}{n-2}$に近づきます（漸近値）。実際に$n$ = 100の場合、理論的には$P(n)$は約0.01010、漸近値$\frac{1}{n-2}$は約0.01020となり、両者の差はほとんどありません。なお、$n$択問題で単純に正解を選ぶ確率は1/$n$ですから、$n$が大きくなると、司会者に従っても正解率はあまり変わらなくなります。例えば$n$ = 100の場合、司会者に従うと$P(n)$は約0.01010でしたが、従わない場合は0.01です。

また、$n$択のモンティーホール問題で司会者に従った場合の正解率$P_1$と単純な正解率$P_0$の比率$r = P_1/P_0$を考えると、$r(n)=\frac{(n-1)/n(n-2)}{1/n}=\frac{n-1}{n-2}$となります。モンティーホール問題では$n = 3$ですから、$r(3) = 2/1 = 2$となり、前述したように司会者に従うとかなり有利になります。$n$の値が大きくなると比率は1に近づくため、司会者に従った場合の効果は減っていきます。

**練習問題2-3**

　モンティーホールは3択問題でしたが、①4択問題および②5択問題で司会者の情報に沿って最初の番号を変えると正解する確率はどうなるでしょうか。

# 問 解答

## 問 2-1

事象$C$の要素は目の和が9のとき{3,6}, {4,5}, {5,4}, {6,3}の4個、10のとき{4,6}, {5,5}, {6,4}の3個、11のとき {5,6}, {6,5}の2個、12のとき{6,6}の1個あり、計10個あります。したがって、$P(C) = 10/(6 \times 6) = 5/18$

## 問 2-2

$$P = \frac{{}_{19}C_0 \times {}_{17}C_2}{{}_{36}C_2} = \frac{\frac{17!}{15! \times 2!}}{\frac{36!}{34! \times 2!}} = \frac{17 \times 16}{36 \times 35} = \frac{68}{315}$$

## 問 2-3

この余事象は「4回トスして表が0回および1回現れる」事象です。全事象の要素数は$2^4 = 16$あり、余事象は{0,0,0,0}, {1,0,0,0}, {0,1,0,0}, {0,0,1,0}, {0,0,0,1}の5つあります。したがって求める確率は1－5/16 = 11/16です。

## 問 2-4

英語で合格した全体の0.75の学生の中に数学が不合格の学生は、全体の0.75－0.55 = 0.2います。したがって求める確率$P(\text{not } M|E)$は0.2/0.75 = 4/15です。

## 問 2-5

$A$ = {数字の和が10}、$B$ = {数字の1つが1}とおくと、求める確率は$P(B|A)$と書けます。該当する事象の要素は$A = \{(1,5),(2,4),(4,2),(5,1)\}$、$A \cap B = \{(1,5),(5,1)\}$ より$n(A) = 4$, $n(A \cap B) = 2$ですから、$P(B|A) = 1/2$となります。

## 問 2-6

（1）　$P(C \cap D) = P(C) + P(D) - P(C \cup D) = 0.3 + 0.4 - 0.4 = 0.3$

$P(C|D) = P(C \cap D)/P(D) = 0.3/0.4 = 0.75$

$P(D|C) = P(C \cap D)/P(C) = 0.3/0.3 = 1$

(2)　1の結果から$P(C|D) \neq P(C)$より独立ではない。または$P(D|C) \neq P(D)$より独立ではない。

**別解**：$P(C \cap D) = 0.3$とP(C)P(D) = 0.3 × 0.4 = 0.12は等しくないので独立ではない。

### 問 2-7

$E[X] = 0.1 \times 0 + 0.5 \times 2 + 0.2 \times 1 + 0.2 \times (-2) = 0 + 1 + 0.2 - 0.4 = 0.8$
$V[X] = 0.1 \times 0^2 + 0.5 \times 2^2 + 0.2 \times 1^2 + 0.2 \times (-2)^2 - 0.8^2 = 0 + 2 + 0.2 + 0.8 - 0.64 = 2.36$

**別解**：$V[X] = 0.1 \times (0 - 0.8)^2 + 0.5 \times (2 - 0.8)^2 + 0.2 \times (1 - 0.8)^2 + 0.2 \times (-2 - 0.8)^2 = 0.064 + 0.72 + 0.008 + 1.568 = 2.36$

### 問 2-8

公平なサイコロを1回振って出る面は等しい確率（1/6）で現れます。したがって、

$E[X] = (1/6) \times (1 + 2 + 3 + 4 + 4 + 5) = 19/6$
$V[X] = 1/6 \times (1^2 + 2^2 + 3^2 + 4^2 + 4^2 + 5^2) - (19/6)^2 = 71/6 - 361/36 = 65/36$

### 問 2-9

このコインを投げて表と裏の出る確率は共に1/2ですから、

$E[X] = (5 - 2) \times (1/2) = 3/2$, $V[X] = \{5^2 + (-2)^2\} \times (1/2) - (3/2)^2 = 29/2 - 9/4 = 49/9$
$E[Y] = (3/2) \times 8 = 12$, $V[Y] = (49/9) \times 8 = 392/9$

# 第3章 確率分布

確率変数の確率が従う分布を確率分布といい、本章では代表的な確率分布を説明します。その確率分布を基に統計モデルを作成します。確率変数に離散型と連続型の2種類があるように、確率分布もそれに応じて離散型と連続型があります。

## 3.1 離散型確率分布

### 1 ベルヌーイ分布

ある試行をしてその結果がYesかNoの2つのうちのいずれかとなる試行をベルヌーイ試行といいます。例えばコインをトスして表が出るか裏が出るか、ある試験を受けて合格するか否かなどが挙げられます。ただし、試行は1回のみです。ベルヌーイ試行に従う確率変数$X$を考えるとき、それが起こった（成功した）場合の$X$は1で、起きなかった（失敗した）場合は0と表せます。$x=1$となる確率を$p$とおくと、$x=0$となる確率は$1-p$となり、$X$の起こる確率$f(X)$は$f(1)=\mathrm{p}$および$f(0)=1-p$のように表されます。この確率変数が従う分布をベルヌーイ分布Bernoulli distributionと呼び、これらをまとめると次の表のようになります。ベルヌーイ分布は離散型確率分布の1つです。

表3-1　ベルヌーイ分布

| 確率変数$X$の値 | 1 | 0 |
|---|---|---|
| 確率$f(X)$ | $p$ | $1-p$ |

この分布の平均$E[X]$と分散$V[X]$は次のように表されます。ただし、$p+q=1$とします。

$$E\left[X\right]=p \tag{3-1}$$

$$V\left[X\right]=p\left(1-p\right)=pq \tag{3-2}$$

問 3-1

ベルヌーイ分布に従う確率変数の平均と分散の式(3-1)と式(3-2)を導き出しなさい。

## 2 二項分布

ベルヌーイ試行を複数回行った場合、何回成功したか、つまり成功数を示す分布を二項分布Binomial distributionといいます。例えばサイコロを9回振ったとき5の目が2回出る事象、コインを8回トスしたとき表が5回出る事象などは二項分布に従うと考えられます。二項分布は離散型確率分布の1つで、各種の確率分布の中で基本となる非常に重要な分布です。

事象Mの起こる(成功する)確率が$p$の試行を$n$回繰り返したとします。事象Mがそのうちの$x$回起こるとき、その事象の起こる総数は${}_n\mathrm{C}_x$通りあります。例えばサイコロを5回振って1の目が出る事象が2回起こる事象の数は${}_5\mathrm{C}_2$通りです。一方、事象Mが起こらない事象の確率は$1-p$で、それが$n$回中$n-x$回起こることになります。したがって、$n$回の試行の中で事象Aが$x$回起こる確率$f(x)$は、次のように表されます。

$$f\left(x\right)={}_n\mathrm{C}_x p^x\left(1-p\right)^{n-x} \tag{3-3}$$

ここで$x=0,1,2,\cdots\cdots,n$です。成功確率$p$の値は一定であることに注意してください。このような確率分布を二項分布と呼びます。確率変数$X$が$x$のときの確率を表す関数$f(x)$を確率質量関数と呼びます。

公平なサイコロを7回振って5の目が出る回数を確率変数$X$(ただし$0\leq X\leq 7$)と

すると、$X$は試行回数7、1回あたりの確率1/6の二項分布に従います。この二項分布を略してBin(7, 1/6)と表します。したがって、$X$ = Bin(7, 1/6)と表すことができます。例えば5の目が1回出る確率$f(1)$は、式(3-3)を使って$f(1) = {}_7C_1(1/6)^1(1-1/6)^{7-1}$=7×$(1/6)^1(5/6)^6 \fallingdotseq 0.3907$と計算されます。同様にして5の目が出る回数が0回から7回までとなる確率をそれぞれ計算できます。これらの値を用いて確率変数$X$の確率質量関数を**図3-1**に示します。この図から5の目が出る回数は1回の確率$f(1)$が最も大きく、5回以上出る確率は非常に小さいことが分かります。



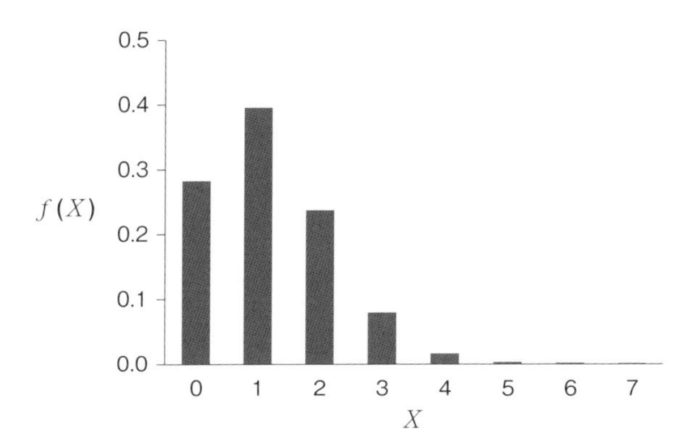


図3-1 サイコロを7回振って5の目が出る回数$X$の確率質量関数

$f(x)$を計算するため、Excelでは関数=BINOM.DIST(成功数, 試行回数, 成功率, 関数形式)を使います。成功数に1、試行回数に7、成功率に1/6、関数形式にfalseを代入すると、確率0.3907を得ます。Rでは関数dbinom(x, size, prob, log = FALSE)を使います。xに1、sizeに7、probに1/6を代入すると、確率0.3907を得ます。

**例題1** 各面に1から12までの数字を書いた正12面体のサイコロがあります。このサイコロを振って出る数字に偏りがないとき、(1) 10回投げて4の数字が2回出る確率を求めなさい。(2) 10回投げて4の数字が1回以上出る確率を求めなさい。

**解答1**

このさいころを1回投げて4の数字が出る確率は1/12です。10回投げて4の数字が出る回数$X$を確率変数とします。

（1）　2回出る確率$f(2)$は式（3-3）を使って$f(2) = {}_{10}C_2(1/12)^2(1-1/12)^{10-2} \fallingdotseq$ 0.156

（2）　4の数字が1回以上出る確率は1から4の数字が一度も出ない確率$f(0)$を引いて、$1-f(0) = 1-{}_{10}C_0(1/12)^0(1-1/12)^{10-0} \fallingdotseq 1-0.419 = 0.581$

### 問 3-2

公平なサイコロを5回振ってすべて4の目が出る確率を求めなさい。

二項分布では試行数$n$、成功数$x$、成功確率$p$の3つのパラメーターがあります。このうち2つのパラメーター値が分かっていれば、残ったパラメーターの値を推定できます。詳しくは参考文献[1]をご覧ください。また、二項分布の基本は「成功数に関する分布」であることを留意しておいてください。

試行を$n$回行ったときの成功数$X$が二項分布に従う場合、$X$の平均、つまり期待値$E[X]$と分散$V[X]$は次の式のように簡単に表すことができます。ここで、$p$は1回あたりの成功確率です。

$$E[X] = np \tag{3-4}$$

$$V[X] = np(1-p) \tag{3-5}$$

$n=1$の場合、前述したベルヌーイ分布になります。この2式はしばしば現れる重要な式です。例えば、上記の公平なサイコロを7回振って5の目が出る回数$X$はBin(7, 1/6)と表され、その平均$E[X]$と分散$V[X]$はそれぞれ$np = 7 \times 1/6 = 7/6$と$np(1-p) = 7 \times 1/6 \times (1-1/6) = 35/36$となります。

注意点として二項分布の$p$は値が一定です。つまり、サンプリングにおいて復元抽出に対応します。非復元抽出ではサンプリングをするにつれて$p$の値は変化します。

また、$0 < 1-p < 1$であるため上の2式から常に$V[X] < E[X]$となります。これもこの分布の重要な特徴の1つです。

### 問 3-3

4つの解答から1つの正解を選ぶ問題が計8題あります。回答者がまったくランダムに解答したとき、正解数の平均と分散を求めなさい。

### 3 ポアッソン分布

ある事象が二項分布に従って起こるとき，その平均$np$を一定の値にしたまま試行回数$n$を増やすと、確率$p$は$n$に反比例して小さい値となります。そして$n$を無限大に大きくしたときの分布をポアッソン分布Poisson distributionと呼びます[*1]。二項分布が離散分布であるので、ポアッソン分布も離散分布です。例えばある町の1日当たりの自動車事故による死者数など、まれに起こる事象に適用される確率分布です。

二項分布の平均$np$をポアッソン分布の平均$\mu$に置き換えると、ポアッソン分布に従う事象が$x$回起こる確率、つまり確率質量関数$f(x)$は次の式で表されます。

$$f(x) = \frac{\mu^x}{x!} e^{-\mu} \tag{3-6}$$

ただし、$x = 0, 1, 2, \cdots$です。なお、$e$は自然対数の底です。

ポアッソン分布の分散$V[X]$は、二項分布の平均と分散を表す式(3-4)と式(3-5)から次のようになります。

$$V[X] = np(1-p) = \mu\left(1 - \frac{\mu}{n}\right)$$

ここで$n$が無限大になると，この式の$1 - \mu/n$の値は限りなく1に近づくので，次の式のように表されます。

$$V[X] = \mu \tag{3-7}$$

このようにポアッソン分布においてその平均と分散は等しくなります。これはこの分布の重要な特徴の1つです。平均が$\mu$のポアッソン分布をPois($\mu$)と表すことができます。また、後述するようにこの平均はガンマ分布で推定できます。

確率$f(x)$を計算するため、Excelでは関数=POISSON.DIST(イベント数, 平均, 関

*1 Poisson distributionを「ポアソン」分布と表記する統計の書籍が多いですが、本書ではより原語（フランス語）の発音に近い表記として「ポアッソン」分布とします。

数形式)を使って、ポアッソン分布の確率を計算できます。イベント数に2、平均に5、関数形式にfalseを代入して確率0.0842を得ます。Rでは関数dpois(x, lambda, log = FALSE)を使います。xに2、lambdaに5を代入するとExcelと同じ確率が得られます。

一定期間にある出来事が起こる回数$X$が平均2のポアッソン分布に従う場合、その回数に対する確率を**図3-2**に示します。この場合は1回起こる確率と2回起こる確率は等しく、それ以上起こる確率は減少していきます。

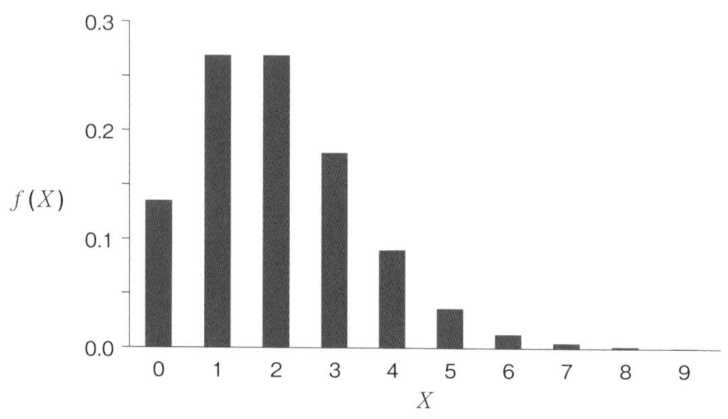


図3-2　ポアッソン分布の確率質量曲線(平均2)

ポアッソン分布の重要な特徴として、ポアッソン分布はある期間に起こる事象の回数およびある体積中に存在する粒子数など限られた区間や領域での数を表すときに適用できる点があります。この場合、起こる回数や個数の多少に関係なく、ポアッソン分布を適用できるので、注意してください。また実際のデータに適用する場合、本分布の平均と分散が等しいという特性も重要です。

> **例題2**　あるメーカーの製品Tの苦情件数は1か月当たり平均2回です。このとき、苦情件数が1か月当たり2回以上となる確率を求めなさい。

**解答2**

製品Tの1か月当たりの苦情件数は、1か月という決められた期間内の件数であるため、これを確率変数$X$と考えることができます。$X$はポアッソン分布に従うと考えられます。したがって、1か月当たりの苦情件数が$x$回である確率$f(x)$は次の式で表されます。

$$f(x)=\frac{2^x}{x!}e^{-2}$$

苦情件数が1か月当たり2回以上の回数は2回、3回、4回、・・・のように無限にあるため、その余事象（苦情件数が1か月当たり2回未満）を考えます。すなわち、求める確率は全確率1から0回と1回の確率$f(0)$、$f(1)$を引いた値となります（**図3-2**参照）。したがって、1－0.135－0.271＝0.594となります。実際の計算はExcelまたはRの関数を使うと簡単です。



㊫ 3-4

A市の交通事故数は1週間当たり平均5件です。このとき、交通事故数が1週間当たり3件以上起こる確率を求めなさい。

## 4 負の二項分布

負の二項分布は成功する確率が$p$の試行で成功を$k$回得るまでの失敗回数$x$の分布を示します。つまり、負の二項分布の基本形では確率$p$と成功回数$k$が固定され、失敗回数（または試行回数全体）が確率変数です。一方、二項分布では試行回数が固定され、成功回数が確率変数です。

二項分布に従う試行で$k$回成功するまでの失敗回数を$x$とおくと、その確率は次のように表すことができます。この確率$f(x)$が負の二項分布での確率を示します。

$$f(x)={}_{x+k-1}\mathrm{C}_x p^k(1-p)^x \tag{3-8}$$

負の二項分布の確率質量関数の例として、表が出る確率0.6のコインをトスして表が3回出るまでの裏が出る回数$X$の取る確率を**図3-3**に示します。

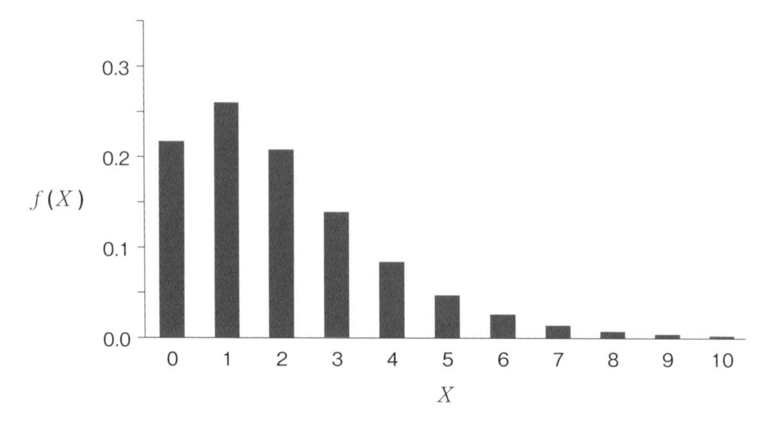


図3-3　負の二項分布の確率質量曲線

確率$f(x)$を計算するため、Excelでは関数=NEGBINOM.DIST(失敗数, 成功数, 成功率, 関数形式)があります。例えば失敗数4、成功数3、成功率0.6を代入し、関数形式をfalseとすると、それが起こる確率0.0829を得ます。Rでは関数dnbinom(a,prob = b,size= c)を使います。aに失敗数、bに成功確率、cに成功数を入力して、確率を得ます。

負の二項分布では失敗数$x$、成功数$k$、成功確率$p$の3つのパラメーターがあります。二項分布と同様、このうち2つのパラメーター値が分かっていれば、残ったパラメーターの値を推定できます。ただし、負の二項分布の基本は「失敗数$x$に関する分布」であることに留意しておいてください。

負の二項分布の期待値と分散は次のように表されます。

$$E\left[X\right]=\frac{k\left(1-p\right)}{p} \tag{3-9}$$

$$V\left[X\right]=\frac{k\left(1-p\right)}{p^2} \tag{3-10}$$

この2式から$V[X]=E[X]/p$が成り立つので、$0<p<1$の範囲で$E[X]<V[X]$が成り立ちます。すなわち、負の二項分布は平均より分散が大きい分布、すなわち過分散の分布を示します。これもこの分布の重要な特徴です。

**参考　負の二項分布の別の定義**

負の二項分布は平均$\mu$が後述するガンマ分布に従うポアッソン分布であるとも定義されます。つまり、$\mu$~Gamma($k$, $\theta$)としたポアッソン分布が負の二項分布と考えられます。ここで$k$は形状パラメーター、$\theta$はスケールパラメーターと呼ばれます。両者とも整数である必要はありません。この点が上記のパラメーターである失敗数$x$および成功数$k$と異なります。

## 5 多項分布

二項分布で起こりうる結果はYesとNoの2つだけでした。それを拡張し、サイコロを1回振って出た目の数のように各試行で起こりうる結果が独立で複数通りある分布を考えましょう。1回の試行で起こりうる結果が$k$通りあり、それが起こる確率をそれぞれ$p_1, p_2, \cdots, p_k$とします。$n$回の独立な試行を行ったとき、結果$i$が起こる回数を確率変数$X_i$とします。

$$p_0 + p_1 + p_2 + \cdots + p_k = \sum_{i=0}^{k} p_i = 1 \tag{3-11}$$

ただし、$x_1 + x_2 + \cdots + x_k = n$

このとき、$X_1 = x_1, X_2 = x_2, \cdots, X_k = x_k$となる確率質量関数$f(x)$は次の式で表され、このような確率分布を多項分布Multinomial distributionと呼びます。

$$f\left(x_1, x_2, \cdots x_k\right) = \frac{n!}{x_1!\,x_2!\cdots x_k!} p_1^{x_1} p_2^{x_2} \cdots p_k^{x_k} \tag{3-12}$$

2項分布はこの式で$k=2$の場合に相当します。

**例題3**　偏りのない正4面体のサイコロを5回振ったとき、4の目が3回、1の目と3の目が各1回現れる確率を求めなさい。

**解答3**

このサイコロを1回振ってある目が現れる事象はお互いに影響を与えず、独立です。目の種類は1から4までの4種類あり、それぞれの目が出る確率は1/4と等しいので、式(3-12)より求める確率は$5!/(3! \times 1! \times 1!) \times (1/4)^3 \times (1/4)^1 \times (1/4)^1 = 5 \times 4 \times (1/4)^5 = 5/256 \fallingdotseq 0.0195$となります。

**問 3-5**

偏りのない正4面体のサイコロを5回振ったとき、2の目が3回、3の目が2回現れる確率を求めなさい。

## 6 超幾何分布

A($M$個)とB($N-M$個)の2種類のサンプルからなる集団(計$N$個)から無作為に非復元抽出を$n$回繰り返し行ったとき、Aが$x$個である確率を$f(x)$とします。この集団$N$個から$n$個を取り出す組み合わせは${}_N\mathrm{C}_n$通りあり、Aから$x$個取り出す組み合わせは${}_M\mathrm{C}_x$通りあります。一方、サンプルBを$N-M$個から$n-x$個取り出す組み合わせは${}_{N-M}\mathrm{C}_{n-x}$通りあります。したがって$f(x)$は次の式で表されます。

$$f(x) = \frac{{}_M\mathrm{C}_x \cdot {}_{N-M}\mathrm{C}_{n-x}}{{}_N\mathrm{C}_n} \tag{3-13}$$

確率変数$x$がこのような確率分布で表されるとき、この分布を超幾何分布 Hypergeometric distributionと呼びます。

超幾何分布はサンプリングに関連する確率分布です。実験や検査に用いるサンプルは測定した後、通常、再び元に戻すことはできません。つまり、非復元抽出になるので、この分布が適用できます。例えば、あるロットの製品から抜き取り検査を行い、その中の不適合品の数からロット全体の不適合品の数を推定する場合に使われます。もし非破壊検査によりサンプルを戻して再び無作為にサンプリングする場合は復元抽出になり、対象となる不適合品の比率は変化しないので、二項分布が適用できます。

**例題4**　製品100個のうち、不適合品が6個含まれています。この100個の中から8個の製品を無作為に取り出したとき、2個が不適合品である確率を求めなさい。

解答4

100個の製品のうち8個を取り出す組み合わせは$_{100}C_8$通りあります。不適合品6個から2個取り出す組み合わせは$_6C_2$通りあり、適合品100 − 6 = 94個から8 − 2 = 6個取り出す組み合わせは$_{94}C_6$通りあります。したがって、求める確率は$_6C_2 \times {}_{94}C_6 / {}_{100}C_8$となります。これを計算すると、6!/(4!x2!) × 94!/(88! × 6!) × (92! × 8!)/100! ≒ 0.0656となります。ただし、計算量が多いので、次に示すExcelまたはRの関数を使うと瞬時に値が得られます。

Excelでは関数=HYPERGEOM.DIST(標本の成功数, 標本数, 母集団の成功数, 母集団の大きさ, 関数形式)を使って、超幾何分布の確率を計算できます。上の例題では標本の成功数は不適合品の数2、標本数は8、母集団の成功数は不適合品の数6、母集団の大きさは100、関数形式はfalseを代入して、確率が得られます。Rでは関数dhyper(a, b, c, s, log = FALSE)を使います。つまり、aにサンプル中の成功数2、bに集団中の成功数6、cに集団中の失敗数100 − 6 = 94、sにサンプルの大きさ8を入力します。

### 問 3-6

80個の製品Aを検査した結果、68個が適合品でした。ここから製品6個を任意に取り出したとき、その中の2個が不適合品である確率を求めなさい。

超幾何分布では4つのパラメーターがありますが、このうち3つのパラメーター値が分かっていれば、残ったパラメーターの値を推定できます[1)]。次の例題で考えてみましょう。

> **例題5**　A町（人口5000人）で町民の病原体Bの抗体検査を行った結果、検査を受けた80人中45人が検査陽性でした。この町全体では何人が陽性と推定されますか。

解答5

A町の抗体検査陽性者数を$s$とすると、$s$はExcel関数の表記法を使うと確率$f(s)$ = Hypergeo(45,80,$s$,5000)と表せます。これが答えですが、$f(s)$のグラフは上に凸の緩やかな形状を示します（**図3-4**）。ただし、この図では各$s$に対する確率（点）がつながって曲線のように見えています。この分布を特徴づける統計量として最も確率が高い最尤値を考えると、図に示すように$s$ = 2813人で確率が最大となります。

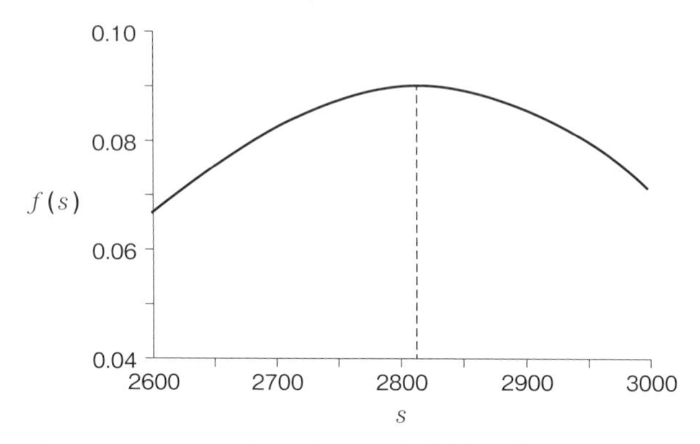


図3-4　A町での病原体Bの抗体検査陽性者数の推定
グラフは2600人から3000人までの範囲での確率を示しています。破線は確率が最大となる陽性者数を示します。

# 3.2 連続型確率分布

## 1 正規分布

正規分布Normal distributionは最も代表的な連続型の確率分布であり、左右対称のいわゆるベル型の分布を示します。これまで各種の自然現象、社会現象を説明するために使われてきました。私たちが通常のデータ解析に使っている統計学は、ほとんどが対象集団から得られるデータが正規分布に従うという前提で成立しています。正規分布はガウス分布とも呼ばれ、ドイツの著名な科学者ガウスが測定の際の誤差を分析するときに、誤差を表す関数として考え出したと言われています。

確率変数$X$の確率密度関数が次の式で表される連続型確率分布を正規分布といいます。

$$f(x)=\frac{1}{\sqrt{2\pi\sigma}}e^{\frac{-(x-\mu)^2}{2\sigma^2}} \tag{3-14}$$

ここで、$-\infty < x < +\infty$ です。また$\mu$は平均、$\sigma^2$は分散を示します。この分布を$N(\mu, \sigma^2)$とも表します。ただし、平均と分散の間に関連はありません。すなわち、平均から分散の値が決まることはなく、逆もありません。これが正規分布の1つの特徴です。

正規分布の確率密度関数は左右対称のベル型をしていますが、その形状は分散の大きさによって異なります。**図3-5**では比較のため、平均が等しく（すべて0）、標準偏差が異なる3つの正規分布の確率密度曲線を示しています。この図で分かるように標準偏差が大きくなるほど、ピークが低くて裾野の広いベル型となります。ただし、各曲線と$X$軸で囲まれた部分の面積はいずれも1で変わりません。また、平均が3で標準偏差が1の正規分布$N(3, 1)$の確率密度曲線は、図の実線で表した$N(0, 1)$の曲線を正の方向へ3だけ平行移動させた曲線となります。

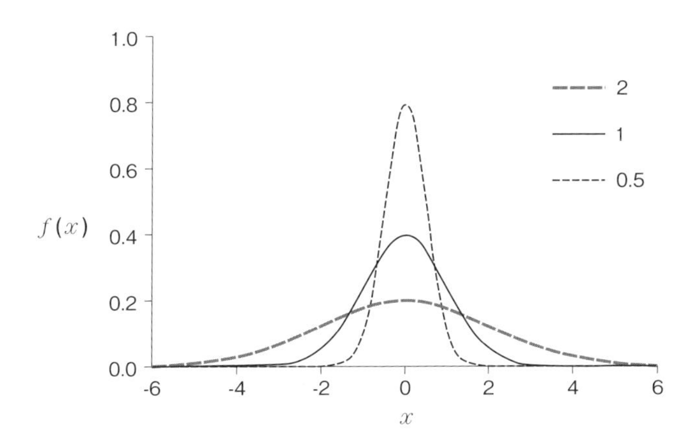


図3-5　正規分布の標準偏差による形状の違い
数値は各正規分布の標準偏差を示します。

正規分布はこれまで説明してきた各種の離散型分布と異なり、連続型であるという点に注意が必要です。つまり、連続型確率分布の確率は確率密度関数のある区間の定積分として定義されています。例えば確率$P(a < X \leq b)$は次のように表せます。

$$P\left(a < X \leq b\right) = \int_a^b f\left(x\right)dx \tag{3-15}$$

ただし、$a<b$です。この式は他の連続型確率分布にも適合します。

例えば養鶏場Cで取れる鶏卵の重さはこれまでのデータから正規分布$N(66, 10^2)$を示します。養鶏場Cで取れる鶏卵の重さを確率変数$X$(>0)とします。このとき取り出した鶏卵の重さが70 g以下である確率$P(0<X\leq 70)$を求めましょう。この養鶏場で取れる鶏卵の重さの分布（確率密度曲線）を**図3-6**に示します（灰色の部分は確率$P(0<X\leq 70)$に相当します）。求める確率$P(0<X\leq 70)$は約0.655と計算されます。なお、$P(0<X\leq 70)$は確率密度関数の定義から正確には$P(0<X\leq 70)=P(-\infty<X\leq 70)-P(-\infty<X\leq 0)$ですが、$P(-\infty<X\leq 0)$は約$2.056\times 10^{-11}$であり、無視できる値となります。

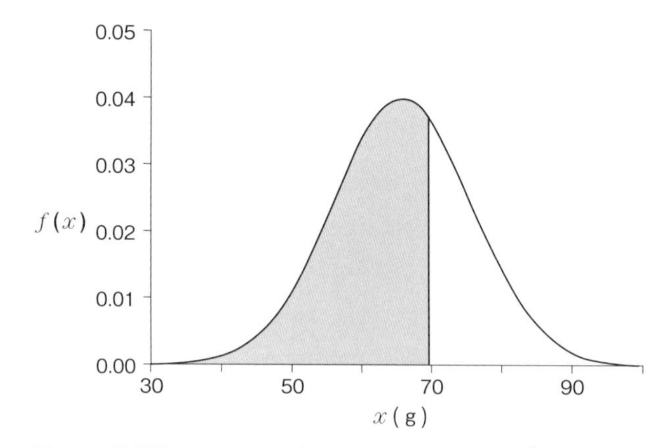


図3-6　養鶏場Cで取れる鶏卵の重さの分布$N(66, 10^2)$

Excelでは関数=NORM.DIST(X, 平均, 標準偏差, 関数形式)を使って、正規分布の確率密度関数を計算できます。確率変数Xに70、平均に66、標準偏差に10、関数形式にFALSEを代入すると、$X=70$での確率密度の値である0.0368を示します。この値は図の$X=70$における高さに相当します。関数形式をTRUEにすると、$X$が$-\infty$から70までの範囲での確率$P(-\infty<X\leq 70)$を示します。この例では0.655が得られます。Rでは関数dnorm(70, m=66, s=10)で確率変数が70、平均mが66、標準偏差sが10のときの確率密度0.0368を示します。関数pnorm(70, m=66, s=10)で確率変数が$-\infty$から70までの範囲での確率$P(-\infty<X\leq 70)$を示します。この例では0.655が得られます。

**例題5**　上記の例で取り出した1つの鶏卵の重さ$X$が、50 gから70 gの範囲に入る確率$P(50 < X \leq 70)$を求めなさい。

**解答5**

$P(50 < X \leq 70) = P(-\infty < X \leq 70) - P(-\infty < X \leq 50)$と表せます。$P(-\infty < X \leq 70)$と$P(-\infty < X \leq 50)$の値をExcelあるいはRで求めて計算すると、0.601が得られます。

### 問 3-7

果樹園Aで収穫されるリンゴの重さは平均270 g、分散81 gの正規分布を示します。果樹園Aで収穫されるリンゴを1個取り出したとき、その重さ$X$ (> 0) が280 gから300 gの範囲に入る確率$P(280 < X \leq 300)$を求めなさい。

### 問 3-8

工場Aでは1日当たり4000個の製品Bを生産していて、製品Bの重量$X$ (> 0) を測定すると、その平均は241 g、標準偏差は2 gです。製品Bを1個取りだしたとき、それが240 g以上である確率$P(X \geq 240)$を求めなさい。

統計学で最も重要な定理の1つが、次に示す**中心極限定理** Central limit theory です。

> 「母集団がどんな分布であっても、それから取り出した標本の平均（あるいは和）は標本数を十分大きくしたとき正規分布に近づく」

ポイントは「標本平均（あるいは和）」の作る分布だということです。標本平均の作る分布とはある母集団から$n$個の標本$X_1, X_2, \cdots, X_n$を無作為に取り出したとき、それらから標本平均$\bar{X}$が1つ得られます。ただし、$X_1, X_2, \cdots, X_n$は互いに影響を及ぼしあわず、独立です。この操作を繰り返し多数行うと、標本平均$\bar{X}$の分布ができます。

例えば対象集団{3, 4, 1, 6, 5, 6, 2, 4, 7, 8, 5}から無作為にサイズ4のサンプルを取り出しては測定するという試行を多数回行います。最初の3回行ったデータは{3, 4, 8, 6}, {5, 6, 2, 4}, {7, 1, 3, 5}でした。このデータから3回の標本平均5.25, 4.25, 4が得られます。この試行を数多く続けると、標本平均の数は増え、1つの分布を示すことがわかります。

得られた標本平均$\bar{X}$の分布にはその平均と分散があります。それについて中心極限定理をさらに詳細に表すと次のようになります。

「母集団がどんな分布であっても、それから取り出した標本の平均$\bar{X}$の分布は$n$が大きくなるにつれて平均$\mu$、分散$\sigma^2/n$の正規分布に近づく」

ここで$n$は取り出すサンプルの個数（すなわちサンプルサイズ）、$\mu$および$\sigma^2$は母集団の平均と分散です。これを数式で表すと次のようになります。

(i)　標本平均の期待値は母平均に等しい。

$$E\left[\bar{X}\right] = \mu \tag{3-16}$$

(ii)　標本平均の分散は母分散を標本数$n$で割ったものに等しい。

$$E\left[\left(\bar{X} - \mu\right)^2\right] = \frac{\sigma^2}{n} \tag{3-17}$$

なお、分散は標本の値と母平均の差の2乗の平均ですから、式(3-17)の左辺のように表せます。

この定理をシミュレーションで確かめてみましょう。例えば5種類の数値{3, 4, 5, 6, 7}からなる非常に大きな集団があり、ここからそれぞれ該当する確率{0.2, 0.1, 0.2, 0.3, 0.2}でランダムに1個の数値$X$を取出すとします。$X$の確率分布は**図3-7**に示すような分布をしており、正規分布とは明らかに違います。$X$の平均$\mu$と分散$\sigma^2$はそれぞれ5.2と1.96になります。

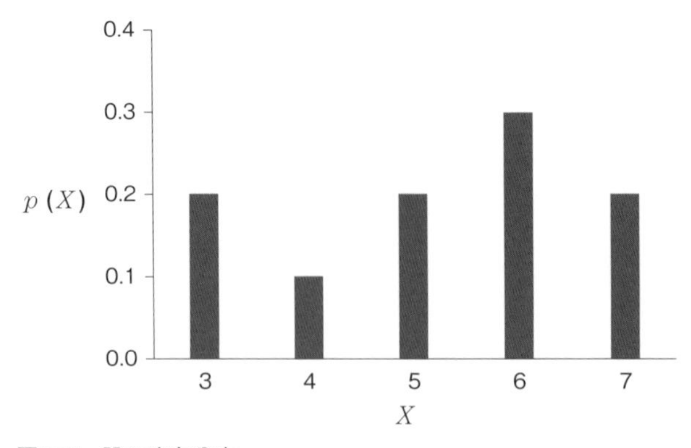


図3-7　$X$の確率分布

㊐ **3-9**

$X$の平均$\mu$と分散$\sigma^2$を推定しなさい。

この集団から毎回サイズ4の標本を無作為に取出してはその標本平均$\bar{X}$を得るという操作を行います。例えば{4, 5, 6, 3}を取り出した場合、$\bar{X}=4.5$が得られます。この操作を数多く行ったとき、得られた$\bar{X}$の分布が中心極限定理による正規分布に近いかを調べましょう。

ここで中心極限定理を適用すると、標本平均$\bar{X}$について期待値はそのまま5.2で、分散は$n=4$より$1.96/4=0.49=0.7^2$が得られます。すなわち、中心極限定理を適用すると$\bar{X}$は$N(5.2, 0.7^2)$に近似されることが推定されます。

Rを使った数値シミュレーションでこれを確かめてみましょう。上記の集団から4個のサンプルをランダムに取出し、その平均を求める操作を50,000回行った結果を**図3-8**に示します。この図に示されるように、その分布は左右対称の正規分布に非常に近いことがわかります。なお、4と5付近でデータが欠けているように見えますが、これは作図上生じたすき間なので問題ありません。QQプロットという正規分布に従うかを調べる手法でも高い直線性が見られ、このシミュレーション結果は正規分布に非常に近いことを示しました。

次に、このシミュレーション結果の平均と標準偏差を求めると、この図に示した結果では5.205および0.7024と計算され、上述した中心極限定理による$N(5.2, 0.7^2)$に非常に近いことがわかりました。

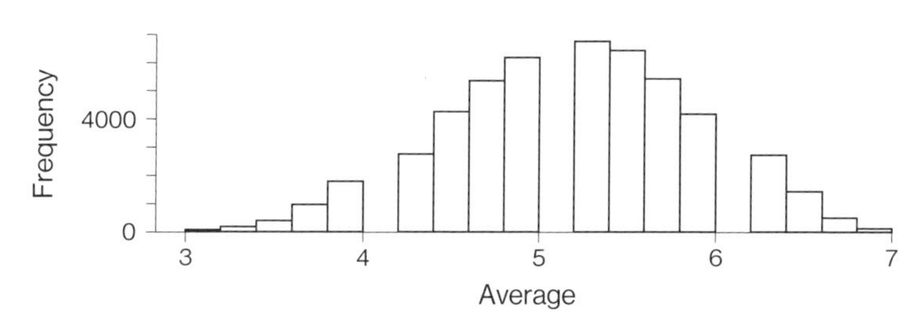


図3-8　中心極限定理シミュレーションによる標本平均の度数分布

### 参考　中心極限定理シミュレーションのRコード

```
1  val<-c(3, 4, 5, 6, 7)  #CLT
2  pr<-c(0.2, 0.1, 0.2, 0.3, 0.2)
3  smp.means<-NULL
4  for(i in 1:50000){
5    smp<-sample(x=val, prob=pr, size=4, replace=TRUE)
6    smp.means<-append(smp.means, mean(smp))
7  }
8  hist(smp.means, main="", xlab="Average")
9  mean(smp.means)
10 sd(smp.means)
11 qqnorm(smp.mearns)
```

1～2行目：対象集団の数値と取り出す確率を入力します。
4～7行目：対象集団から4個の数値を取り出してはその平均を得るという操作を50000回繰り返し、それらをsmp.meansに収納します。
8行目：smp.meansについてヒストグラムを作成します。
9～10行目：smp.meansについて平均と（不偏）分散を求めます。
11行目：smp.meansについてQQプロットを作成します。

### 問 3-10

Z社で製品Wについて毎日10個のサンプルを取り出し、重さ（g）を測ってはその平均を求める作業を続けました。その結果、平均はほぼ$N(489,7)$に従っていました。製品Wの重さの平均$\mu$と分散$\sigma^2$を推定しなさい。

中心極限定理を平均ではなく、和$Y$について適用すると、$Y$も正規分布に近づきます。その平均は取り出す標本$X$の平均にサンプルサイズをかけた値となり、分散も同様です。

**練習問題3-1**

図3-7の条件で、中心極限定理をサンプルサイズ4の和$Y$についてシミュレーションし、その平均と分散を求めなさい。

## 2 対数正規分布

対数正規分布Lognormal distributionは、確率変数を$X$の代わりにその自然対数ln $X$（あるいは常用対数log $X$）としたときに正規分布に従う分布となります。つまり、対数正規分布では、この確率変数の確率密度関数をそのままのスケールで表すと、**図3-9A**のような右側にすそ野が長い（右側に歪んだright skewed）曲線となりますが、自然対数を取った値ln $X$に変換すると、**図3-9B**のように左右対称のいわゆるベル型の正規分布曲線が描かれます。

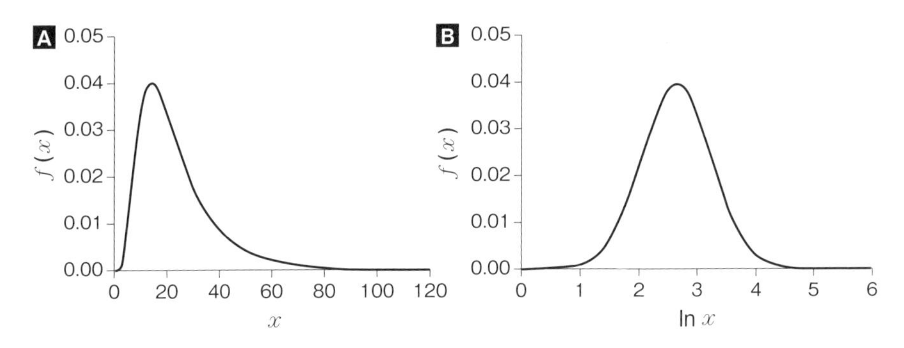


図3-9 対数正規分布Lognormal(3, 0.62)の確率密度曲線

例えば、あるサンプル中の対象物質の濃度$X$(μg/g)を測定した結果、**図3-9A**のような右に歪んだ分布のデータが得られる場合があります。この場合、$X$を自然対数または常用対数変換して**図3-9B**のように正規分布に近似できれば、対数正規分布を使って解析することができます。このように対数正規分布は実用的ですが、問題点として対象物質の濃度0を表せません。第1章で図示したように$X = 0$のときlog $X = -\infty$となります。

なお、対数正規分布に関するExcelおよびRの関数はありますが、実際のデータの解析には常用対数変換したlog $X$に通常の正規分布を適用したほうが解析は簡単です。

## 3 指数分布

指数分布Exponential distributionは大地震が起こる時間間隔のように、ランダムに起こると考えられる事象についてその発生間隔の分布を示したものです。つまり、ある事象の起こる確率が一定の場合、ランダムに起こる事象の発生間隔は指数分布に従うと考えることができます。指数分布は連続型分布であり、その確率密度関数$f(x)$は次のように表されます。ただし、$\beta > 0$です。この指数分布をExpon($1/\beta$)とも表せます。

$$f(x) = \frac{1}{\beta}\exp\left(-\frac{x}{\beta}\right) \qquad x \geq 0 \tag{3-18}$$

$$f(x) = 0 \qquad x < 0 \tag{3-19}$$

**図3-10**の例に示すように、その確率密度関数$f(x)$は単調な減少関数です。なお、$x<0$の部分は割愛しました。

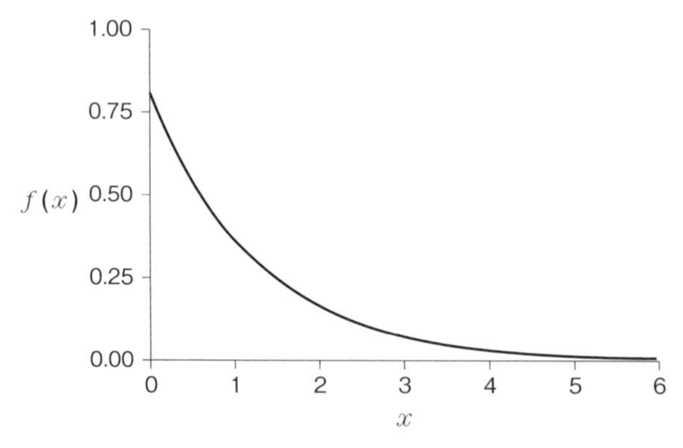


図3-10　指数分布の確率密度関数（$1/\beta = 0.8$）

Excelでは関数EXPON.DIST(x, λ, 関数形式)を使って指数分布の確率密度を求めます。例えば、xに2.4、λに$1/\beta$である0.8、関数形式はFALSEを代入すると、確率密度関数の値0.117が得られます。また、関数形式をTRUEにすると、xが0から2.4までの確率が得られます。Rでは指数分布の確率密度を求めるには関数dexp(x, rate=b)を使います。xには確率変数の値（2.4）、bには$1/\beta$の値（0.8）を入力すると、確率密度0.117･･･が得られます。また、pexp(x,rate=b)では確率が得られます。

指数分布の平均$E[X]$と分散$V[X]$は次のように表されます。

$$E\left[X\right]=\beta \tag{3-20}$$

$$V\left[X\right]=\beta^2 \tag{3-21}$$



> **例題6**　事象Aはその起こる事象間隔が指数分布Expon(1/$\beta$)で表せます。ただし、1/$\beta$ = 0.8で、時間の単位は年です。事象Aが起こった後、2年が経過するまでに再びこの事象が起こる確率を推定しなさい。

**解答6**

Excelでは関数EXPON.DIST(2, 0.8, TRUE)を使って指数分布の確率を求めると、0.798が得られます。次の**図3-11**の灰色部分の面積に相当します。

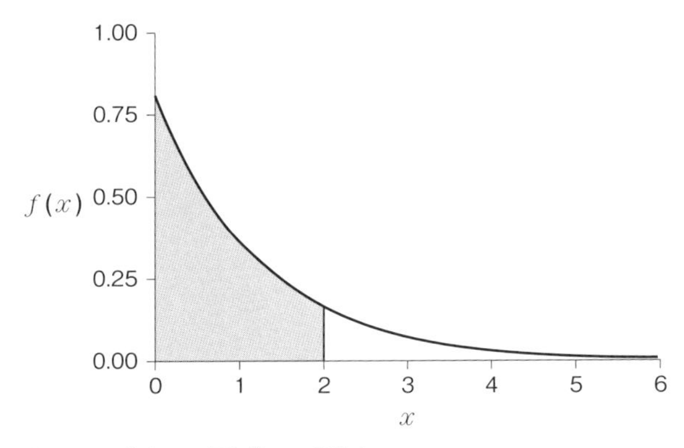


図3-11　事象Aが再び起こる確率

前述したポアッソン分布はある事象が単位期間にランダムに起こる回数を示す分布であるため、指数分布と関連があります。すなわち、平均$\lambda$のポアッソン分布に従って起こる事象の発生間隔は平均1/$\lambda$の指数分布に従います。

## 4 ワイブル分布

ある事象の起こる確率が時間と共に変化する場合、その事象が起こるまでの時間間隔を確率変数とすると、この確率変数が従う分布としてワイブル分布Weibull distributionがあります。ワイブル分布Weibull($\alpha, \beta$)の確率密度関数$f(x)$は次のように表されます。

$$f(x) = \alpha\beta^{-\alpha}x^{\alpha-1}\exp\left(-\left(\frac{x}{\beta}\right)^{\alpha}\right) \qquad x \geq 0 \tag{3-22}$$

$$f(x) = 0 \qquad x < 0 \tag{3-23}$$

$\alpha$は形状shapeに関するパラメーター、$\beta$は尺度scaleに関するパラメーターと呼ばれます。

ワイブル分布は連続型分布であり、機械の故障率を表す場合などに使われます。機械の故障率は一般に使い始めの時期、中間の時期および耐用年数に近づいた時期でそれぞれ異なりますが、この現象を表すためにワイブル分布がよく使われます。

ワイブル分布は確率密度関数の式(3-22)で$\alpha=1$にすると、指数分布となります。すなわち、Expon(1/$\beta$)とWeibull(1,$\beta$)は同じ確率分布を示します。

**図3-12**にワイブル分布の確率密度曲線の例を示します。ただし、$x<0$の部分は割愛しました。

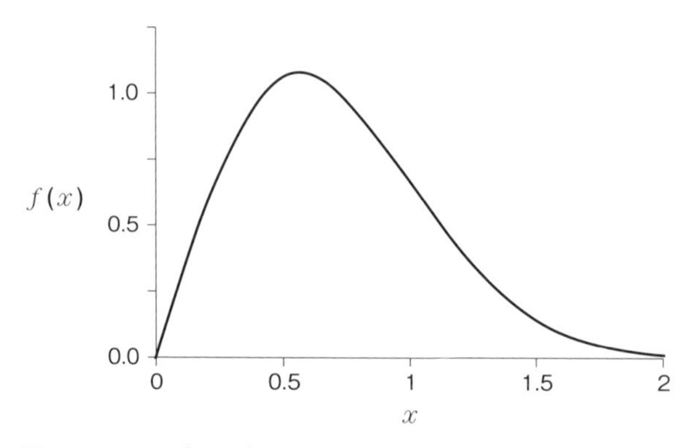


図3-12　ワイブル分布Weibull(2, 0.8)の確率密度曲線

Excelでは関数WEIBULL.DIST(x, $\alpha$ , $\beta$ ,関数形式)を使って、ワイブル分布の確率密度を求められます。例えばxに確率変数の値(ここでは0.6)、$\alpha$に2、$\beta$に0.8、関

数形式はFALSEを代入すると、$x = 0.6$に対する確率密度1.07が得られます。関数形式をTRUEにすると、$x = 0.6$に対する確率$P(0 < X \leq 0.6) = 0.430$が得られます。Rでは関数dweibull(x, shape=m, scale = n)を使って、確率変数$x$における確率密度$f(x)$を得られます。$x$に0.6、$m$に2、$n$に0.8を代入すると、確率密度1.068が得られます。同様にしてpweibull(x, shape=m,scale=n)で確率が得られます。



ワイブル分布の平均$E[X]$と分散$V[X]$は次のように表されます。

$$E\left[X\right] = \beta\Gamma\left(1 + \frac{1}{\alpha}\right) \tag{3-24}$$

$$V\left[X\right] = \beta^2\left[\Gamma\left(1 + \frac{2}{\alpha}\right) - \left\{\Gamma\left(1 + \frac{1}{\alpha}\right)\right\}^2\right] \tag{3-25}$$

ここで$\Gamma$はガンマ関数を示します。ガンマ関数は階乗に関係する関数で、例えば$\Gamma(a + 1) = a!$という関係を表します。ここで$a$は正の整数です。

## 5 ガンマ分布

ガンマ分布Gamma distributionは指数分布を一般化した分布で、期間$1/\lambda$の間に1回程度起こるランダムな事象が$\alpha$回起こるまでの時間分布を表します。ガンマ分布は次の確率密度関数で表されます。このガンマ分布をGamma$(\alpha, \lambda)$と表すことができます。

$$f\left(x\right) = \frac{\lambda^\alpha}{\Gamma\left(\alpha\right)} x^{\alpha-1} e^{-\lambda x} \qquad x \geq 0 \tag{3-26}$$

$$f\left(x\right) = 0 \qquad x < 0 \tag{3-27}$$

ここで$\alpha$と$\lambda$は正のパラメーターです。$\Gamma(\alpha)$は前述したガンマ関数で、式(3-28)で表されます。

$$\Gamma\left(\alpha\right) = \int_0^\infty x^{\alpha-1} e^{-x} dx \tag{3-28}$$

この式に示すように、ガンマ分布は確率密度関数が$x^a e^{-bx}$の形をしています。ガンマ分布の確率密度関数の例を**図3-13**に示します。ただし、$x<0$の部分は割愛しました。

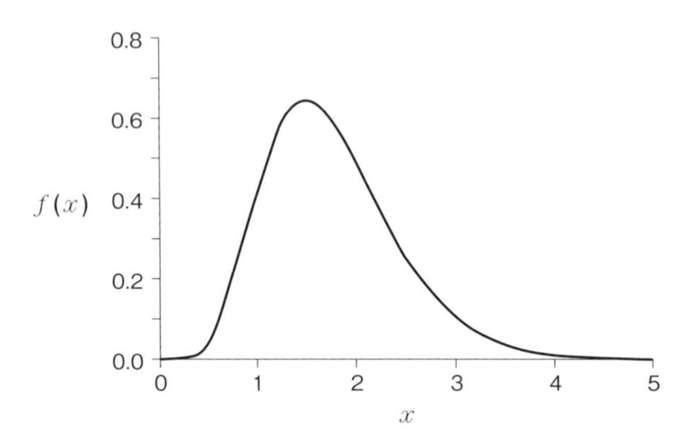


図3-13　ガンマ分布Gamma(7, 4)の確率密度曲線

Excelでは関数GAMMA.DIST(x, α, β, 関数形式)を使ってガンマ分布の確率密度を得られます。xに1.8、αに7、βには1/λの値（ここでは1/4)、関数形式はFALSEを入力すると、確率密度0.5778が得られます。Rでは関数dgamma(x, a, b)を使って求められます。xには確率変数の値（ここでは1.8)、aにはαの値（ここでは7)、bにはλの値（ここでは4)を代入すると、確率密度0.5778が得られます。

ガンマ分布Ga(α, λ)の平均と分散は次のように表せます。

$$E\left[X\right]=\frac{\alpha}{\lambda} \tag{3-29}$$

$$V\left[X\right]=\frac{\alpha}{\lambda^2} \tag{3-30}$$

また、起こる回数を$\alpha=1$としたガンマ分布Ga(1, λ)は式(3-26)から指数分布に等しくなります。ただし、$\Gamma(1)=1$です。

## 6 ベータ分布

ベータ分布Beta distributionは$0\leq x<1$の範囲で、次の確率密度関数で表されます。

$$f(x) = \frac{x^{\alpha-1}(1-x)^{\beta-1}}{B(\alpha,\beta)} \tag{3-31}$$

ここで$B(\alpha,\beta)$はベータ関数と呼ばれます。ただし、$0<\alpha$および$0<\beta$です。ベータ分布をBeta$(\alpha,\beta)$と表すこともできます。ベータ関数は次の式で定義されます。

$$B(\alpha,\beta) = \int_0^1 x^{\alpha-1}(1-x)^{\beta-1}\,dx \tag{3-32}$$

このようにベータ分布では確率密度関数が$x^a(1-x)^b$の形をしています。ベータ関数とガンマ関数には次の式が成り立ちます。

$$B(\alpha,\beta) = \frac{\Gamma(\alpha)\Gamma(\beta)}{\Gamma(\alpha+\beta)} \tag{3-33}$$

ベータ分布の密度関数の形状は**図3-14**に示すようにパラメーター$\alpha$と$\beta$の値によって大きく変化し、特にBeta(1, 1)のときは次に説明する一様分布$f(x)=1$となります。実線、点線および破線は、それぞれBeta(2, 6)、Beta(3, 1)およびBeta(1, 1)の確率密度曲線を示します。

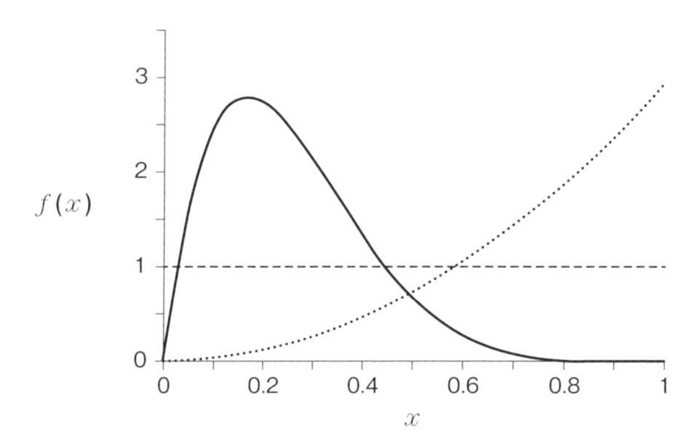


図3-14　ベータ分布の確率密度曲線

Excelでは関数BETA.DIST(x, α, β, 関数形式)を使って確率密度を求められます。

下の図のようにxに0.2、$\alpha$に2、$\beta$に6、関数形式はFALSEを代入すると、確率密度2.752が得られます。Rでは関数dbeta(x, shape1, shape2)を使って確率密度を求めます。xに0.2、shape1に$\alpha$（ここでは2）、shape2に$\beta$（ここでは6）を代入すると、確率密度2.752が得られます。

確率密度関数$X$がBeta($\alpha,\beta$)分布に従うとき、その平均と分散は次のように表せます。

$$E[X]=\frac{\alpha}{\alpha+\beta} \tag{3-34}$$

$$V[X]=\frac{\alpha\beta}{(\alpha+\beta)^2(\alpha+\beta+1)} \tag{3-35}$$

## 7 一様分布

最も単純な分布として一様分布Uniform distributionがあります。一様分布には連続型と離散型があります。その分布に従う確率変数$X$がある区間内で起こる確率（連続型の場合は確率密度）がすべて等しい分布を一様分布といいます。

連続型の一様分布の確率密度曲線は**図3-15**に例示するように、長方形の形状を示します。一様分布はUni($a$, $b$)のように略して表せます。すなわち、$X$が区間$[a, b]$では0以外のある一定の正の確率をとり、それ以外の値では確率0となることを示します。

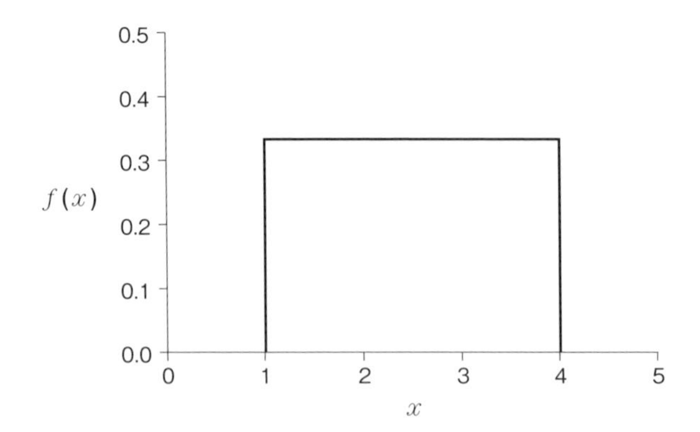


図3-15　連続型一様分布Uni(1, 4)の確率密度曲線

一様分布Uni($a, b$)を式で表すと次のように示されます。

$$f(x) = c \qquad (a \le x \le b) \tag{3-36}$$

$$f(x) = 0 \qquad (x < a \text{ または } b < x) \tag{3-37}$$

確率の総和(長方形の面積)は1なので、$c = 1/(b-a)$が得られます。図3-15では、$X$は区間[1, 4]で$f(x) = 1/(4-1) = 1/3$の値をとります。



問 3-11

一様分布Uni(2, 8)における確率密度$f(x) = c$の値を求めなさい。

一様分布の平均と分散は次の式で表されます。

$$E[X] = \frac{a+b}{2} \tag{3-38}$$

$$V[X] = \frac{(b-a)^2}{12} \tag{3-39}$$

### 参考 一様分布の平均と分散

一様分布の平均と分散は定義から次のように求められます。

$$E[X] = \int_a^b \frac{1}{b-a} x dx = \frac{1}{b-a}\left[\frac{x^2}{2}\right]_a^b = \frac{1}{b-a}\frac{b^2-a^2}{2} = \frac{a+b}{2}$$

$$V[X] = \int_a^b \frac{1}{b-a} x^2 dx - (E[X])^2 = \frac{1}{b-a}\left[\frac{x^3}{3}\right]_a^b - \left(\frac{a+b}{2}\right)^2$$

$$= \frac{a^2+ab+b^2}{3} - \frac{(a+b)^2}{4} = \frac{(b-a)^2}{12}$$

一様分布で確率変数が離散型の場合も考えられます。例えば公平なサイコロを1回振って出た目を確率変数$X$と考えると、$X$は1から6までの整数の値のみをとり、その起こる確率$P(X)$はすべて等しく1/6です。その確率質量曲線を表すと**図3-16**になります。なお、確率変数が離散型の場合は平均と分散について上記の式は成り立ちません。

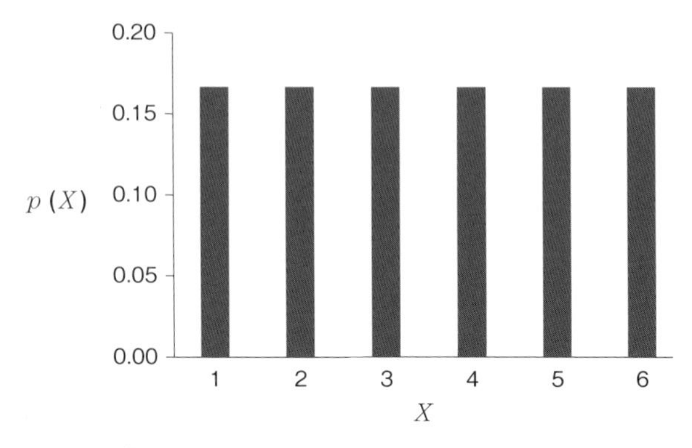


図3-16　離散型一様分布の例

## 3.3 確率分布に基づくデータの捉え方

以上、代表的な確率分布を説明しましたが、これらを使ったデータの捉え方について説明します。本書では「データはある確率分布から発生した」という考え方を基本として説明していきます。別の言い方をすると、「事象は確率分布で考える」ということです。重要な点はその事象（およびそこから得たデータ）に適した確率分布を見つけることです。いくつかの例題で考えてみましょう。詳細は拙著をご覧ください[1)]。

> **例題7**　ある高校では生徒の52%が男子で、また生徒の40%が近視です。この高校で無作為に50人の生徒を選んだとき、(1) 女子生徒の数$V$を推定しなさい。(2) 近視で女子である生徒数$W$を推定しなさい。

**解答7**

(1) この高校である1人の生徒が女子である確率は$1-0.52=0.48$ですから、50人中では$V=50\times0.48=24$（人）としても間違いではありませんが、正解ではありません。正しくは、この高校の生徒は男子か女子かのいずれかですから、50人中の女子生徒の数は2項分布に従うと考えられます。したがって、$V=\mathrm{Bin}(50, 0.48)$と表され、これが答えです。これをグラフに表すと、**図3-17**になり、確率が最大となる人数は24人です。

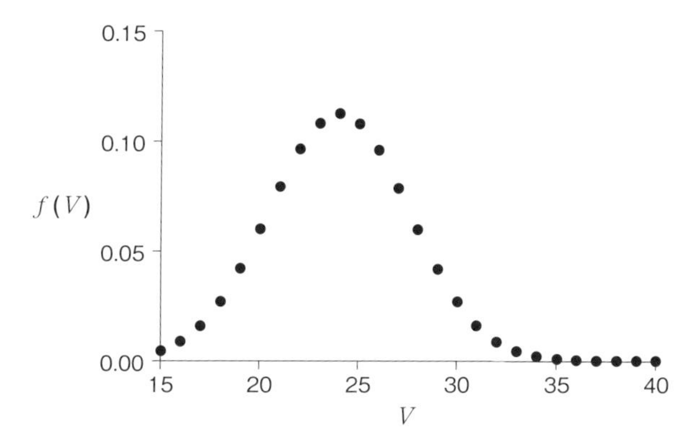


図3-17　女子生徒数の推定

(2) ある生徒が近視で女子である確率は$0.48 \times 0.4 = 0.192$ですから、50人中では$W$=Bin(50, 0.192)と推定されます。

### 問 3-12

例題7で無作為に50人の生徒を選んだとき、少なくとも女子か近視のいずれかである生徒数$Z$を求めなさい。

> **例題8**　S市では週当たり平均3回の交通事故が起こっています。このとき、4週間で起こる事故数$X$を推定しなさい。

**解答8**

S市での週当たりの交通事故数はポアッソン分布Pois(3)に従うと考えられます。ポアッソン分布Pois($\lambda$)に従う確率変数は、その期間(あるいは体積)が$n$倍になると、その期間で起こる回数はPois($n\lambda$)に従います。したがって、4週間で起こる事故数$X$はPois($3 \times 4$) = Pois(12)と推定されます。これをグラフに表すと、**図3-18**になり、確率が最大となる件数は11と12です。

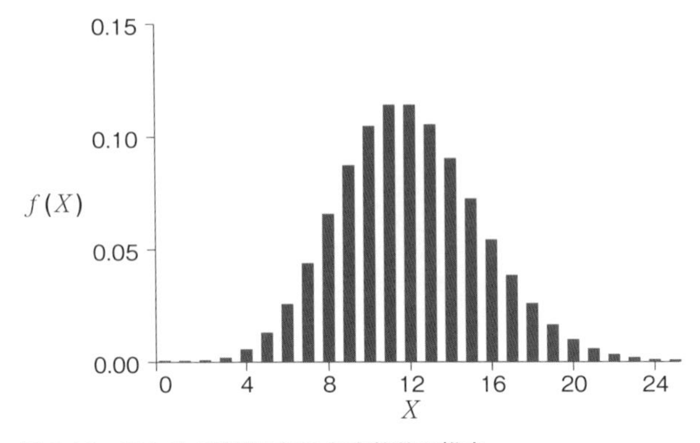


図3-18　S市で4週間に起こる事故数の推定

# 3.4 代表的な確率分布の平均と分散

上記の代表的な確率分布について、その平均と分散を**表3-2**にまとめました。

表3-2　代表的な確率分布の平均と分散

| 分布 | パラメーター | 平均 | 分散 |
|---|---|---|---|
| ①離散分布 | | | |
| ベルヌーイ | prob $= p$ | $p$ | $p(1-p)$ |
| 二項 | size $= n$, prob $= p$ | $np$ | $np(1-p)$ |
| 負の二項 | success $= k$, prob $= p$ | $k(1-p)/p$ | $k(1-p)/p^2$ |
| ポアッソン | mean $= \mu$ | $\mu$ | $\mu$ |
| ②連続分布 | | | |
| 正規 | mean $= \mu$, sd $= \sigma$ | $\mu$ | $\sigma^2$ |
| 指数 | rate $= 1/\beta$ | $\beta$ | $\beta^2$ |
| ワイブル | shape $= \alpha$, scale $= \beta$ | $\beta\Gamma(1+1/\alpha)$ | $\beta^2[\Gamma(1+2/\alpha)-\{\Gamma(1+1/\alpha)\}^2\}$ |
| 一様 | min $= a$, max $= b$ | $(a+\mathrm{b})/2$ | $(\mathrm{b}-\mathrm{a})^2/12$ |

$\Gamma$はガンマ関数

# 3.5 確率分布の近似[2)]

これまで説明した代表的な確率分布は条件を満たせば別の確率分布で近似することができます。したがって、対象データが条件を満たせば、本来の確率分布ではなく、別の確率分布で解析することができます。本節で解説するように、いくつかの確率分布は条件によって、正規分布に近似することができます。ただし、その確率分布に従う変数のとる値を正規分布に近似してよいのか、つまり正規性の検定は統計学の成書を参考にしてください。



## 1 二項分布の正規分布への近似

二項分布Bi($n, p$)に従う確率変数$X$はその試行数$n$が大きければ、正規分布に近づきます。例えば1回あたりの成功確率$p$が一定（0.15）のとき、$n=10$の確率$P(X)$は明らかに右側に歪んだ形状をしていますが（**図3-19A**）、$n=200$の場合は最大値を中心にほぼ左右対称の形状を示します（**図3-19B**）。ここで$n=200$のときの平均と分散を等しくした正規分布の確率密度曲線$f(x)$は、二項分布での確率$P(X)$（点）と非常に近い値となることが分かります（**図3-19C**）。**図3-19C**の曲線が$f(x)$を示します。したがって、試行数$n$が大きければ、二項分布に従うデータを正規分布$N(\mu, \sigma^2)$へ近似することができます。このとき$\mu=np$および$\sigma^2=np(1-p)$が成り立ちます。

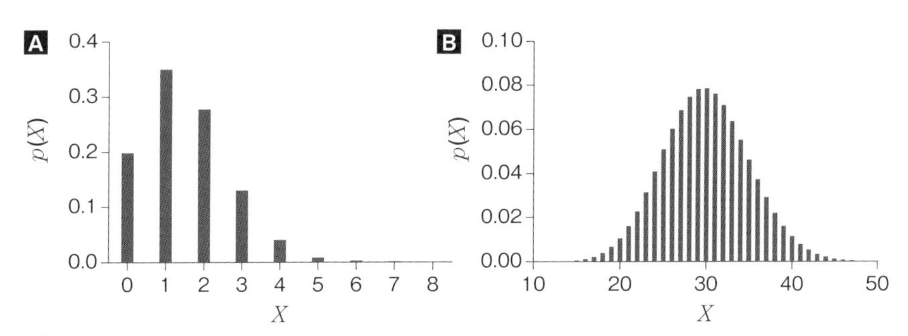


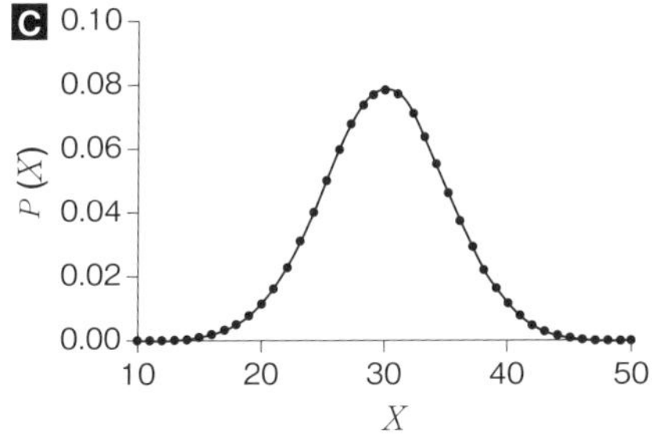


図3-19　二項分布の正規分布への近似

### 問 3-13

図3-19Cでの正規分布の平均$\mu$と分散$\sigma^2$を求めなさい。

二項分布は離散分布であるため、Bi($n, p$)は直接、確率を表しますが、一方で正規分布は連続分布であるためN($\mu, \sigma^2$)は確率密度$f(x)$を示します。それにも関わらず、試行数$n$が大きければ、Bi($n,p$)と$f(x)$の値は非常に近くなります。正確を期すならば、連続型確率分布である正規分布の確率を累積分布関数$F(x)$から求め、その確率をBi($n,p$)の値と比較することができます。つまり、ある正の整数$x$での確率は$\Delta F(x) = F(x + 0.5) - F(x - 0.5)$とした$x$について幅1の確率として得られます。この幅は二項分布の離散確率変数が正の整数を取ることに対応しています。例えば、上記の二項分布Bi(200, 0.15)で二項分布の確率$f(x)$と近似した正規分布N(30, 25.5)の累積分布関数の差$\Delta F(x) = F(x + 0.5) - F(x - 0.5)$を比べると**図3-20**のように示され、両者の差は非常に小さいことが分かります。したがって、このような条件では二項分布を正規分布（の確率密度関数）で近似できることが分かります。ただし、二項分布を正規分布で近似する場合、二項分布の離散分布であるという特性は消えることになります。

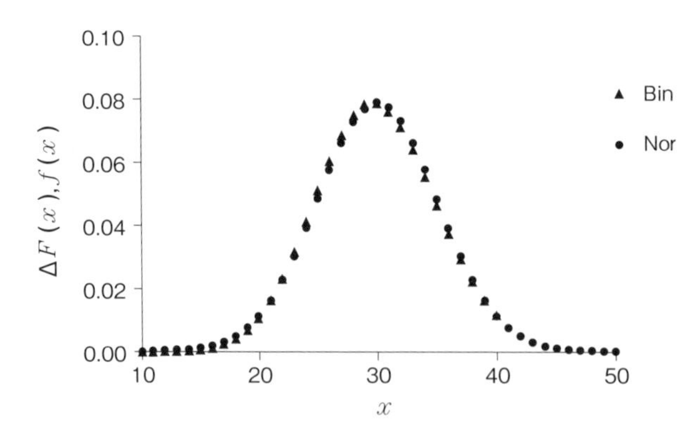


図3-20　二項分布と正規分布の確率分布の比較

二項分布の正規分布による近似について、両分布の確率変数が取る確率から説明しましたが、二項分布から発生させたデータ上ではどうなるのでしょうか。二項分布Bi($n, p$)に従う確率変数$X$から得られる乱数について、$n$の大きさの影響をシミュレーションで確認してみましょう。ここでは$p = 0.15$のとき、$n = 10$と1000の場合を行います。ただし、取り出す乱数の数は共に100とします。

Rを使ったシミュレーションの1例を**図3-21**に示します。$n=10$の場合は明らかに右側に歪んだ分布を示していますが、$n=1000$の場合、正規分布に近く、ほぼ左右対称の分布になっています。なお、Rでは関数x<-rbinom(s, n, p)で乱数を発生させます。ここで$s=100$です。

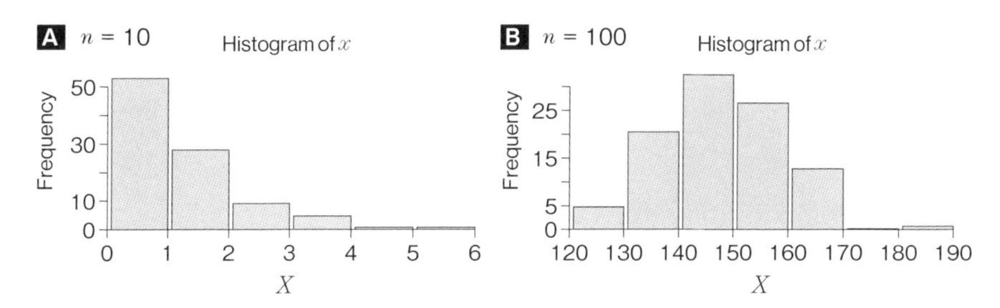


図3-21　二項分布から発生させた乱数分布の試行数による影響

## 2 ポアッソン分布の正規分布への近似

ポアッソン分布Pois($\mu$)は正規分布N($\mu$, $\mu$)で近似できます。ただし、**図3-22A**に示すように、特に$\mu$の値が小さいとき、ポアッソン分布Pois($\mu$)の確率は右側に歪んだ分布を示します。また、ポアッソン分布Pois(3)に合わせたNor(3, 3)の確率密度はPois(3)による確率との差がいくつかの値で見られます。一方、$\mu$の値が大きい場合($\mu > 20$)、Pois($\mu$)はほぼ左右対称の分布を示し、正規分布で近似できます(**図3-22B**)。$\mu$の値が小さくても、ある期間$t$の出来事の数(あるいはある体積$v$の粒子の数)を考えるとき、$\mu t$の値が大きくなると($\mu t > 20$)、Pois($\mu t$)は同様に正規分布で近似できます。

これはPois($\mu t$)は$t=20$のとき20個のPois($\mu$)の和と考えると、中心極限定理からも推定できます。当然、Pois($\mu$)で平均$\mu$の値が大きな値の場合も左右対称の分布を示し、正規分布で近似できます。

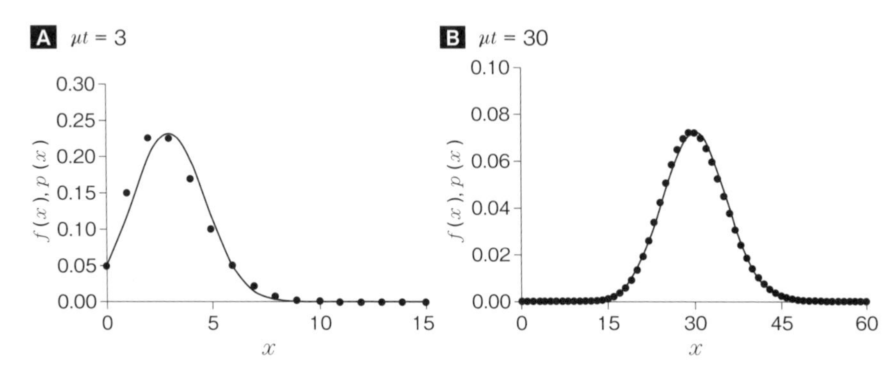


図3-22　ポアッソン分布と正規分布
点はポアッソン分布の確率、曲線は正規分布の確率密度曲線を示します。

本確率分布も離散型であるので、正規分布で近似すると二項分布と同様にその離散という特性はなくなります。なお、正確を期すならば、二項分布の近似で説明したように正規分布の確率を累積確率密度関数$F(x)$から求めることができます。余力のある方は確認してください。

## 3 超幾何分布の二項分布への近似

超幾何分布は非復元抽出のサンプルに使われる確率分布ですが、対象集団（サイズ$M$、成功数$D$）が非常に大きくてサンプル（サイズ$n$）を抽出しても、それが集団の比率$D/M$にほとんど影響を与えない場合があります。その場合、超幾何分布Hypergeo($n, D, M$)は二項分布Bin($n, D/M$)で近似できます。二項分布は成功確率が一定（$D/M$）であり、本来は復元抽出に使われる確率分布ですが、特に$n < 0.1M$のとき、この近似はよく使われます。

例えば**図3-23A**に示すように、$n = 0.25M$の場合、集団サイズに対してサンプルサイズが比較的大きいため、超幾何分布による成功数$s$に対する確率が二項分布による確率と大きく異なっている箇所がいくつかあります。一方、$n = 0.05M$の場合は、**図3-23B**に示すように、両者の確率は非常に近いことが分かります。

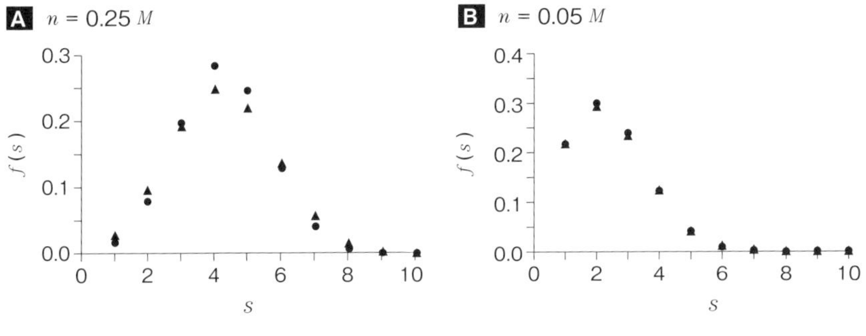


図3-23　超幾何分布と二項分布　　●：Hypergeo、▲：Bin

同様に超幾何分布で$n < 0.1M$の場合、ポアッソン分布または正規分布で近似することもできます。その他、詳細は割愛しますが、いくつかの確率分布は条件によって正規分布で近似できます。

## 参考文献

1）「リスク解析が分かる」藤川浩 第6章「確率過程」技術評論社 2023.

2）"Risk Analysis" David Bose. 3rd ed. p.703-710, Wiley 2008.

# ㊐ 解答

### ㊐ 3-1

$$E[X]=1\times p+0\times(1-p)=p$$

$$V[X]=1^2\times p+0^2\times(1-p)-p^2=p-p^2=p(1-p)=pq$$

### ㊐ 3-2

このサイコロを1回投げて4の目が出る事象の確率は1/6です。1回振って4の目が出るかそれ以外の目が出るかの二項分布を考えると、求める確率は${}_5C_5(1/6)^5(1-1/6)^{5-5}=(1/6)^5$となります。

**別解**：1回投げて4の目が出る事象が5回すべて起こる確率は積として$(1/6)^5$です。

### ㊐ 3-3

1題当り正解する確率は1/4ですから、正解数を$Y$と置くと、$Y$はBin(8, 1/4)と表されます。したがって$E[Y]=8\times 1/4=2$, $V[Y]=8\times 1/4\times(1-1/4)=2/3$となります。

### ㊐ 3-4

式(3-6)を用いて、$1-f(0)-f(1)-f(2)\fallingdotseq 1-0.265=0.735$

### ㊐ 3-5

多項分布の確率を求める式から、$5!/(3!\times 2!)\times(1/4)^3\times(1/4)^2=5\times 2\times(1/4)^5=5/512\fallingdotseq 0.00977$となります。

### ㊐ 3-6

求める確率は${}_{80-68}C_2\times{}_{68}C_{6-2}/{}_{80}C_6$となります。エクセル関数=HYPERGEOM.DIST(標本の成功数=2, 標本数=6, 母集団の成功数=80-68=12, 母集団の大きさ=80, 関数形式false)を使うと、0.179が得られます。Rではd<-dhyper(2, 12, 68, 6, log=FALSE)で求められます。

### 問 3-7

$P(280 < X \leq 300) = P(-\infty < X \leq 300) - P(-\infty < X \leq 280)$

Excelあるいは Rで計算すると、0.133が得られます。

### 問 3-8

1日当たり大量に生産されている製品Bの重量$X$は、正規分布$N(241, 2^2)$に従うと考えられます。正規分布が連続型の確率分布であることを考慮して、$P(X \geq 240) = 1 - P(X \leq 240)$より$P(X \geq 240) = 0.6915$となります。

ExcelまたはRで$P(-\infty < X < 240) \fallingdotseq 0.3085$が得られます。$X$は正の値ですが、$P(-\infty < X \leq 0)$は非常に小さく、0として構いません。したがって、$P(0 < X < 240) \fallingdotseq 0.3085$となり、$P(X \geq 240) = 1 - 0.3085 = 0.6915$となります。

### 問 3-9

$\mu = 0.2 \times 3 + 0.1 \times 4 + 0.2 \times 5 + 0.3 \times 6 + 0.2 \times 7 = 5.2$

$\sigma^2 = 0.2 \times 3^2 + 0.1 \times 4^2 + 0.2 \times 5^2 + 0.3 \times 6^2 + 0.2 \times 7^2 - 5.2^2 = 1.8 + 1.6 + 5 + 10.8 + 9.8 - 27.04 = 1.96 = 1.4^2$

### 問 3-10

中心極限定理より (1) 標本平均の期待値は母平均に等しいので、$\mu = 489$と推定されます。(2) 標本平均の分散は母分散を標本数$n$で割ったものに等しいので、$7 = \sigma^2/10$より$\sigma^2 = 70$と推定されます。

### 問 3-11

$X$は区間[2,8]で$f(x) = 1/(8-2) = 1/6$の値をとるので、

$$f(x) = \frac{1}{6} \qquad (2 \leq x \leq 8)$$

$$f(x) = 0 \qquad (x < 2 \qquad 8 < x)$$

### 問 3-12

ある1人の学生が女子でも近視でもない確率は$0.52 \times (1 - 0.4) = 0.312$ですから、少なくとも女子か近視のいずれかである確率は$1 - 0.312 = 0.688$です。したがって、$Z = \mathrm{Bin}(50, 0.688)$（人）と推定されます。

### ㊞ 3-13

$$\mu = np = 200 \times 0.15 = 30$$

$$\sigma^2 = np(1-p) = 25.5$$

# 第4章

# 確率分布へのデータのフィッティング：最尤法



実験、検査あるいは調査で得られたデータに、これまで説明してきた代表的な確率分布を適用する方法を解説します。データがある確率分布で表されると、データの特徴が理解しやすくなり、新たな条件での予測も可能になります。また、類似データの比較もできます。

## 4.1 確率分布へのデータのフィッティング

データに確率分布を適用する方法には一般にモーメント法Method of momentsと最尤（さいゆう）法Method of Maximum Likelihoodの2つがあります。これらの方法を用いてデータに適した確率分布のパラメーターの値を推定します。モーメント法はデータから得た平均、分散などの統計量から算定する方法で、最尤法はデータが生成する確率（尤度）を最大とするパラメーター値を求める方法です。

モーメント法と比べて、最尤法はいろいろな点で優れています。つまり、最尤法では確率を基にした尤度という概念を導入しており、これはベイズ統計学につながっていきます。また、最尤法ではあるデータに対してどの確率分布が適しているかを判断するとき、指標となる統計量があります。代表的な指標として赤池情報量指標AICがあり、これについては第5章以降で解説します。

# 4.2 モーメント法

モーメント法では**表4-1**に示すように、データから得た標本統計量（平均と分散など）が適用する確率分布のパラメーターの推定値となります。この表で等号は左辺のパラメーターに対して右辺の統計量を使うことを意味します。例えばデータにポアッソン分布を適用する場合、データの標本平均$\bar{x}$がポアッソン分布Pois($\mu$)の平均$\mu$の推定値となります。正規分布N($\mu$, $\sigma^2$)では標本平均$\bar{x}$と標本分散$s^2$がそれぞれ平均$\mu$と分散$\sigma^2$の推定値になります。なお、モーメント法で分散の推定値は不偏分散ではなく、標本分散であることに注意してください。

表4-1　モーメント法による確率分布パラメーターの推定値

| 確率分布 | パラメーターの推定値 |
|---|---|
| 二項分布 Bin($n,p$) | $p=1-\dfrac{s^2}{\sqrt{x}},\quad n=\dfrac{\bar{x}}{1-\dfrac{s^2}{\bar{x}}}$ |
| ポアッソン分布 Pois($\lambda$) | $\lambda=\bar{x}$ |
| 負の二項分布 Negbin($p,k$) | $p=\dfrac{\bar{x}}{s^2},\quad k=\dfrac{\bar{x}^2}{s^2-\bar{x}}$ |
| 正規分布 N($\mu,\sigma^2$) | $\mu=\bar{x},\ \sigma^2=s^2$ |
| 指数分布 Expon($\beta$) | $\beta=\dfrac{1}{\bar{x}}$ |

ただし、$\bar{x}=\dfrac{1}{n}\sum_{i=1}^{n}x_i,\ s^2=\dfrac{1}{n}\sum_{i=1}^{n}\left(x_i-\bar{x}\right)^2$

## 問 4-1

二項分布Bin($n,p$)について、第3章で示した2式$\mu=np$と$\sigma^2=np(1-p)$から表4-1の関係を導きなさい。ただし、$\mu$と$\sigma^2$の推定値をそれぞれ$\bar{x}$と$s^2$とします。

## 問 4-2

負の二項分布Negbin($p,k$)について、第3章で示した2式$\mu=k(1-p)/p$と$\sigma^2=k(1-p)/p^2$から表4-1の関係を導きなさい。ただし、$\mu$と$\sigma^2$の推定値をそれぞれ$\bar{x}$と$s^2$とします。

**例題 1**　次のデータについて、二項分布をモーメント法によって適用しなさい。

| 19 | 20 | 14 | 15 | 17 | 15 | 12 | 14 |
|---|---|---|---|---|---|---|---|
| 18 | 11 | 13 | 14 | 14 | 14 | 17 | 15 |
| 11 | 15 | 20 | 22 | 18 | 11 | 14 | 16 |
| 13 | 25 | 10 | 12 | 14 | 13 | 14 | 18 |
| 10 | 13 | 22 | 11 | 16 | 10 | 10 | 10 |

4

**解答 1**

このデータ（サイズ40）の標本平均$\bar{x}$と標本分散$s^2$は、それぞれ14.75と13.24と計算され、表4-1から$p = 1 - (13.24/14.75)$より0.1025と推定されます。次に$n$は14.75/0.1025となり、これを四捨五入して144と推定されます。したがって、このデータに二項分布を適用すると、Bin(144, 0.1025)となります。

このデータと適用したBin(144, 0.1025)をヒストグラム（相対度数）で表すと**図4-1**になります。モーメント法によって推定した二項分布はデータをよく表していることが分かります。なお、このデータはBin(100, 0.15)から発生させた乱数です。

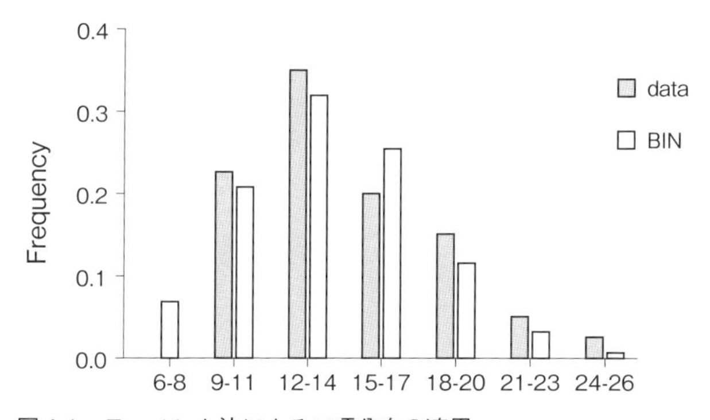


図4-1　モーメント法による二項分布の適用

## 4.3 最尤法

最尤法ではデータの各個体$i$がある確率分布から生成すると考え、その確率を$p_i$とします。$p_i$はその確率分布パラメーター$\theta$を使って表します。例えば、ポアッソン分布でその確率分布を特徴づけるパラメーター$\theta$は平均$\mu$です。データの各個体は独立であり、お互いに影響して生成されることはないと考えられるので、データ全体がその確率分布から生じる確率$P$は乗法定理より各確率の積$\Pi p_i$になります。例えば5個の個体からなるデータの場合は$P = p_1 p_2 p_3 p_4 p_5$と表されます。この確率$P$を尤度Likelihood, Lといい、データ全体がその確率分布から生成する確からしさを指します[*1]。尤度を表す関数を尤度関数$L(\theta)$と呼び、**図4-2**に示すように尤度関数を最大にするパラメーターの値$\theta_0$が最尤法による推定値となり、この値を最尤推定量Maximum Likelihood Estimate, MLEといいます。対象とする確率分布がポアッソン分布のような離散的な場合、各確率は直接求められますが、正規分布のような連続型の場合は確率そのものではなく、確率密度関数を使って尤度を表します。

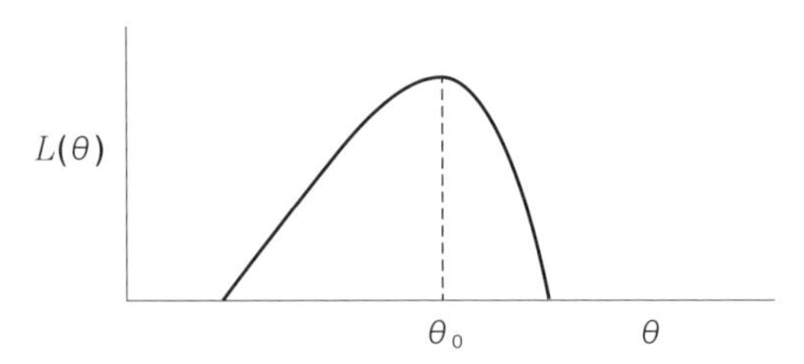


図4-2　尤度関数と最尤推定量（概念図）
$\theta_0$は尤度関数$L(\theta)$を最大にする値です。

最尤法は著名な統計学者R. A. Fisherによって学問的に体系づけられました。尤度に着目してパラメーターを推定した点は素晴らしい発想ですが、一方で、彼はベイズ統計学を主観的だとして批判していたようです。しかし、ベイズ統計学で尤度は非常に大きな意味を持ちますので、ベイズ統計学が多方面で活用されている現在からみると興味深いことです。

## 1 最尤推定量の求め方

最尤推定量MLEを求める方法としては、(1) 微分して最大値を求める方法、(2) 数値解析で最適値を求める方法、および (3) パラメーターに実際に数多くの連続した数値を入れて尤度を計算し、**図4-2**に示したように尤度が最大となる値を求める方

*1　尤度は一般にはある確率分布における対象データの起こりやすさを示しますが、実質的にはその確率分布の確率質量関数あるいは確率密度関数にデータの数値を代入して得られた値（確率あるいは確率密度）となります。したがって本書では尤度を該当する確率あるいは確率密度から得られた値と考えます。

法が考えられます。方法(3)では、最大値を示す値はパラメーターの刻み幅に影響されます。つまり、刻み幅を例えば0.1にするか0.01にするかで最大値を示す$\theta_0$の値に影響が出ます。

次に、確率分布の中で最も基本であるベルヌーイ分布を適用した例を用いて、最尤法の各種解法を説明します。



**例題2** サイコロSを6回振った結果、出た目は{3, 2, 4, 5, 1, 4}でした。この結果からこのサイコロを振って5の目が出る確率$p$を最尤法で求めなさい。ただし、$0 \leq p \leq 1$です。

**解答2**

ここで考える事象はサイコロSを振って出た目の数が5であるか否かであり、ベルヌーイ分布が適用できます。この確率分布のパラメーターは確率$p$のみです。1回振って5以外の目が出る確率は$1-p$ですから、このような結果となる確率、つまり尤度$L(p)$は各事象が独立しているため、6回の事象が起こる各確率の積として$L(p) = (1-p)(1-p)(1-p)p(1-p)(1-p) = p(1-p)^5$と表せます。この尤度関数$L(p)$を最大とするような最尤推定量を求めます。関数$L(p)$は**図4-3**のように描けます。

なお、この例題に2項分布を適用することもできます。その場合、尤度は$L(p) = {}_6C_1 p^1(1-p)^{6-1}$となり、さらに計算すると$L(p) = 6p(1-p)^5$となります。この式はベルヌーイ分布による尤度を単に6倍した形ですから、最尤値を示す$p$は変わりません。

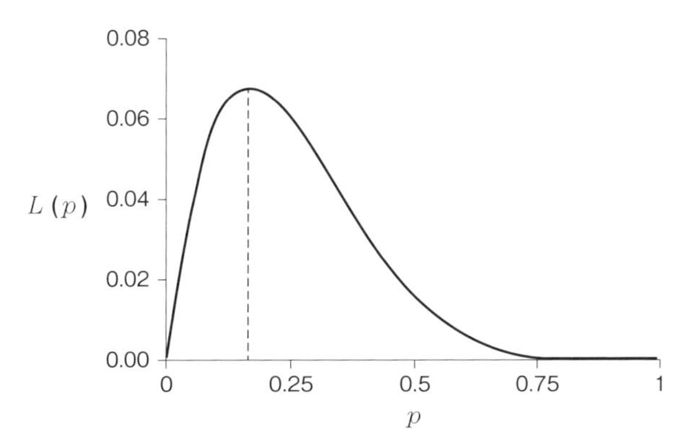


図4-3 サイコロSを振って5の目が出る確率の尤度関数
点線は最尤値の位置を示します。

**微分法による解法**：$L(p)$ を $p$ で微分すると

$$\frac{dL}{dp} = (1-p)^5 + 5p(1-p)^4(-1) = (1-p)^4(1-6p) \tag{4-1}$$

となり、この式を0にする $p$ の値は1と1/6です。下の増減表より $L(p)$ は $p = 1/6 = 0.1666$・・・のときに最大値をとり、この値が求める $p$ の推定値となります。

| $p$ | 0 | | 1/6 | | 1 |
|---|---|---|---|---|---|
| $dL/dp$ | | + | 0 | − | 0 |
| $L$ | | ↗ | 最大（極大） | ↘ | |

**数値解析による解法**：条件を満たす最適値を数値解析ソフトウェア、ここではExcelのソルバー機能を用いて求めます。ただしソルバー機能は、Excelでは通常隠されていますので、「アドイン」する必要があります。

この例では**図4-4**に示すように、セルA4を求める最適解を入れるセルとし、セルB4に $L(p)$ の数式=A4*(1-A4)^5を代入します。ここではセルA4に0.2などの適当な仮の数値を入れておき、ソルバーによってセルB4の値を最大にする値をセルA4に表示させます。

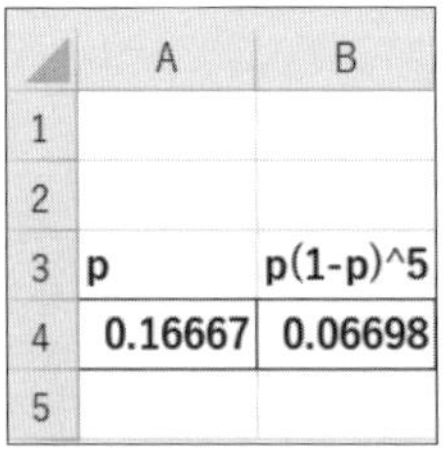

| | A | B |
|---|---|---|
| 1 | | |
| 2 | | |
| 3 | p | p(1-p)^5 |
| 4 | 0.16667 | 0.06698 |
| 5 | | |

図4-4　数値解析による解法（Excel）

次にExcelのタブ「データ」を選び、「ソルバー」を押すと、ユーザーフォーム（質問表）が現れるので、**図4-5**のように目的セル（$B$4）、目標値（最大値）、変数セル（$A$4）、制約条件を指定します。制約条件は $p$ の値（セルA4）は0以上1以下であるので、"$A$4<=1"と"$A$4>=0"とします。ここでは"$A$4>=0"の代わりに「制約のない変数を非負数にする」にクリックを入れても構いませんが、複雑な数値解析ですと制約条件が大きな影響を持ちますので、制約条件を1つずつ分けて入力する習慣が重要です。

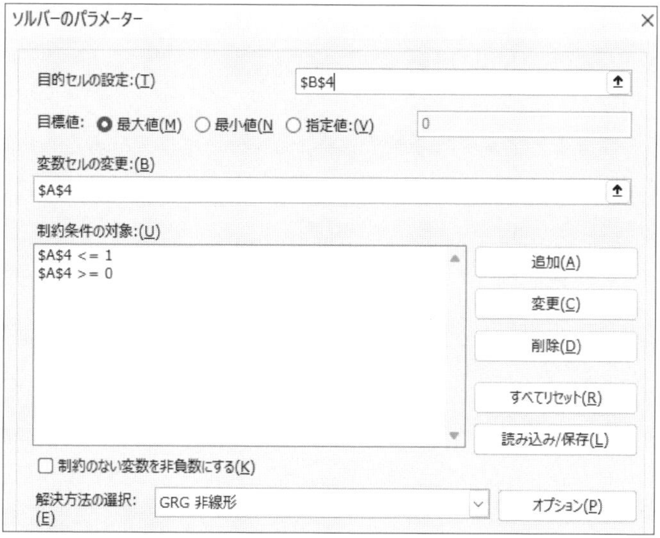

図4-5 ソルバーのユーザーフォーム

次に、**図4-5**下部の「オプション」のタブを開き、GRG非線形の微分係数を「中央」に指定します(**図4-6**)。初期設定では「前方」となっています。

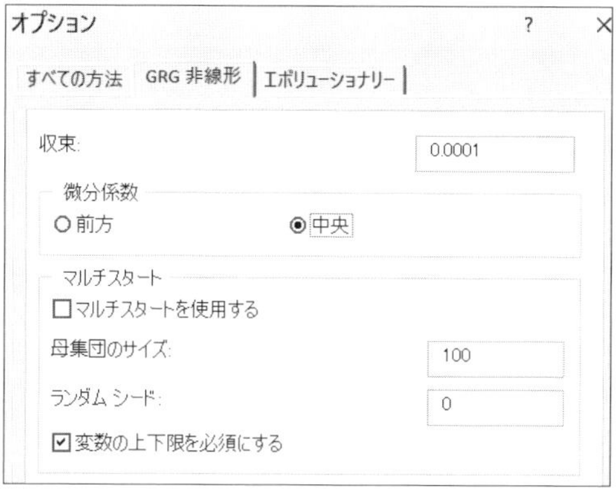

図4-6 ソルバーオプション(GRG非線形)

最後にユーザーフォームの「解決」ボタンを押すと、瞬時に最適値0.16667が**図4-4**のセルA4に現れます。この解法による推定値は上記の微分法による値1/6＝1.666･･･と実質的に等しいことが分かります。

## 参考　ソルバーにおける初期値の影響

ソルバーは対象とする変数の最適値を数値解析によって推定する非常に便利な機能です。変数と制約の数が複数あっても、ある程度まで受け入れます。ただし、使用にあたり注意すべき点があります。

得られる最適値は初期値に依存します。初期値はセルに入力した仮の値ですが、この値によって最適値が異なることがあります。詳しくは本書の第6章以降で説明しますが、特に二項分布や負の二項分布などの複数の変数（パラメーター）があって、その1つが正の整数である場合にしばしば見られます。例えば目的の関数$f(x)$の最小値を示す変数$x$の値を見つけたいとき、数値解析上の局所的な最小値、つまり極小値が複数ある場合、ソルバーは初期値から計算を始めるため、その初期値に影響されます。**図4-7**に示すような最小値を探す課題で、初期値がS1のときは最適値つまり最小値$P_1$に達しますが、初期値が$S_2$のときは極小値$P_3$に達してしまいます。

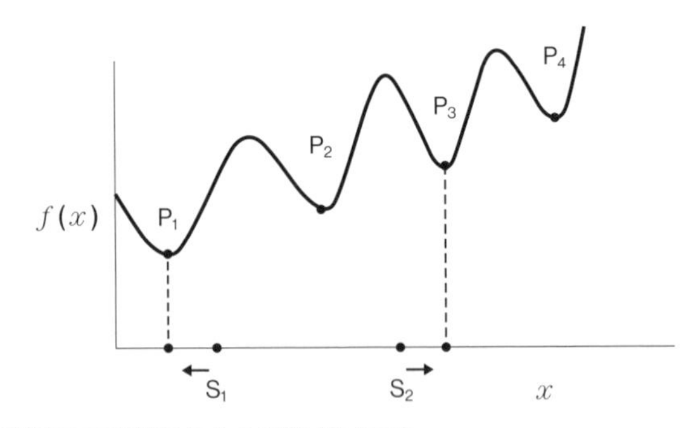


図4-7　初期値の最適値に与える影響（概念図）
$P_1$, $P_2$, $P_3$および$P_4$は極小値を示し、その中で$P_1$は最小値を示します。

一方で、モーメント法は確率分布のパラメーターと標本統計量（比率、平均、分散など）を関連付ける有効な手法です。したがって、数値解析で初期値問題の解決策は、(1) モーメント法でのパラメーター推定値などを用いてできるだけ最適値に近い値を選ぶこと、および(2)数多くの初期値を使って最適値を確認することです。また、初期値が最適値から大きく離れている場合、目的セルがエラーメッセージを示すことがあります。エラーになっていると、ソルバーは作動しません。

また、**図4-5**で示した制約条件も非常に重要です。変数は整数か、正か負か、取りうる範囲などを詳細に指定しないと最適値が得られない場合があります。



## 2 パラメーターの存在範囲

最尤推定法の長所の1つは、パラメーターの推定存在範囲が明確に確率として示せることです。一方、伝統的な統計学ではデータの特性を表すパラメーター、例えば平均の信頼性は90%信頼区間として示すことができますが、信頼区間はパラメーターの存在区間を確率で示すものではありません。最尤推定法では、パラメーターを確率変数として扱うので、例えば平均$\mu$の90%存在区間のように確率を使って区間を推定できます。

例えば例題2で5の目が出る確率$p$についてその90%存在する区間、つまり累積分布で5%から95%まで存在する区間を推定することができます。そのために0から1までの$p$に対する尤度を累積した関数$M(p)$を考え、その曲線を**図4-8**に示します。図に示すように累積確率が0.05と0.95に相当する$p$の値は点$P_1$の0.05と点$P_2$の0.51となり、この2つの値に挟まれた区間が確率$p$の90%推定存在区間になります。ただし、$p$の刻み幅は0.01で計算しています。

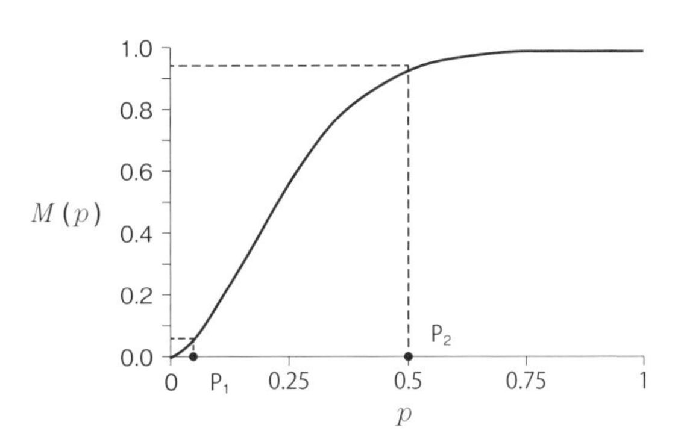


図4-8 確率pの90%存在推定区間

点$P_1$と$P_2$はそれぞれ累積確率が0.05と0.95となる確率$p$の位置を示します。

本書では以後、最尤法を中心にして解説します。

**参考　信頼区間**

正規分布を基にした通常の統計学では、データから推定した真の統計量の不確からしさを信頼区間として表します。例えば平均の95%信頼区間とは、対象とする集団から抽出するデータは正規分布に従うと仮定し、そこからデータを取り出しては信頼区間を求める操作を非常に多く繰り返したとき、その操作回数の95%はその区間内に真の平均を含んでいる、という意味です。つまり、信頼区間は真の統計量が存在する範囲を直接には表していません。

**練習問題4-1**

コインCを7回トスした結果、表Hと裏Tは{T, T, H, T, T, H, H}のような結果になりました。このコインで裏Tの出る確率$p$を最尤法で推定しなさい（$0 \leq p \leq 1$）。

## 3 各種確率分布の適用

データが一定期間に起こる事象のカウント数である場合、ポアッソン分布が適用できます。

**例題3**　図書館Aの最近4週間の週当たりの貸出し書籍数は、それぞれ135, 211, 169, 125件でした。このデータから最尤法を使って週当たりの平均書籍数$\mu$を推定しなさい。

**解答3**

ポアッソン分布の唯一のパラメーターである平均$\mu$（$> 0$）を使って、実際の4か月間の貸出し数となる確率、つまり尤度$L$を表します。平均$\mu$のポアッソン分布に従う事象が$x$回起こる確率$f(x)$は$f(x) = \frac{\mu^x}{x!}e^{-\mu}$で表されるため、$L$は次のようにポアッソン分布による4つの確率の積になります。

$$L(\mu)=e^{-\mu}\frac{\mu^{x_1}}{x_1!}\cdot e^{-\mu}\frac{\mu^{x_2}}{x_2!}\cdot e^{-\mu}\frac{\mu^{x_3}}{x_3!}\cdot e^{-\mu}\frac{\mu^{x_4}}{x_4!} \tag{4-2}$$

ここで、$x_1=135, x_2=211, x_3=169, x_4=126$です。

**微分法による解法**：式(4-2)を$\mu$で微分すると、次の式のように表せます。

$$\frac{dL}{d\mu}=\frac{L}{\mu}\left(-4\mu+x_1+x_2+x_3+x_4\right) \tag{4-3}$$

この式を0にする$\mu$の値は次のようになります。

$$\mu=\frac{1}{4}\left(x_1+x_2+x_3+x_4\right) \tag{4-4}$$

式(4-3)について増減表を作ると下の表のようになり、$L$の値は$\mu$が式(4-4)より小さい値では増大傾向を、それより大きい値では減少傾向を示すので、$L$は$\mu$が式(4-4)の値のときに最大(極大)であることが分かります。

| $\mu$ | | $\frac{1}{4}\left(x_1+x_2+x_3+x_4\right)$ | |
|---|---|---|---|
| $dL/d\mu$ | + | 0 | − |
| $L$ | ↗ | 最大(極大) | ↘ |

以上から、式(4-4)に数値を代入して得た$\mu=(135+211+169+125)/4=160$がMLEとなります。この値は標本平均の値と一致します。一般に尤度関数がポアッソン分布に従う場合、標本平均と最尤推定量とは一致します。つまり、**表4-1**に示したモーメント法による推定値と一致します。

実際に尤度関数$L(\mu)$をグラフに表すと、**図4-9**に示す曲線が描かれ、$\mu=160$のとき最大となります。

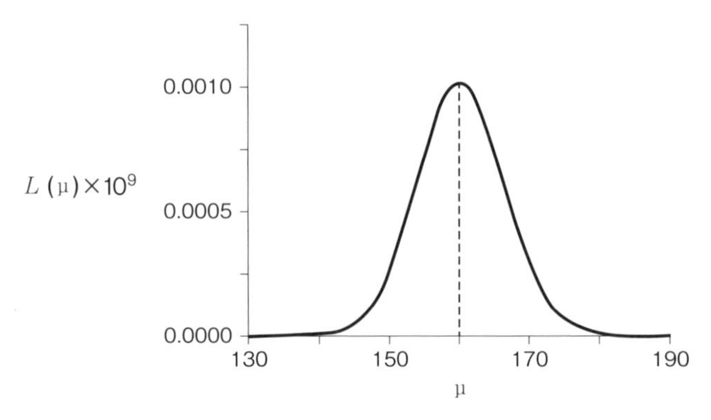


図4-9　図書館Aの週当たり平均貸出し書籍数$\mu$の尤度関数$L(\mu)$
破線は最尤値の位置を示します。

**数値解析による解法：図4-10**に示すように、各データ（B列）に対してポアッソン分布を適用し、パラメーター（ここでは$\mu$）を使って生成確率$p$を計算します（C列）。すなわち、Excel関数を使ってポアッソン分布の平均（セルD3）に対して実際の実現した数値（B列）の生成する確率を計算します。ここがポイントです。例えば135（セルB5）については＝POISSON.DIST(B5, $D$3, FALSE)と計算します。$\mu$の初期値（セルD3）には、ここでは180のような仮の数値を入れておきます。もちろん、モーメント法（**表4-1**）を使って標本平均を入れて構いません。次に各確率の積である尤度が最大となる平均を求めますが、実際には積が非常に小さい値となり、数値の積はその対数変換値の和で表せるので、各確率の自然対数をとり、その和を求めます（これを**対数尤度**といいます）。実際には各確率（1以下）の自然対数値ln $p$は負なので、－1を掛けて正の値とします（D列）。次に、その和sumが（－1を掛けたので）最小となるような平均$\mu$の最適値をソルバーを使って求めます（セルF4）。その結果、最適値160（セルD3）が得られます。この値は微分法による値と一致しました。

| | A | B | C | D | E | F |
|---|---|---|---|---|---|---|
| 1 | Poisson | | | | | |
| 2 | | | | mu | | |
| 3 | | | | 160 | | |
| 4 | | data | p | -ln p | sum | 27.6206 |
| 5 | | 135 | 0.00436 | 5.435823 | | |
| 6 | | 211 | 1.7E-05 | 10.97565 | | |
| 7 | | 169 | 0.02392 | 3.732889 | | |
| 8 | | 125 | 0.00057 | 7.476252 | | |
| 9 | | | | | | |

図4-10 数値解析による解法



**練習問題4-2**

A市の最近5週間の週当たりの交通事故数は1, 4, 3, 2, 5件でした。このデータから最尤法を使って週当たりの平均交通事故数$\mu$を推定しなさい。次に、週当たりの交通事故数が5件以上となる確率を求めなさい。

以上はデータについて離散型の確率分布を適用していた例ですが、連続型の確率分布を適用する場合は、その確率密度関数を用いて同様に最尤法が適用できます。ここでは、その代表的な分布である正規分布を用いて考えます。工業製品のあるロットから取り出したサンプルの特性(重量、長さ、強度など)は正規分布に従うと考えられています。一方、第3章で示したように、確率分布が離散型であってもサンプルサイズ$n$の大きな場合は正規分布で近似できます。このように正規分布は各種分野で広く使われる「便利な」確率分布です。次の例で正規分布に基づくデータ解析を考えてみます。

**例題7** ある農場から今日出荷された殻付き鶏卵(Mサイズ)から無作為に5個取り出し、その重量を量った結果、58, 63, 61, 61, 60 gでした。このデータから、最尤法を使って出荷された殻付き卵の重量平均$\mu$($> 0$)を推定しなさい。ただし、鶏卵の重量の標準偏差はこれまでのデータから2 gと分かっています。次に、平均の90%存在推定区間を求めなさい。

**解答7**

この鶏卵の重量は正規分布に従うと考え、正規分布の確率密度関数$f(x)$を使って尤度関数を作ることができます。ここで$x$は測定値です。正規分布の確率密度関数$f(x)$は定義より次の式で表されます。

$$f(x)=\frac{1}{\sqrt{2\pi}\sigma}e^{\frac{-(x-\mu)^2}{2\sigma^2}} \tag{4-5}$$

ここで$\mu$は平均、$\sigma$は標準偏差です。この例題では$\sigma=2$(g)です。例えば$x=61$(g)のとき、それが実現する確率密度は次の式で表されます。

$$f(x)=\frac{1}{\sqrt{2\pi}\sigma}e^{\frac{-(61-\mu)^2}{2\sigma^2}} \tag{4-6}$$

全データが実現する尤度$L$は、連続型の場合は個々の確率密度$f(\mu)$の積で表されます。したがって、尤度$L$は次の式で示され、尤度$L$は$\sigma$の値が分かっている場合、$\mu$の関数$L(\mu)$と考えられます。

$$L(\mu)=\frac{1}{\sqrt{2\pi}\sigma}e^{\frac{-(58-\mu)^2}{2\sigma^2}}\cdot\frac{1}{\sqrt{2\pi}\sigma}e^{\frac{-(63-\mu)^2}{2\sigma^2}}\cdot\frac{1}{\sqrt{2\pi}\sigma}e^{\frac{-(61-\mu)^2}{2\sigma^2}}\cdot\frac{1}{\sqrt{2\pi}\sigma}e^{\frac{-(61-\mu)^2}{2\sigma^2}}\cdot\frac{1}{\sqrt{2\pi}\sigma}e^{\frac{-(60-\mu)^2}{2\sigma^2}} \tag{4-7}$$

**微分法による解法：**この式を$\mu$について微分しますが、長い式なので簡略化します。つまり、$\sigma$は定数で、指数関数の積は和で表せるので、$L(\mu)$は次のように表せます。

$$L(\mu)=Ae^{-(58-\mu)^2-(63-\mu)^2-(61-\mu)^2-(61-\mu)^2-(60-\mu)^2} \tag{4-8}$$

ただし、$A$は定数です。これをさらに計算すると$L(\mu)=Ae^{-\left(5\mu^2-606\mu-18375\right)}$となり、これを微分すると、

$$\frac{dL(\mu)}{d\mu} = -L(\mu)\cdot(10\mu - 606) \tag{4-9}$$

となります。式(4-9)を0とするのは、$L(\mu) > 0$なので$10\mu - 606 = 0$、すなわち$\mu =$ 60.6のときだけです。$L(\mu)$は、この値以下では増加し、この値以上では減少するので、この値が極大値、ここでは最大値となります。したがって、60.6が微分法による推定値となります。この解析方法はかなりの計算を必要とします。なお、この値は5個のデータの標本平均$(58+63+61+61+60)/5=60.6$に等しい値となりました。**表4-1**のモーメント法と同様に尤度関数が正規分布で表される場合、最尤法でもその最適な平均は標本平均と一致します。



**数値解析による解法：**ソルバーを使った数値解析では**図4-11**のように推定できます。すなわち、実測データ(B列)に対して、正規分布の確率密度$f$を計算します(C列)。つまり、平均(初期値)(セルE3)と標準偏差2(セルE2)の正規分布についてExcel関数を使って各実現値が生成する確率密度を求めます。ここがポイントです。例えば58(セルB7)については=NORM.DIST(B7, $E$3, $E$2, FALSE)と計算します。平均の初期値としては標本平均を入れます。ただし、この場合、65のような適当な値を入れても問題ありません。各確率密度の自然対数値を正の値にし(D列)、その和sum(セルE4)が最小になる平均をソルバーで求めると、瞬時に平均の最適値が60.6(セルE3)と求められます。この値は微分法による推定値と一致します。

| | A | B | C | D | E |
|---|---|---|---|---|---|
| 1 | Normal dist | | | | |
| 2 | MLE | | | sigma | 2 |
| 3 | | | | mean | 60.6 |
| 4 | | | | sum | 9.71043 |
| 5 | | | | | |
| 6 | | | f | -ln f | |
| 7 | | 58 | 0.085684 | 2.45709 | |
| 8 | | 63 | 0.097093 | 2.33209 | |
| 9 | | 61 | 0.195521 | 1.63209 | |
| 10 | | 61 | 0.195521 | 1.63209 | |
| 11 | | 60 | 0.190694 | 1.65709 | |

図4-11　ソルバーを使った数値解析：正規分布

推定された$\mu=60.6$と既知の$\sigma=2$を使って、今日の鶏卵の平均$\mu$を推定すると、次の**図4-12**のように表せます。

次に、パラメーター$\mu$の存在区間を累積確率から確率として推定します。つまり、**図4-12**に示すように、累積確率が5%および95%の点から平均$\mu$の90%存在推定区間は[57.3, 63.9]であることが推定できます。ここではExcel関数=NORM.DIST()で引き数のFALSEをTRUEに変更します。

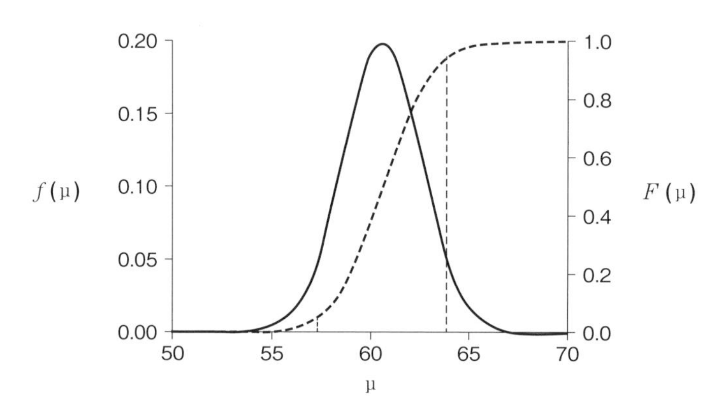


**図4-12**　正規分布N(60.6, 22)の確率密度曲線と累積分布曲線
確率密度関数$f(\mu)$を実線、累積分布関数$F(\mu)$を破線で示します。
また、累積確率が5%および95%となる箇所を細線で示します。

データが正規分布に従う、つまり正規分布から生成されたと考えられても、実際のデータではその平均と標準偏差は未知である場合がほとんどです。その例題を考えてみましょう。

> **例題8**　例題7において重量の標準偏差$\sigma$が未知の場合、最尤法を使って出荷された殻付き卵の重量平均$\mu$と標準偏差$\sigma$を推定しなさい。

**解答8**

この例題もこの殻付き鶏卵の重量は正規分布に従うと考えられますが、集団の標準偏差$\sigma$も未知であるため、2つのパラメーター値を推定する必要があります。このサンプルの尤度$L$は、パラメーター$\mu$と$\sigma$の2つを使って次の式で表されます。

$$L(\mu,\sigma)=\frac{1}{\sqrt{2\pi}\sigma}e^{\frac{-(58-\mu)^2}{2\sigma^2}}\cdot\frac{1}{\sqrt{2\pi}\sigma}e^{\frac{-(64-\mu)^2}{2\sigma^2}}\cdot\frac{1}{\sqrt{2\pi}\sigma}e^{\frac{-(61-\mu)^2}{2\sigma^2}}\cdot\frac{1}{\sqrt{2\pi}\sigma}e^{\frac{-(61-\mu)^2}{2\sigma^2}}\cdot\frac{1}{\sqrt{2\pi}\sigma}e^{\frac{-(60-\mu)^2}{2\sigma^2}} \tag{4-10}$$

この式の値を最大にする$\mu$と$\sigma$の値を求めます。

詳細は割愛しますが、微分法（偏微分）を用いると最終的に$\mu$は60.6、$\sigma$は1.625が推定値となります。これらの値はそれぞれ標本平均と標本標準偏差に一致します。すなわち、正規分布に従うデータの最尤法によって推定される平均は標本平均に、分散は標本分散に等しくなります。

一方、数値解析ではExcelソルバーを使うと**図4-13**に示すように、B列にデータを入力し、C列でその確率密度$f$を計算します。すなわち、セルE3とE4に初期値を入れたmean（$\mu$）とsigma（$\sigma$）に対する各実現値の確率密度$f$を求めます。ここがポイントです。例えばデータ58（セルB6）の確率密度は関数=NORM.DIST(B6, $E$3, $E$2, FALSE)で表されます。次にD列で$-\ln f$を計算し、セルE4でそれらを合計します。ソルバーでこの合計を最小にするmeanとsigmaを求めます。これらの初期値には標本平均と標本標準偏差を入れます。しかし、ここでは適当な値、例えば65と2としても問題ありません。**図4-13**に示すように、得られた最適解（$\mu=60.6, \sigma=1.6248$）は微分法で得られた値と一致します。数値解析は、この例題のように推定したい変数が複数の場合およびデータ数が多い場合も瞬時に最適値が得られるので、非常に便利です。

| | A | B | C | D | E |
|---|---|---|---|---|---|
| 1 | **Normal dist** | | | | |
| 2 | | | | **sigma** | **1.6248** |
| 3 | | | | **mean** | **60.6** |
| 4 | | | | **sum** | **9.5216** |
| 5 | | **Data** | ***f*** | **-ln *f*** | |
| 6 | | **58** | **0.0682** | **2.68462** | |
| 7 | | **63** | **0.0825** | **2.49528** | |
| 8 | | **61** | **0.2382** | **1.43462** | |
| 9 | | **61** | **0.2382** | **1.43462** | |
| 10 | | **60** | **0.2294** | **1.47249** | |

図4-13　ソルバーを用いた数値解析による解法

## 参考 | ベイズ統計学

ベイズ統計学は、現在、データ解析の幅広い分野で使われていますが、ある意味でベイズ統計学は最尤法を発展させた統計学であるといっても過言ではないと考えられます。ある出来事の原因を$H$、結果（データ）を$R$とすると、ベイズの基本公式は次の式で表されます。

$$P\left(H\middle|R\right)=\frac{P\left(R\middle|H\right)P\left(H\right)}{P\left(R\right)}$$

この式を使って、結果$R$が起こったときの原因Hに起因する確率$P(H|R)$を求められます。この確率を事後確率とよび、ベイズ統計学ではこの確率を求めます。また、$P(R|H)$を尤度、$P(H)$を事前確率、$P(R)$を周辺尤度といいます。事前確率とは、結果が得られる前の確率を意味します。尤度$P(R|H)$とは原因$H$から結果$R$が起こる確率を示し、これまで解説してきました。周辺尤度$P(R)$は、その結果$R$が起こる全確率を表し、計算するとある決まった値になります。事後確率を求めるとき、重要なポイントは尤度を正確に求めるかになります。

# ㊫ 解答

### ㊫ 4-1

与えられた2式から$\sigma^2/\mu=1-p$が得られ、$p=1-\sigma^2/\mu$となります。次に$n=\mu/p=\mu/\left(1-\sigma^2/\mu\right)$となります。最後に、$\mu$と$\sigma^2$の推定値を代入します。



### ㊫ 4-2

与えられた2式から$\mu/\sigma^2=p$がまず得られます。次に$k$について解くと$k=\mu p/\left(1-p\right)$となり、$p$に$p=\mu/\sigma^2$を代入します。式を整理すると、$k=\mu^2/\left(\sigma^2-\mu\right)$が得られます。$\mu$と$\sigma^2$の推定値$\bar{x}$と$s^2$を代入すると、$p=\bar{x}/s^2$および$k=\bar{x}^2/\left(s^2-\bar{x}\right)$が導き出されます。

# 第5章

# 統計モデルの適用



前章では代表的な確率分布をデータに適用する方法として、最尤法の基本を説明しました。本章ではそれをもう一歩進めてデータを統計モデルを用いて解析するときの基本的考え方を説明します。

## 5.1 統計モデルとは何か

統計モデルを小西と北川[1)]は「確率的現象を生み出す真の分布をデータに基づき近似した確率分布である」と定義しています。「データはある確率分布から生成された実現値である」と考えるとき、その確率分布を統計モデルと呼ぶことができます。この考え方は本書の根幹を成していますが、これまでの正規分布を基にした伝統的な統計学の考え方とは異なるので、注意してください。

伝統的な統計学では、データの真の平均と考えられる値$a$と実測値$x$との差、つまり誤差errorが従う分布が正規分布であると考えられています。誤差$a-x$は正または負の値をとるため、平均0、仮想した分散$\sigma^2$の正規分布に従うと考え、式としては次のように表されます。

$$error \sim N\left(0,\sigma^2\right) \tag{5-1}$$

チルダ（~）はその確率分布あるいは統計モデルに従うという意味です。この式は誤差の構造を示した式といえます。これに対して「データ$x$は正規分布から生成した」

と統計モデルを基にした考え方で表現すると、次のようになります。

$$x \sim N\left(a, \sigma^2\right) \tag{5-2}$$

本書では式(5-1)ではなく、式(5-2)の考え方に基づいて解説をしていきます。統計モデルを用いたモデル化、つまり統計モデリングではデータとして得られた数値は該当する確率分布からそれぞれの確率で生じたと考えます。

データは対象集団から抽出したサンプルから得られた測定あるいは調査した結果であると考えられます。したがって、データから元の集団の統計学的特性を推測することが統計モデルの重要な目的となります。また、いくら均一になるように条件を整えて実験や調査を行っても、実際に得られる結果（データ）には値にばらつきがあります。一方、これまで説明したように、ある確率分布から生成された数値は平均と分散を持ち、両者の関係は第３章で説明したように、多くの場合、その確率分布に特異的specificです。確率分布自身が持つこのばらつきを変動性Variabilityといいます。

ある統計モデルがデータを完全に表すことは、実際には非常にまれか不可能であると考えられます。そのため、データに適した真と考えられるモデルにできるだけ近いモデルを推定することが重要になります[1)]。つまり、データについて選択した複数のモデルから最適のモデルは見つけることは可能であると考えられます。この最適のモデルは、データとできるだけ高い適合性Goodness of fitを持つモデルということができます。その適合性を判定する指標として後述する赤池情報量規準などがあります。

本書は単一および複数の条件下で得たデータに対して統計モデルを適用する方法を説明します。これまで説明してきた代表的な確率分布は、単一条件下のデータに対する統計モデルとなります。したがって、本書では確率分布を統計モデルとして用いるとき、その分布の名称をそのままモデルの名称とします。例えば、二項分布の場合は二項モデルと呼ぶことにします。後述する複数の条件下で得たデータを解析するモデルを一般に回帰分析モデルといいますが、これも統計モデルです。

一方、統計モデルに対し、確率モデルという用語もあります。本書ではこれらを分けて考えます。つまり、統計モデルはデータがある確率分布に従って生成されたとして解析するためのモデルですが、確率モデルは微粒子のブラウン運動などのように確率に基づいた運動に関するモデルと考えられます。確率モデルについては後述します。

なぜデータを統計モデルでデータを解析するかには、いくつかの目的が考えられます。一般的に主要な目的は、(1) データが生成する統計学的な根拠を明らかにし、対象集団の特性を統計学的に明らかにすること、(2) 未知の条件での値を推測（予測）をすることにあると考えられます。どちらの目的も重要ですが、データ解析において特に後者は重要で、2つの確認方法があります。1つは解析に用いていない新たな条件で推定し、その推定値と実測値を比較することです。この条件でどれだけ両者が近いかが作ったモデルの良し悪しに関係します。このとき、注意することは、その推測する条件がデータ解析に用いた範囲を逸脱していないかです。例えば長さ1mから3mの範囲で得たデータを解析して作られた統計モデルで、長さ5mでの推測、つまり外挿を行うと、その推測値の信頼性に保証は持てません。2つ目の確認方法は、既に解析に用いた内部データ internal dataの条件で再び推定し、実測値と比較することです。この場合、内部データを使って、既に統計モデルのパラメーター値が得られているので、推定値と実測値との差は小さいはずです。ここで、明らかな差があれば、作成したモデルに問題があると考えられます。

本章以降では、データに統計モデルをフィッティングする際、最尤法を用います。最尤法には前章で解説したように複数の手法がありますが、実際のデータを処理する場合はソルバーを使った数値解析による手法が実用的です。この手法の有用性は前章で示したとおりです。したがって、本章以降ではExcelのソルバー機能を使った数値解析による手法を説明します。ただし、ソルバーは前述したように、初期値の影響を受けますので、その点に注意が必要です。

一方で、自然科学や工学などで発見されてきた法則またはモデルと異なり、統計モデルは実態をつかむことが困難です。例えば統計モデルのパラメーターの中に次元（時間、長さ、重量）の異なる変数が混在していても問題ありません。これは通常の法則やモデルでは考えられないことです。要するに、統計モデルとは対象集団に対するデータを生成する仮想的な統計学的メカニズムと捉えればよいかと考えられます。

また、統計モデルの統一性は重要であると考えられます。例えばデータⅰにはモデルAが適し、データⅱにはモデルBが適し、データⅲにはモデルAが適している･･･のように、類似したデータ群について、それぞれ異なった統計モデルが選ばれる場合があります。この場合は、それらを大局的に判断し、1つの統一したモデルを選択すべきです。一方、類似したデータでも適した統計モデルが異なる場合は、用いたモデル自体がよくないことを表しているとも考えられます。しかし、現実にはこのようなことが国際機関の発表しているデータ解析でも見られます。

# 5.2 計数データと計量データ

本書で扱うデータは主に数値データですが、数値データは計数データCount dataと計量（または計測）データMeasurement dataに分けられます。

計数データとはサンプル中の適合する個体を数え上げた数値で、0を含む正の整数で表されます。例としてサンプル中のカウントした粒子数、ある地域の該当する人の数、試験の点数などがあります。計量データは一般に機器を使って測定して得られた数値であり、整数だけでなく、23.77のように小数や分数も含みます。また、計測データは必ず単位を伴います。例として濃度（mg/L）、長さ（mm）、重量（g）、寿命（年月日）などがあり、場合によっては負の値も取ります。一方、計数データも、場合によってはある体積中の粒子数のように機器を使ってカウントすることもあります。

商品の価格は原料費、人件費などその内訳をみると計数した値であり、測定した値ではありません。しかし、価格は円やドルのように単位があり、小数で表すこともあるので、広い意味で計量データに入るでしょう。その他の各種経済指数も計量データに入ると考えられます。一方、商品の売上個数は当然、計数データです。

このように計数データと計測データの区別は必ずしも明確ではありませんが、まとめると**表5-1**のようになります。

表5-1　計数データと計測データの概要

| | 計数データ | 計測データ |
|---|---|---|
| 数値 | 離散（0および正の整数） | 連続 |
| 例 | 人数、粒子数、調査結果、試験点数、投票数、売り上げ数 | 長さ、重量、濃度、電圧、（価格） |

# 5.3 離散型および連続型統計モデル

統計モデルに用いる確率分布には、これまで説明してきたように離散型と連続型があります。代表的な確率分布をまとめると、次の**表5-2**のようになります。

表5-2　データ解析に用いられる代表的な離散型および連続型統計モデル

| | |
|---|---|
| **離散型確率分布** | 二項モデル、ポアッソンモデル、負の二項モデル、超幾何モデル |
| **連続型確率分布** | 正規モデル、ワイブルモデル、指数モデル |

**表5-1**と**表5-2**から原則として計数データの解析には二項モデル、ポアッソンモデルなどが、計量データの解析には正規モデル、指数モデルなどが対応することが分かります。しかし、例外もあります。例えば試験の点数は計数データですが、一般には正規モデルで解析することが多く、第3章で説明したように条件に合えば計数データを正規モデルで近似して解析するができます。このように確率分布には離散型および連続型があり、データには計数型と計測型がありますが、その適用には必ずしも明確な区分があるわけではありません。

データ解析で重要な点は、対象集団の持つ特性と統計モデルの持つ特性との相似性であると考えられます。例えば、2択の選択肢から得られたデータであれば二項モデルが適用できるように、対象集団とモデルの持つ特性が合っている必要があります。また、データのヒストグラムで表したデータの分布と最適な統計モデルによる分布が類似している必要もあります。

一方で、離散型および連続型モデルで注意すべき点があります。第3章で説明したように、二項モデルのような離散型モデルでは確率変数のある値$x$に対する生成確率$p(x)$が直接得られますが、正規モデルのような連続型では確率密度関数の値$f(x)$は得られますが、それは確率ではない点です。前述したように連続型確率分布では確率変数のある範囲の数値に対する定積分値として確率が定義されます。

# 5.4 代表的な統計モデルの特性

データ解析によく使われる代表的な統計モデルについて、その特性を簡単に説明します。

## 1 二項モデル

二項モデルは、成功／失敗、陽性／陰性などのように、結果が二者のうちの成功数を表します。第3章で説明したように、本モデルの特徴は分散$\sigma^2 <$平均$\mu$であることです。平均と分散の大小関係を示す統計指標としてVariance-to-mean ratio, VMR (Fisher's Index of Dispersion) があります。つまり、VMR = Variance/Meanです。二

項モデルでは分散$\sigma^2$<平均$\mu$ですから$VMR$<1となります。

### 2 ポアッソンモデル

ポアッソンモデルは、計数データの数値の大きさには関係なく適用でき、決められた時間、体積について計数した0を含む離散データに対して用いられます。また、特徴は$\sigma^2=\mu$であることです。つまりポアッソンモデルでは$VMR=1$です。この状態を「ランダムである」ともいいます。

### 3 負の二項モデル

負の二項モデルは成功／失敗のように結果が二者のうちいずれかとなる場合の失敗数を表します。本モデルの特徴は$\sigma^2>\mu$であることです。つまり負の二項モデルでは$VMR>1$です。

### 4 正規モデル

正規モデルは、計数および計量データの解析に適用可能です。本モデルの特徴は多くの代表的な統計モデルと違って、その平均$\mu$と分散$\sigma^2$の間に制約がないことです。第3章の対数正規分布で説明したように、右に歪んだ分布を示すデータを対数変換して、その分布がほぼ左右対称となれば、正規分布をモデルとして適用できます。また、データサイズが大きくなると、二項モデルやポアッソンモデルのような離散型モデルも正規モデルで近似できます。つまり、中心極限定理により、いかなる確率分布から取り出した標本の和（および平均）は正規分布で近似できます。このような理由から多くのデータを正規モデルで解析することが可能です。実際に通常の統計処理で使う手法はデータが正規モデルに従うと仮定して作られています。確かに正規モデルは各種のデータに適用できる便利なモデルです。しかし、他によりよい統計モデルがあったとしても、便利さのために正規モデルを使ってしまう恐れがあります。

## 5.5 統計モデルの選択

データに対する統計モデルを選択する際、いくつかポイントがあります。

(i)　データが生成された特性に基づいた選択をする必要があります。データの特性と上で述べた統計モデルの持つ特性から適切なモデルを選ぶ方法です。例えば、成功確率が一定の試行を繰り返したときの成功数に対しては二項分布が、ある決められた期間に起こる出来事の回数、ある体積中に存在する粒子の数にはポアッソン分布が適用できます。

(ii)　データの分布の形状は統計モデルの選択に影響を与えます。つまり、データについてヒストグラムを作成し、その分布形状から確率分布を選択することができます。つまり、データの分布が右側に歪んだ形状か、ほぼ左右対称のベル型か、左に歪んだ形状かを事前に確認する必要があります。データの分布とフィッティングさせた統計モデルの分布の形状は当然、類似している必要があります。

(iii)　データの持つ平均と分散の大きさの関係、つまりVMRの値もモデル選択に影響を与えます。データのVMRと統計モデルの持つ上述したVMRも、モデル選択に考慮する必要が考えられます。例えば、データのVMRが1より大きい場合、負の二項モデル、ポアッソンモデルは候補になりますが、二項モデルは難しいと考えられます。



## 5.6 統計モデルの比較指標

対象データについて、選択した複数の統計モデルの中でどれが最適かを判定する必要があります。その選択の代表的な指標として赤池情報量規準Akaike Information Criteria, AICがあります。AICが小さいほど、より適したモデルと考えられます。AICはデータがその統計モデルから生成される確率、つまり尤度から計算されます。すなわち、AICはその統計モデルの最大尤度の自然対数値lnとパラメーター数から次の式で求められます。

$$AIC = -2 \times \ln(\text{最大尤度}) + 2 \times (\text{パラメーター数}) \tag{5-3}$$

最大尤度は前章で解説したように尤度関数での最大値で、最大尤度の対数が大きいほど、つまりその負をとった値が小さくほど、データとの適合性つまりフィッティングがよいことになります。

一方、統計モデルのパラメーターはそのモデルを特徴づける数で、例えば正規モデルでは平均$\mu$と分散$\sigma^2$との2つあり、ポアッソンモデルでは平均$\mu$の1つです。次章で説明しますが、ある要因$x$について条件を変えて得たデータは、その統計モデルの該当するパラメーター$\alpha$を要因$x$の、例えば1次式$\alpha = a_1x + a_2$で表すことができます。ここで係数$a_1$および$a_2$もパラメーター数としてカウントされます。さらに$\alpha$を$x$の2次式$\alpha = a_1x^2 + a_2x + a_3$と表したモデルも考えられます。

一般には説明するパラメーター数が多いほど、モデルによってデータに近い推定ができると考えられます。確かにパラメーターが1つのモデルよりも2つのモデルのほうがフィッティングがよいと想像できます。しかし、パラメーター数が多いほどそのデータに特異的となり、追加したデータに対する予測が低下するなどの過剰フィッティングoverfittingが知られているため、AICではパラメーター数にペナルティーをつけています。なお、AICは複数の候補から最適の統計モデルを選ぶための指標であって「真のモデル」を求めるための指標ではないことに注意が必要です。

AICが発表された後、いくつかの指標が生まれ、その中にベイズ情報量規準Bayesian information criterion, BICがあります。BICは「真のモデル」を選択する指標とされ、データサイズを考慮し、次の式で表されます。

$$BIC = -2 \times \ln(\text{最大尤度}) + (\text{パラメーター数}) \times \ln(\text{データサイズ}) \tag{5-4}$$

AICと同様、与えられたデータに関してBICの小さい統計モデルほど適したモデルと考えられます。同じ最大尤度とパラメーター数の場合、データサイズ$n$が大きいほどBICは大きくなります。どちらの指標を使うべきかは解析目的によると考えられます。本書では主にAICを使ってモデル間の比較をします。

データが計数データである場合、そのデータに対して離散型と連続型の統計モデルを適用し、解析することは可能ですが、指標としてAIC（あるいはBIC）を用いて直接、両モデルを比較することはできません。その理由は式(5-1)のAICを求める最大対数尤度の項で、尤度は離散型モデルでは確率を使いますが、連続型モデルでは確率密度を使って求めるからです。

両モデルのAICを比較する方法としては第3章で解説したように連続型モデルについて累積分布関数の差$\Delta F(x) = F(x + 0.5) - F(x - 0.5)$を使って確率を求める方法があります。ここで$x$は正の整数です。正規分布の確率密度を$f(x)$および累積分布関数$F(x)$とすると、例えばN(72, 25)について$x = 78$での確率$p_{78}$は次のように幅が1、つまり区間[77.5, 78.5]の累積分布関数の差として表すことができます（**図5-1**）。式を使うと次のように表せます。

$$p_{78} = \int_{77.5}^{78.5} f(x)dx = F(78.5) - F(77.5) \tag{5-5}$$

ここで$F(x) = \int_{-\infty}^{x} f(x)dx$です。

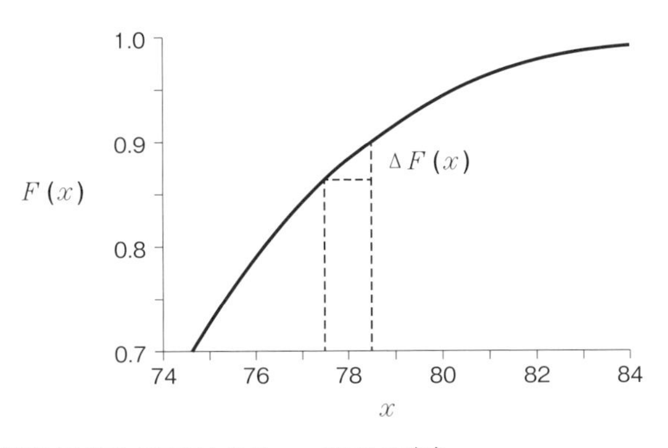


図5-1　正規分布N(72, 25)における$x$ = 78での確率
曲線は確率累積曲線を、2本の垂直な点線は$x$ = 77.5および78.5における累積確率を示し、両者の差$\Delta F(x)$が$x$ = 78での確率$p_{78}$を表します。

ExcelではNORM.DIST(x, μ, σ, TRUE)を使って、区間[x-0.5, x+0.5]での確率は式NORM.DIST(x+0.5, μ, σ, TRUE)- NORM.DIST(x-0.5, μ, σ, TRUE)から計算できます。

この手法で例えば正規分布N(30, 25.5)の確率密度$f(x)$と確率$\Delta F(x)$の値を比べると、**図5-2**のように両者の値は互いにほぼ等しいことが分かります。なお、N(30, 25.5)は第3章の**図3-19C**で二項分布に近似できる正規分布として説明した分布です。このように、連続型モデルでの確率密度$f(x)$と確率$\Delta F(x)$が実質的に等しいことが示されれば、その尤度を使ったAICと離散型モデルの尤度から計算したAICを比較しても、実質上の問題はないと考えられます。

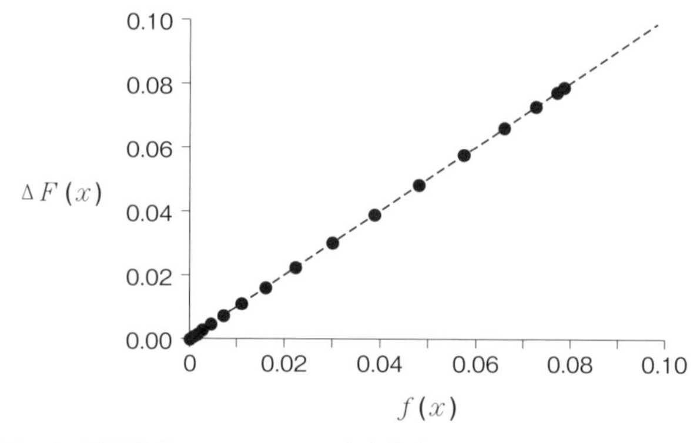


図5-2　正規分布N(30, 25.5)の確率密度$f(x)$と確率$\Delta F(x)$の比較
破線は両者の値が等しい等量線を示します。

統計モデル間の比較にはAICが非常に重要な指標ですが、統計モデルのよる推測値とデータの比較確認方法として、(1) ヒストグラムおよび (2) 累積確率分布があります。累積確率分布は、第2章で説明したようにS字状の単調増加曲線であるため、データと統計モデルの差はあまり大きくない場合もあるかもしれませんが、フィッティングの確認方法として使われます。なお、AICで最小となった統計モデルよりも、パラメーターの多いモデルのほうがヒストグラムあるいは累積確率分布でデータとのフィッティングがよいこともあり得るので、注意してください。

# 5.7 尤度の重要性

実際のデータに統計モデルを適用する際、特に注意する点は尤度の求め方です。ベイズの定理でも事後確率を求める3つの要素の中で尤度が特に掴みにくい要素です。事前分布は一般に単純な確率分布であり、単なる比率であることもあります。また、周辺尤度は積分値であり、最終的に定数となるので、ある数値$a$と置いても実質的に問題ありません。それらに比べ、何を尤度関数にするのか迷うことがあります。その意味でも尤度を正しく求めることは非常に大切です。本書の大きな目的は、データに合った尤度関数をいかに求めるかにあります。本書に示す数多くの例題によって理解できていくと思われます。

尤度はデータの各個体がその統計モデルで生成される確率の積で表すので、サイズが1000個のデータであれば、尤度は1000個の確率の積になります。最尤法では尤度が最大となる統計モデルの各パラメーターを推定しますが、その推定には本章以降では微分法ではなく、数値解析による手法を使います。尤度のパラメーター数が1つであれば、これまで解説したように微分法でもその最適値は得られます。しかし、尤度のパラメーター数が2つ以上の場合、微分法では高度の数学を用いるか、場合によっては数学的な解法が不可能となるかもしれません。一方、数値解析による手法では当然、限界はありますが、尤度関数の微分をする必要がなく、コンピューターを使って瞬時に解が得られます。また、数値解析による手法は特にサイズの大きいデータに非常に有効です。以上の理由から、本書の本章以降は数値解析による手法で、具体的にはExcelのソルバーを用いてデータを解析します。



## 5.8 まとめ：統計モデルの適用手順

対象のデータに適した統計モデルを適用する具体例を、次章以降説明していきます。最後に本章のまとめとしてその解析手順の概要を説明します。

### 1 対象とするデータの特徴の把握

データが生成した由来や条件、制限などを明確にします。また、データ分布の特徴をつかむため、グラフ（ヒストグラムなど）に表したり、統計量（標本平均、標本分散など）を求めます。

### 2 データに適した統計モデルの選択

統計モデルの持つ特性とデータの特徴から、適した統計モデルを候補として選択または構築します。ポイントは厳しい制約を付けずに複数の候補を選ぶことです。その際、統計モデルのパラメーターのどれを解析対象とするか、すなわち確率変数とするかに注意が必要です。

### 3 候補統計モデルによるデータ解析

候補とした統計モデルをデータに適用し、数値解析による最尤法を用いて解析します。

### 4 最適な統計モデルの選択

候補モデルの中から最適なモデルを選択します。その判断基準にAICを用います。

## 5 統計モデルの検証

最適なモデルが十分にデータを表しているか、十分な予測をできるかなどを調べ、検証 verification します。必要ならばさらにモデルの改良や新たなモデルの開発を行います。

## 6 総合的判断

あるデータに対して選んだ最適な統計モデルはそのデータに特異的です。重要な点は1つのデータセットだけでなく、類似したできるだけ多くのデータを解析して、それらの結果から総合的にモデル選択を判断することです。

## 参考文献

1) 小西、北川：情報量規準（シリーズ・予測と発見の科学）朝倉書店 2004.

# 第6章
# 計数データの解析：単一条件下



これまで説明した代表的な離散型統計モデルを計数データに適用し、数値解析を用いて解析する方法を説明します。計数データは離散型データであるので、離散型モデルである二項モデル、ポアッソンモデルおよび負の二項モデルを適用します。さらに、連続型モデルである正規モデルの適用も検討します。なお、本章では単一条件下で得られた計数データを扱います。

## 6.1 二項モデルによる解析

二項モデルは二者択一の計数データに関して適用することができます。次の例題で考えてみましょう。

**例題1** メンデルが行った遺伝に関する実験データの統計学的解析は非常に有名です。次の表は彼が育てて得たエンドウ豆の形（丸いround、しわwrinkled）に関する実験を10回行った結果です（単位：粒数）。この表から丸いエンドウ豆の生じる確率を最尤推定法で求めなさい。次に32個の豆が取れたときの丸い豆の数$s$を推定しなさい。

表6-1　メンデルが行ったエンドウ豆の形に関する実験結果

| | Beans | | |
|---|---|---|---|
| Test No. | round | wrinkled | Total |
| 1 | 45 | 12 | 57 |
| 2 | 27 | 8 | 35 |
| 3 | 24 | 7 | 31 |
| 4 | 19 | 10 | 29 |
| 5 | 32 | 11 | 43 |
| 6 | 26 | 6 | 32 |
| 7 | 88 | 24 | 112 |
| 8 | 22 | 10 | 32 |
| 9 | 28 | 6 | 34 |
| 10 | 25 | 7 | 32 |
| sum | 336 | 101 | 437 |

**解答1**

育てた豆の形は丸い/しわの2種類しかないので、統計モデルとしては当然、二項分布を用いた二項モデルを使います。二項モデルでは試行数$n$、成功確率$p$（$0 \leq p \leq 1$）と成功回数$s$の3つのパラメーターがあります。各実験において得られた丸い豆の数を成功回数$s$と考えると、丸い豆としわのある豆の合計が試行数$n$です。したがって、この例題では丸いエンドウ豆ができる確率を$p$とすると、$p$は$n$と$s$を使って$p$ = Bi($p|n$, $s$)と表すことができます。この$p$をデータから最尤法を使って推定します。

数値解析では**図6-1**に示すように、ExcelシートのB-D列にデータを入力します。次にE列で成功確率$p$を変数として生成確率$P$を計算します。ここがポイントです。例えば最初の実験では、試行数が丸としわ両方の豆の数（セルD6）、成功確率が$p$（セルE3）であるとき、丸い豆の数（セルB6）が生じる確率$P$はExcel関数=BINOM.DIST(B6, D6, $E$3, FALSE)と表せます。成功確率$p$の初期値には事前情報がないため、例えば0.5を入力しておきます。同様に全実験について丸い豆が生じる確率を計算します。F列ではE列の各生成確率を対数に変換後、−1を掛け、正の値にします。これらの総和（セルH2）を求め、これが最小になるような$p$の値をソルバーを使って求めます。ソルバーでの制約条件は確率$p$（セルE3）について$p$ >= 0と$p$ <= 1の2つになります。解析の結果、セルE3に示されるように最尤推定量MLEとして$p$ = 0.7689が得られました。

なお、10回分の実験データを総計すると、**表6-1**に示したように、丸い豆が336粒、四角い豆が101粒、計437粒と計算され、丸い豆の標本比率は336/437 = 0.7689となり、最尤法での推定値と一致しました。

| | A | B | C | D | E | F | G | H |
|---|---|---|---|---|---|---|---|---|
| 1 | Mendel | | | | | | | |
| 2 | | | | | | | AIC | 44.571 |
| 3 | | | | p = | 0.7689 | | sum | 21.285 |
| 4 | | Beans | | | | | | |
| 5 | | round | wrinkled | total | P | -ln P | | |
| 6 | 1 | 45 | 12 | 57 | 0.12 | 2.12 | | |
| 7 | 2 | 27 | 8 | 35 | 0.1587 | 1.8407 | | |
| 8 | 3 | 24 | 7 | 31 | 0.1688 | 1.7791 | | |
| 9 | 4 | 19 | 10 | 29 | 0.0591 | 2.829 | | |
| 10 | 5 | 32 | 11 | 43 | 0.1287 | 2.0504 | | |
| 11 | 6 | 26 | 6 | 32 | 0.1488 | 1.9052 | | |
| 12 | 7 | 88 | 24 | 112 | 0.0836 | 2.482 | | |
| 13 | 8 | 22 | 10 | 32 | 0.0865 | 2.4478 | | |
| 14 | 9 | 28 | 6 | 34 | 0.1305 | 2.0361 | | |
| 15 | 10 | 25 | 7 | 32 | 0.1661 | 1.795 | | |

図6-1　エンドウ豆の形に関する実験データの二項モデルによる解析 Ex 6-1

次に得られた確率$p$の最適値を使って、計32個の豆が取れた実験での丸い豆の数$s$を推定します。$s$は上で得られた結果から$s$ = Bi($s$|32, 0.7689) という分布で表せ、これが解答になります。32 × 0.7689 ≒ 24.6から25でも間違いではありませんが、分布で考えるので注意してください。出現頻度をグラフに表すと**図6-2**に示すように、$s$ = 25を最頻値とする確率分布が得られました。実際のデータでは**表6-1**に示したように32個の豆が取れた実験は3回あり、丸い豆の数は22、25、26となって**図6-2**の最頻値25と等しいあるいは近い値となっています。

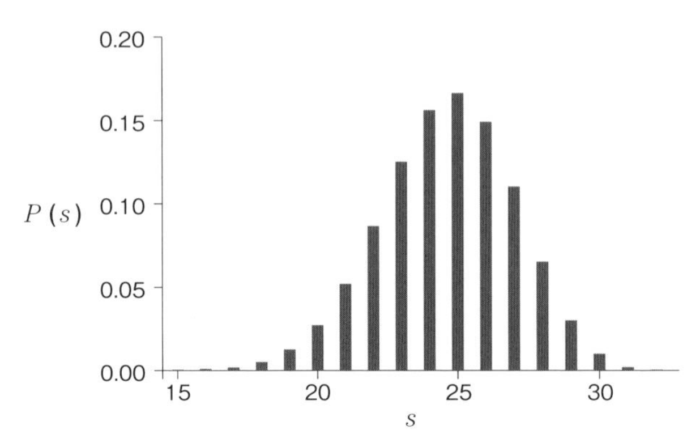


図6-2　エンドウ豆32個中の丸い豆の推定数

さらに32個中の丸い豆の数の90%存在区間を推定することもできます。つまり、$s$ = Bi($s$|32, 0.76888) について累積確率$F(s)$を求めると、次の**表6-2**のようになります。この表から累積確率が5%から95%に相当する区間は、$s$が21から27までの区間であることが分かります。

表6-2　エンドウ豆32個中の丸い豆の数の累積確率
灰色部分が90%存在区間を示します。

| $s$ | 18 | 19 | 20 | 21 | 22 | 23 | 24 | 25 | 26 | 27 | 28 | 29 |
|---|---|---|---|---|---|---|---|---|---|---|---|---|
| $F(s)$ | 0.0078 | 0.0205 | 0.0478 | 0.0998 | 0.1863 | 0.3114 | 0.4674 | 0.6336 | 0.7823 | 0.8923 | 0.9577 | 0.9877 |

最尤推定法の長所の1つに、推定するパラメーターの存在区間を確率で明確に示すことができる点があります。二項モデルで成功回数$s$をパラメーターとした場合の90%存在区間を推定した例が**表6-2**でした。次に二項モデルで成功確率$p$の存在範囲を推定してみましょう。試行回数$n$と成功回数$s$が分かっている場合、成功確率$p$を確率変数$f(p|n,s)$として表せます。

$$f\left(p\middle|n,s\right)=\mathrm{Bi}\left(p\middle|n,s\right) \tag{6-1}$$

先ほどのエンドウ豆の例で解説すると、丸い豆ができる確率$p$を確率変数と考え（$0 \leq p \leq 1$）、その確率分布から例えば$p$の90%存在確率を求めることができます。この例では総計$n$ = 437粒中丸い豆の数は$s$ = 336粒でしたから、これに二項モデルを適用

します。確率$p$は$f(p)=\mathrm{Bi}(p|336,437)$で表せ、**図6-3**のような曲線が描かれます。

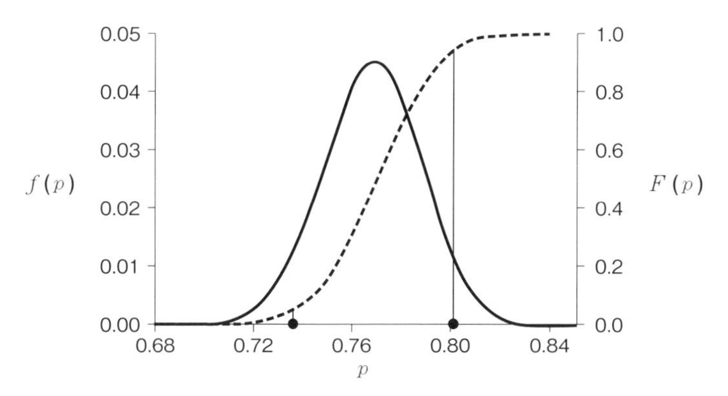


図6-3　丸いエンドウ豆ができる確率$p$の確率質量曲線および累積分布曲線
実線は確率質量曲線、破線は累積分布曲線を示します。2つの黒丸は累積確率が5%と95%に相当する確率$p$を示します。



この図に示すように、確率$p$は0.769で最大となる確率質量曲線$f(p)$を描きます。この値は**図6-1**で求めたMLEと一致しました。ただし、**図6-3**で$p$の刻み幅は0.001で計算しています。一方、累積確率分布曲線から、例えば$p$の90%存在区間は**図6-3**に示すように0.736から0.801までとなります。

## 参考　ベータ分布を用いた成功確率の推定

二項分布の成功確率$p$を変数と考えたとき、ベイズ統計学では事前分布にベータ分布Beta($a$, $b$)を適用すると、共役関係から事後分布もベータ分布となります。二項分布Bi($s$, $n$, $p$)で試行回数$n$と成功回数$s$が分かっている場合、$p$は次のように表されます。

$$f(p)=Beta(s+a,n-s+b) \tag{6-2}$$

例えば、事前分布に一様分布となるBeta(1, 1)を適用すると、$a$ = 1および$b$ = 1より

$$f(p) = Beta(s+1, n-s+1) \tag{6-3}$$

となります。豆の例では$n$ = 437および$s$ = 336ですから、これらを式6-3に代入するとBeta(337,102)となり、この確率密度関数を描くと次の**図6-4**のように表されます。先ほど示した二項分布Bi(437,336)による曲線と同じ形状を示すことが分かります。Beta(337,102)は、**図6-4**に示すように$p$ = 0.769で最大となる確率質量曲線$f(p)$を描きます。この値は**図6-3**で示したBi(437,336)のMLEと一致します。ただし、**図6-4**で$p$の刻み幅は0.001で計算しています。

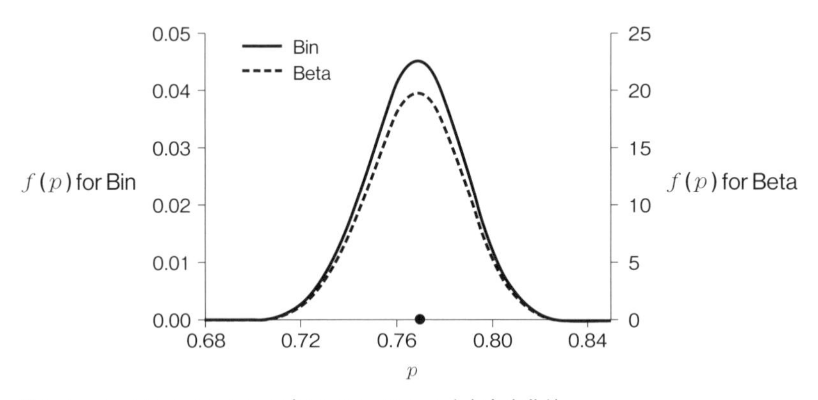


図6-4　Beta(337, 102)およびBi(437, 336)の確率密度曲線
黒丸は両曲線で最大となる確率$p$を示します。

一方、Beta($a$, $b$)の最頻値Modeは一般に次のように表せます。

$$Mode = \frac{a-1}{a+b-2} \tag{6-4}$$

この例では$Mode$ = (337 − 1)/(337 + 102 − 2) = 336/437 ≒ 0.769となり、**図6-4**でグラフ上の最大値および標本平均とも一致しました。ベータ分布を用いて確率$p$の存在区間も推定できます。90%の場合、0.734から0.800までとなりました。これらの値は**図6-3**の二項モデルで示した値とほぼ等しくなりました。余力のある人はトライしてください。

二項モデルは次の例題に示すように計数した個数に対して適用することができます。データの標本平均と標本分散の比率VMRからこの値が1未満であれば、つまり標本分散が標本平均よりも小さければ、本モデルを仮定することができます。

**例題2**　ある店舗で商品Aの1日当たりの売上個数を30日分調べ、その結果を次の表に示しました。このデータを基に、商品Aの1日当たりの売上個数を二項モデルによって解析しなさい。

| | | | | | | | | | |
|---|---|---|---|---|---|---|---|---|---|
| 17 | 14 | 11 | 13 | 10 | 15 | 13 | 12 | 9 | 14 |
| 16 | 12 | 13 | 13 | 13 | 16 | 10 | 10 | 12 | 15 |
| 9 | 16 | 14 | 12 | 13 | 10 | 16 | 14 | 12 | 7 |

**解答2**

この売上データについて、標本平均$\bar{x}$ = 12.7、標本分散$s^2$ = 5.81と計算されました。$VMR$ = 0.458 < 1から統計モデル候補として二項モデルが挙げられます。この売上データを解析すると、次の**図6-5**のようになります。

| | A | B | C | D | E |
|---|---|---|---|---|---|
| 1 | 商品A | | | | |
| 2 | | n | 23 | sum | AIC |
| 3 | | p | 0.5522 | 68.846 | 141.69 |
| 4 | | | | | |
| 5 | no. | data | P | -ln P | |
| 6 | 1 | 17 | 0.0336 | 3.3939 | |
| 7 | 2 | 14 | 0.145 | 1.931 | |
| 8 | 3 | 11 | 0.128 | 2.0559 | |

図6-5　商品Aの1日当たりの売上個数の二項モデルによる解析 Ex 6-2

試行回数が$n$と成功確率が$p$の二項分布Bi$(s, n, p)$において、売上個数を成功回数$x$とします。$n$と$p$が分かっているとき、$x$の値が実現する確率$P$ = Bi$(x|n, p)$を求めます。ここがポイントです。例えば1日当たり17個（セルB6）を売り上げる確率はExcel関数では=BINOM.DIST(B6, $C$2, $C$3, FALSE)と表せ、セルC6にその値が計算されます。セルC2とC3にはそれぞれ$n$と$p$の初期値が入ります。第4章のモーメント法でのパラメーター値の推定法（**表4-1**）を参考にすると、$p$について1−5.81/12.7 ≒ 0.534、$n$について12.7/0.534 ≒ 23.4と計算されるので、$n$と$p$の初期値

としてそれぞれ23と0.54を代入します。

次に$P$の自然対数をとり、さらに−1を乗じて正の値に変換します（D列）。この操作を30日分行い、それらの総和Sumを求めます（セルD3）。これが対数尤度を正の値にした値です。

次にソルバーを用いて対数尤度が最大、つまりセルD3が最小となる最適な$n$と$p$の値を求めます。このとき$n$は1以上の整数、$p$は0以上1以下の値であることを制約条件とします（**図6-6**）。次に**図6-6**下部のオプションのタブを開き、GRG非線形の微分係数を「中央」に指定します。第4章でも説明しましたが、デフォルトでは「前方」となっていますから、変更してください。この変更はパラメーターの1つが整数であるとき特に重要です。

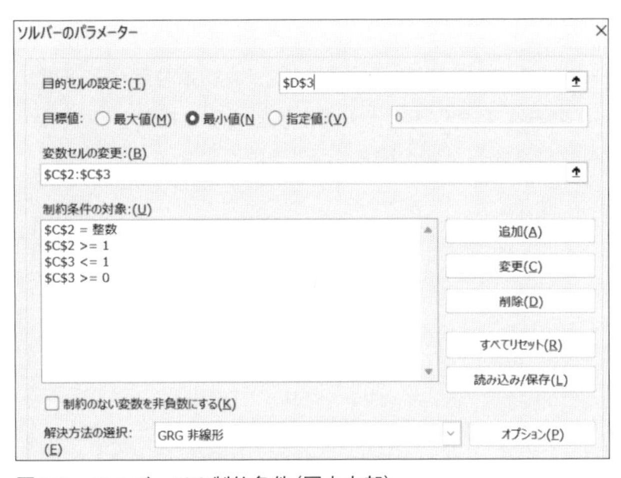


図6-6　ソルバーでの制約条件（図中央部）

ソルバーによる数値解析の結果、**図6-5**に示したように最適な$n$と$p$の値が得られます。さらに、データと統計モデルのフィッティングを表すAICは$n$と$p$の最適値から141.69と計算されます（セルE3）。なお、ここで得られた$n$と$p$の値自体は、商品Aの売り上げに関して実質的な意味を持ちません。また、$n$と$p$の初期値については、特に$n$の値を23以外でも調べ、最適解を確認したほうがよいでしょう。

### ㊐6-1

例題2の解析結果（図6-5）からAICを計算しなさい。

では、本モデルによる売り上げ日数の推定値をデータと比較してみましょう。**図6-5**に示した$n$と$p$の最適値を使って本モデルによる推定値を求めると、**図6-7**に示すように、推定値は全体としてデータとよく一致しています。なお、縦軸の頻度は相対度数で表しています。このデータはRを使って、二項分布Bin(20, 0. 6)から30個発生させた乱数です。

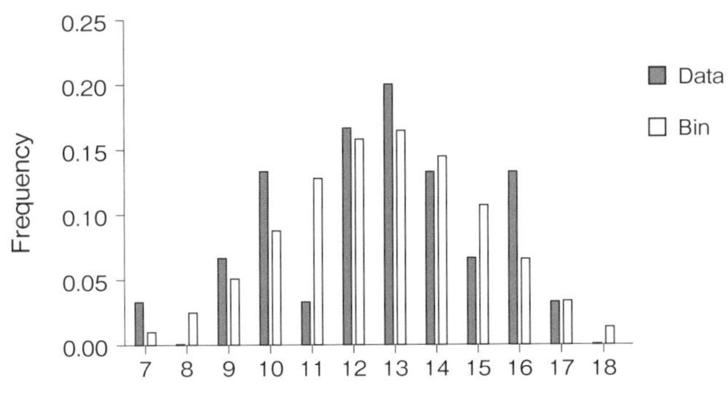


図6-7　商品Aの1日当たりの売上個数の二項モデルによる推定

## 参考　モーメント法による二項モデルパラメーターの初期値推定プログラム

モーメント法による統計モデルのパラメーター値は、最尤法の初期値として利用できます。二項モデルパラメーターの初期値をモーメント法で推定するExcelシートを**図6-8**に示します。これによって推定が自動化されます。すなわち、図のB列にデータを入力すると、E列で標本平均、標本分散、VMRを計算し、それらの値から$p$および$n$の推定値を求められます（セルE9およびE10）。

| | A | B | C | D | E |
|---|---|---|---|---|---|
| 1 | Moment method for Bin | | | | |
| 2 | | | | | |
| 3 | no. | data | | Sample | |
| 4 | 1 | 17 | | avr | 12.7 |
| 5 | 2 | 14 | | var | 5.81 |
| 6 | 3 | 11 | | VMR | 0.4575 |
| 7 | 4 | 13 | | | |
| 8 | 5 | 10 | | Bin | |
| 9 | 6 | 15 | | p | 0.5425 |
| 10 | 7 | 13 | | n | 23 |

図6-8　モーメント法による二項モデルパラメーターの初期値の推定 Ex 6-3

同様にRの初期値推定コードを下に示します。Rではデータ、ここでは商品Aの売上個数のcsvファイル"Goods A"をまず作成します。csvファイルでは先頭行には"data"と入力し、2行目からデータを入れます。ただし、Rで関数var()は不偏分散を計算するので、標本分散に変換します。

```
1    #Moment method for Bin
2    d<-read.csv("D:/R statistics/Goods A.csv
3    ds<-length(d$data)  #data size
4    mu<-mean(d$data);varr<-var(d$data)
5    var<-varr*(ds-1)/ds  #sample var
6    VMR<-var/mu
7    p<-1-var/mu
8    n<-round(mu/p,0)
9    ds
10   mu
11   var
12   VMR
13   p
14   n
```

# 6.2 多項モデルによる解析

二項分布では成功か失敗、陽性か陰性の2つの結果しかありませんが、実験や調査によっては結果が3つ以上のカテゴリーに分かれる場合もあります。例えば、ある調査で質問の選択肢がA, B, Cの3択の場合、その調査結果から選択肢の比率を多項モデルで推定することができます。

**例題3** 選択肢がA, B, Cの質問をG町で計5回行い、次の表に示す回答結果を得ました(単位:人数)。この結果から、A, B, Cの比率を最尤法で推定しなさい。

| no. | A | B | C | total |
|---|---|---|---|---|
| 1 | 3 | 4 | 1 | 8 |
| 2 | 5 | 7 | 3 | 15 |
| 3 | 12 | 23 | 9 | 44 |
| 4 | 11 | 15 | 12 | 38 |
| 5 | 4 | 6 | 3 | 13 |
| total | 35 | 55 | 28 | 118 |



**解答3**

3択A, B, Cの比率を$p_A$, $p_B$, $p_C$、調査$i$ ($i$ = 1, 2, ···, 5) で選択肢の選ばれた数を$x_{Ai}$, $x_{Bi}$, $x_{Ci}$とおくと、番号$i$での確率$fi$は、次のように多項分布を使って表されます。

$$f_i = D_i p_A^{x_{Ai}} p_B^{x_{Bi}} p_C^{x_{Ci}} \qquad (6\text{-}5)$$

ここで、$D_i = \dfrac{(x_{Ai} + x_{Bi} + x_{Ci})!}{x_{Ai}!\, x_{Bi}!\, x_{Ci}!}$ です。

このデータを最尤法で解析するため、最初に各調査結果が起こる確率$P$を式6-5を用いて計算します(**図6-9 G列**)。$D_i$は列Lで計算します。$p_A$と$p_B$の初期値には例えば共に0.4とします。ここで、$p_C = 1 - p_A - p_B$の関係からソルバーで変動させるのは$p_A, p_B$の2つです。$P$の対数を正の値に変換し(H列)、その和sum(セルJ4)が最小となるような$p_A, p_B, p_C$をソルバーで求めます。制限条件は$0 \leq p_A \leq 1$と$0 \leq p_B \leq 1$です。解析の結果、図に示すように$p_A, p_B, p_C$の最適値MLEは、それぞれ0.2966、0.4661、0.2373となりました。

| | A | B | C | D | E | F | G | H | I | J | K | L |
|---|---|---|---|---|---|---|---|---|---|---|---|---|
| 1 | Multinomial | | | | | | | | | | | |
| 2 | | | | | | | pa | pb | pc | | | |
| 3 | | | | | | | 0.2966 | 0.4661 | 0.2373 | | | |
| 4 | no. | A | B | C | total | | P | -ln P | sum | 16.865 | | D |
| 5 | 1 | 3 | 4 | 1 | 8 | | 0.0818 | 2.5031 | | | | 280 |
| 6 | 2 | 5 | 7 | 3 | 15 | | 0.0528 | 2.9407 | | | | 360360 |
| 7 | 3 | 12 | 23 | 9 | 44 | | 0.0155 | 4.1659 | | | | 6E+17 |
| 8 | 4 | 11 | 15 | 12 | 38 | | 0.0111 | 4.5013 | | | | 2E+16 |
| 9 | 5 | 4 | 6 | 3 | 13 | | 0.0637 | 2.7538 | | | | 60060 |
| 10 | total | 35 | 55 | 28 | 118 | | | | | | | |

図6-9　調査結果の多項モデルによる解析 Ex 6-4

なお、データから標本比率を求めると、$p_A, p_B, p_C$の最適値はそれぞれ35/118 = 0.2966･･･, 55/118 = 0.4661･･･, 28/118 = 0.2373･･･となって、ソルバーによる各推定値と一致しました。$p_A$と$p_B$の初期値にこれらの標本比率を入力してソルバーで解析しても当然問題ありません。

## 6.3 ポアッソンモデルによる解析

決まった体積中の粒子の個数や決まった期間中の出来事の数などに関してポアッソンモデルが適用できます。ここで個数の大きさは関連がなく、大きな個数でも解析できます。また、前述したように解析するデータの標本分散と標本平均がほぼ等しい場合、本モデルが適しています。次の例題を考えてみましょう。

**例題4**　ある店舗で商品Bの1日当たりの売上個数を30日分調べ、その結果を表に示しました。このデータを基に商品Bの1日当たりの売上個数をポアッソンモデルによって解析しなさい。

| | | | | | | | | | |
|---|---|---|---|---|---|---|---|---|---|
| 2 | 3 | 4 | 4 | 3 | 5 | 3 | 4 | 0 | 3 |
| 8 | 1 | 7 | 3 | 1 | 7 | 6 | 6 | 3 | 4 |
| 3 | 3 | 1 | 5 | 5 | 7 | 4 | 5 | 6 | 4 |

解答4

この売上データについて $\bar{x}$ = 4、$s^2$ = 3.8と計算され、VMR = 0.95となります。VMRがほぼ1であることから、統計モデル候補としてポアッソンモデルが挙げられます。このデータを解析すると、**図6-10**のようになります。

| | A | B | C | D | E |
|---|---|---|---|---|---|
| 1 | 商品B | | | | |
| 2 | | μ | | sum | AIC |
| 3 | | 4 | | 62.81 | 127.6 |
| 4 | | | | | |
| 5 | | data | P | -ln P | |
| 6 | 1 | 2 | 0.147 | 1.921 | |
| 7 | 2 | 3 | 0.195 | 1.633 | |
| 8 | 3 | 4 | 0.195 | 1.633 | |

図6-10　商品Bの1日当たりの売上個数のポアッソンモデルによる解析 Ex 6-5

最初に売上個数がポアッソンモデルで起こる確率を計算します。すなわち、平均$\mu$に対して売上個数$x$をポアッソン分布の出来事の回数と考え、$x$の値が実現する確率$P$ = Pois($x|\mu$)を求めます。ここがポイントです。例えば、最初のデータ（セルB6）が起こる確率$P$は=POISSON.DIST(B6, $B$3, FALSE)と表せ、セルC6にその値が計算されます。セルB3は$\mu$の値が入りますが、モーメント法で$\bar{x}$がその推定値ですから、初期値として4を入力します。次に確率$P$の自然対数をとり、さらに−1を乗じて正の値に変換します（セルD6）。この操作を30日分行い、その総和sumを求めます（セルD3）。

次にソルバーを用いて対数尤度が最大、つまりセルD3が最小となる平均$\mu$の最適値を求めます。このとき、$\mu$は正の値をとるように制限をします。なお、$\mu$は平均なので整数にする必要はありません。ソルバーによる数値解析の結果、**図6-10**に示したように$\mu$の最適値4が得られました。ここで得られた$\mu$の値は、標本平均と同じ値をとることが分かります。さらに、本モデルのパラメーター数は$\mu$の1つのみですから、AICは127.6と計算されます（セルE3）。

では、本モデルによる売り上げ日数の推定値をデータと比較してみましょう。$\mu$の最適値を用いて推定すると、**図6-11**に示すように推定値は全体としてデータとよく一致しています。なお、この例題のデータはRコードrpois(30, 3.6)を使ってポアッソン分布Pois(3.6)から30個発生させた乱数です。

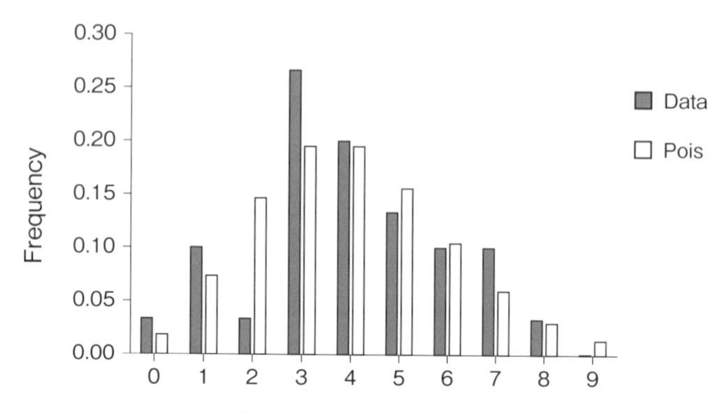


図6-11　商品Bの1日当たりの売上個数のポアッソンモデルによる推定

## 6.4 負の二項モデル

計数データの標本分散が標本平均よりも大きい場合、負の二項モデルが適しています。次の例題を考えてみましょう。

**例題5**　ある店舗で商品Cの1日当たりの売上個数を30日分調べ、その結果を下の表に示します。このデータを基に、商品Cの1日当たりの売上個数を負の二項モデルによって解析しなさい。

| | | | | | | | | | |
|---|---|---|---|---|---|---|---|---|---|
| 10 | 13 | 6 | 5 | 11 | 8 | 7 | 4 | 7 | 3 |
| 6 | 3 | 3 | 9 | 9 | 9 | 10 | 4 | 6 | 14 |
| 7 | 11 | 6 | 12 | 6 | 4 | 20 | 11 | 3 | 7 |

**解答5**

この売上データについて$\bar{x} = 7.8$、$s^2 = 14.6$と計算され、VMR = 1.88となります。VMRが1より大きいので、統計モデル候補として負の二項モデルが挙げられます。データを解析すると、次の**図6-12**のようになります。

| | A | B | C | D | E |
|---|---|---|---|---|---|
| 1 | 商品C | | | | |
| 2 | | k | 10 | sum | AIC |
| 3 | | p | 0.5618 | 80.311 | 164.62 |
| 4 | | | | | |
| 5 | No. | data | P | -ln P | |
| 6 | 1 | 10 | 0.0755 | 2.5832 | |
| 7 | 2 | 13 | 0.0342 | 3.3749 | |
| 8 | 3 | 6 | 0.111 | 2.1984 | |

図6-12 商品Cの1日当たりの売上個数の負の二項モデルによる解析 Ex 6-6

負の二項モデルの基本は成功回数（正の整数）$k$と成功確率$p$に対して失敗数$x$を表すことです。この例題では1日当たりの各売り上げ個数を失敗数$x$とし、これが実現する確率$P$ = Negbin($x|k, p$) を求めます。ここがポイントです。Excel関数では=NEGBINOM.DIST(x, k, p, FALSE) で求めます。例えば、$x = 10$（セルB6）となる確率は、成功回数$k$（セルC2）と成功確率$p$（セルC3）を使って求められます（セルC6）。この値を対数変換し、正の値にします（セルD6）。この値をすべての売り上げ数について計算し、その和sumを求めます（セルD3）。これが対数尤度を正にした値になります。初期値はモーメント法（第4章の**表4-1**参照）より、$p = 0.53$および$k = 9$とします。これらの値の自動化したプログラムは次の参考で説明します。

次にこの和が最小となる$k$と$p$の最適値をソルバーを使って求めます。このときの制約条件は$k$が正の整数で$0 \leq p \leq 1$です。数値解析の結果、**図6-12**に示したように$k = 10$と$p = 0.5618$が得られ、この例題ではモーメント法による値とやや異なりました。これは$k$の値が離散した正の整数値であるためと考えられます。ここで$x, n, p$は商品の売り上げに関して実質的な意味を持ちません。なお、この例題のデータはRの関数<-rnbinom(30, 8, 0.5) で発生させた乱数です。

次に得られた$k$と$p$の最適値を用いて各売り上げ数の出現頻度を推定すると、**図5-13**のようにデータとよくフィットしました。

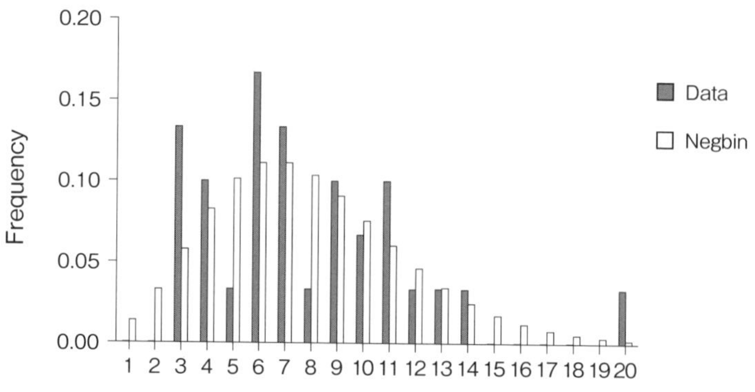


図6-13　商品Cの1日当たりの売上個数の負の二項モデルによる推定

## 参考　モーメント法による負の二項モデルパラメーターの初期値推定プログラム

二項モデルの場合と同様、数値解析での初期値を推定するプログラムを示します。**図6-14**に示すExcelファイルのB列にデータを入力すると、E列で標本平均、標本分散、VMRを計算し、それらの値からモーメント法による$p$および$k$の推定値を求めます（セルE9およびE10）。

| | A | B | C | D | E |
|---|---|---|---|---|---|
| 1 | Moment method for Negbin | | | | |
| 2 | | | | | |
| 3 | No. | data | | Sample | |
| 4 | 1 | 10 | | avr | 7.8 |
| 5 | 2 | 13 | | var | 14.627 |
| 6 | 3 | 6 | | VMR | 1.8752 |
| 7 | 4 | 5 | | | |
| 8 | 5 | 11 | | Negbin | |
| 9 | 6 | 8 | | p= | 0.5333 |
| 10 | 7 | 7 | | k= | 9 |

図6-14　Excelによる負の二項モデルパラメーターの初期値の推定 Ex 6-7

Rコードは次のようになります。ここでも二項分布の場合と同様、分散は標本分散を使います。

```
1  #Moment method for NegBin
2  d<-read.csv("D:/R statistics/Goods C.csv")
3  ds<-length(d$data)  #data size
4  mu<-mean(d$data);varr<-var(d$data)
5  var<-varr*(ds-1)/ds  #sample var
6  VMR<-var/mu
7  p<-mu/var
8  n<-round(mu^2/(var-mu),0)
9  ds
10 mu
11 var
12 VMR
13 p
14 n
```



# 6.5 離散型統計モデルの選択

これまでは分散と平均に関して典型的なデータに対して、それぞれ対応すると考えられる統計モデルを適用してきました。しかし、実際の計数データでは分散と平均の比率VMRだけで統計モデルを選択するのではなく、客観的な指標であるAICに基づいて選択する必要があります。次の実測データの例で考えてみましょう。

**例題6** 食品試料の細菌数を測定するためには、その希釈混和液を寒天平板上に一定量塗り（塗抹法）、培養後に生じた細菌コロニー数を計数します。食品原材料Mの希釈混和液を30枚の寒天平板に0.1mLずつ塗り、下に示すコロニー数を得ました[1)]。この平板当りのコロニー数が従うモデルとして、どのような統計モデルが最適と考えられますか。

| | | | | | | | | | |
|---|---|---|---|---|---|---|---|---|---|
| 198 | 160 | 163 | 170 | 164 | 174 | 155 | 157 | 164 | 188 |
| 181 | 171 | 162 | 192 | 179 | 172 | 175 | 182 | 203 | 185 |
| 184 | 176 | 179 | 157 | 151 | 169 | 170 | 164 | 189 | 210 |

**解答6**

このコロニーデータについて出現頻度を描くと、**図6-15**に表すように右側に歪んだ形状を示します。また、標本平均$\bar{x}$は174.8、標本分散$s^2$は204.2となり、VMR = 1.2です。本データはVMR > 1となるので、負の二項モデルがモデル候補として挙げられます。ポアッソンモデルはVMRがおよそ1のデータに適しているので、これも候補として考えられます。一方、二項モデルはVMR < 1のデータに適しているので、この例題では除外して考えます。実際に二項モデルはモーメント法で$p$が負の値となってしまいます。

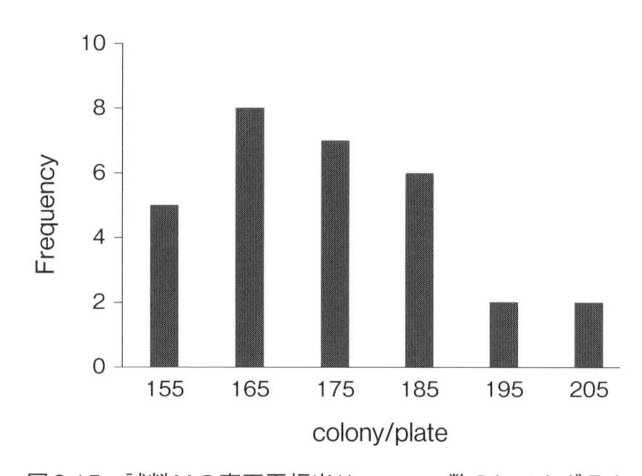


図6-15　試料Mの寒天平板当りコロニー数のヒストグラム

このデータに関して負の二項モデルとポアソン分布モデルのどちらのモデルがより適しているかを最尤法で解析します。これまで商品A, B, Cについての例題で数値解析による方法を説明してきたので、ここでは解析の詳細は割愛します。

最初に負の二項モデルによる解析を示します。つまり、負の二項分布の失敗数$x$をコロニー数と考え、これが実現する確率$P$ = Negbin($x|n,p$)を求めます。ここで$n$は成功数、$p$は成功確率です。$n$と$p$の初期値にモーメント法で得られた値を用いて数値解析を行うと、AICの値は248.24となりました。同様にしてBICはデータサイズ30から251.04と計算されました。

次に本データはポアッソン分布から生成したと仮定して解析を示します。つまり、平板当たりのコロニー数が$x$であるとき、それが実現する確率$P$ = Pois($x|\mu$)を求めます。ここで$\mu$は平均です。その初期値には標本平均を入力します。数値解析を行うと、AIC = 246.61およびBIC = 248.01が得られました。

以上の結果から両モデルを比較すると、AIC、BICともにポアッソンモデルのほうが小さく、データのVMRは1を超えていましたが、ポアッソンモデルのほうが適していることが分かります。なお、対数尤度を比べると両モデルではほとんど差がありませんでしたが、負の二項モデルのほうがパラメーター数が多いため、AICの値が大きくなるという結果となりました。BICでも同様です。

ポアッソンモデルと負の二項モデルのフィットさせたパラメーターを使って推定した出現頻度を、データと比較したグラフが**図6-16**です。両モデルともよい推定をしていることが分かります。

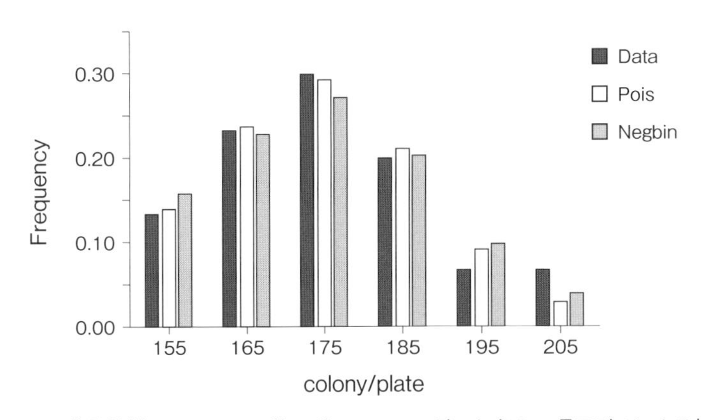


図6-16　食品試料Mのコロニー数のポアッソンモデルと負の二項モデルによる推定

**例題7**　ある微生物（細菌）を分散させた液体試料Sの濃度を測定するため、その希釈液を30枚の寒天平板に塗り（0.1 mL/平板）、培養後、次のデータを得ました[1)]。この平板当りのコロニー数が従うモデルとしてどのような統計モデルが最適と考えられますか。

| | | | | | | | | | |
|---|---|---|---|---|---|---|---|---|---|
| 111 | 121 | 136 | 138 | 121 | 110 | 108 | 111 | 126 | 114 |
| 131 | 115 | 125 | 117 | 125 | 143 | 140 | 141 | 130 | 110 |
| 123 | 121 | 130 | 117 | 122 | 109 | 109 | 123 | 120 | 124 |

**解答7**

このコロニーデータについて出現頻度を描くと**図6-17**に表すように、ほぼ左右対称の分布形状を示します。また$\bar{x}$は122.4、$s^2$は101.9となり、VMR = 0.83です。VMR < 1より二項モデルが候補として挙げられます。ポアッソンモデルも候補にな

りますが、負の二項モデルはVMR > 1のデータに適しているので、この例題では除外します。モーメント法でもパラメーターが異常な値となってしまします。

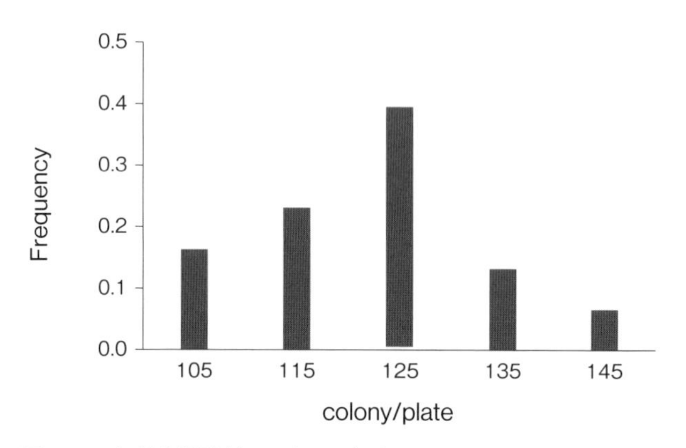


図6-17　細菌分散試料Sの寒天平板当りコロニー数のヒストグラム

食品Mと同様、解析のポイントを説明します。最初にこのデータは二項分布から生成したと仮定して解析を示します。つまり、二項分布の成功数をコロニー数とし、確率変数と考えます。二項モデルのパラメーターである成功数と確率の初期値はモーメント法で推定した値を入力します。数値解析の結果、AIC=227.58、BIC=230.38と計算されました。

次に本データはポアッソン分布から生成したと仮定して本モデルによる解析を示します。食品Mと同様に解析します。パラメーターである平均の初期値には、標本平均を入れます。ソルバーを使った数値解析の結果、AIC = 226.04、BIC = 227.44となりました。

これらのAICおよびBICの値を比較すると、ポアッソンモデルのほうが小さく、このデータにより適していることが分かりました。ただし、対数尤度は二項モデルのほうがわずかに小さく、食品Mと同様、パラメーター数が影響しました。このデータのVMRは0.83と1より小さいのですが、最終的にはポアッソンモデルが適していることが示されました。

ポアッソンモデルと二項モデルのフィットさせたパラメーターを使って推定した出現頻度を、データと比較したグラフが**図6-18**です。両モデルともよい推定をしていることが分かります。

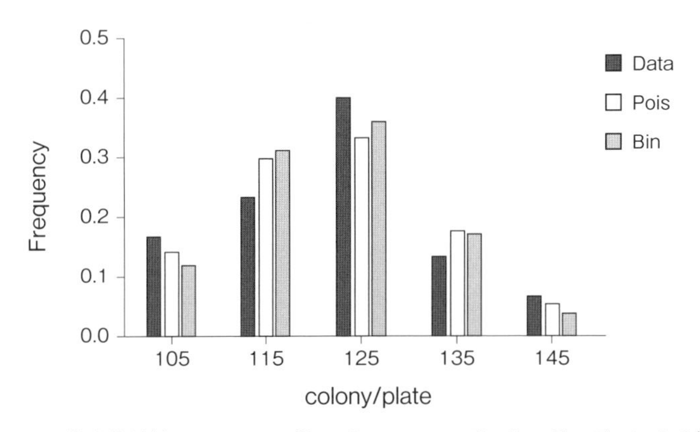


図6-18 微生物試料Sのコロニー数のポアッソンモデルと二項モデルによる推定



上で説明した試料M以外に同様な食品原材料3試料について同様にコロニー数をカウントした結果、すべての試料でVMRは1以上で、最小値が1.12、最大値が1.37でした。そのデータに負の二項モデルとポアッソンモデルを適用すると、計4試料中全試料でポアッソンモデルが負の二項モデルよりもAIC（BICも）が小さく、ポアッソンモデルの優位性が認められました。一方、微生物試料においても、試料Sと同様に3試料についてコロニー数をカウントした結果、すべての試料でVMRは1未満で、最小値が0.641、最大値が0.863でした。それらのデータに二項モデルとポアッソンモデルを適用すると、計4試料中3試料でポアッソンモデルが二項モデルよりもAIC（BICも）が小さい結果が得られました。1試料で二項モデルのほうが小さいAICを示しましたが、その試料のVMRは0.641とかなり小さい値でした。以上の結果から総合的に判断すると、調べた食品試料および微生物試料において、その平板上のコロニー数に関してポアッソンモデルがこれら3つの離散型統計モデルの中で最適であることが示唆されました[1)]。

**練習問題6-1**

例題5の商品Cの売り上げデータをポアッソンモデルで解析してAICを求め、負の二項モデルの値と比較しなさい。

# 6.6 正規モデルによる解析

正規分布は連続型確率分布であり、次章で説明するように連続型の計量データを扱いますが、離散した計数データも扱うことができます。その例として試験の点数があります。点数は通常100点満点中の73点のように計数データですが、例えばある中学校の2年生全体の英語の試験点数は、通常正規分布を仮定して解析します。一般によく使われる偏差値も正規分布を仮定しています。そこで、例題6の食品試料Mのコロニーカウントデータに正規モデルを適用してみましょう。

正規モデルでは**図6-19**に示すように正規分布N($\mu$, $\sigma^2$)の平均$\mu$(セルE2)、標準偏差$\sigma$(セルE3)が分かっているとき、コロニーカウント$x$が実現する確率密度$P$を求めます(列C)。ここがポイントです。例えば最初のデータ(セルB9)では$P$は=NORM.DIST(B9,$E$2,$E$3,FALSE)と表せます(セルC9)。なお、平均と分散の初期値は第4章の**表4-1**に示したようにモーメント法による推定値、すなわち標本平均174.8と標本標準偏差14.3とします。次に$P$の対数を取り、正の値に変換し、その全データに関する和sumを求めます(セルE4)。最後にソルバーを使ってsumが最小になる平均と分散の最適値を求めると、**図6-19**に示す結果となります。平均および標準偏差の最適値はそれぞれデータの標本平均と標本標準偏差に一致しました。

| | A | B | C | D | E |
|---|---|---|---|---|---|
| 1 | M | | | | |
| 2 | | Norm | | μ | 174.8 |
| 3 | | | | σ | 14.291 |
| 4 | | | | sum | 122.36 |
| 5 | | | | AIC | 248.71 |
| 6 | | | | BIC | 251.52 |
| 7 | | | | | |
| 8 | No. | data | P | -ln P | |
| 9 | 1 | 198 | 0.0075 | 4.8963 | |
| 10 | 2 | 160 | 0.0163 | 4.1148 | |
| 11 | 3 | 163 | 0.0199 | 3.9194 | |

図6-19　食品試料Mのコロニーカウントデータの正規モデルによる解析 Ex 6-8

しかし、正規モデルのような連続型統計モデルの尤度は上記のように確率密度で計算します。では離散型モデルと連続型モデルのAICを比較するにはどうすればよいでしょうか。そのためには正規モデルも確率による尤度を求める必要があります。第5章（**図5-1**）で累積分布関数の差$\Delta F(x) = F(x + 0.5) - F(x - 0.5)$で求めた確率は確率密度$f(x)$とほぼ等しいことを数値計算で示しました。この例題でも確率を計算して確認してみます。**図6-20**のC-D行は確率密度$f(x)$を使って平均と標準偏差の最適値を求める手法を、F-G行は累積分布関数の差$\Delta F(x)$を使って求める手法を示します。最適化した両者の結果を比べると、平均値は等しく、標準偏差の値はわずかに異なりました（**図6-20**）。一方、AICの値に数値計算上の差は認められませんでした。このような結果から、正規分布で確率密度$f(x)$による解析でも実質上は問題ないと考えられます。

| | A | B | C | D | E | F | G |
|---|---|---|---|---|---|---|---|
| 1 | M | | | | | | |
| 2 | | | Nor: f(x) | | | Nor: ΔF(x) | |
| 3 | | | μ | 174.8 | | μ | 174.8 |
| 4 | | | σ | 14.2908 | | σ | 14.2879 |
| 5 | | | sum | 122.357 | | sum | 122.357 |
| 6 | | | AIC | 248.713 | | AIC | 248.713 |
| 7 | | | BIC | 251.516 | | BIC | 251.516 |
| 8 | | | | | | | |
| 9 | | data | P | -ln P | | ΔF | -ln ΔF |
| 10 | 1 | 198 | 0.0075 | 4.89631 | | 0.0075 | 4.89631 |
| 11 | 2 | 160 | 0.0163 | 4.11482 | | 0.0163 | 4.11482 |
| 12 | 3 | 163 | 0.0199 | 3.91945 | | 0.0199 | 3.91945 |

図6-20　確率密度と確率による解析の比較：食品試料M Ex 6-9

食品試料Mについて正規モデルによるAICはいずれの解法でも248.71でした。負の二項モデルとポアッソンモデルでの値はそれぞれ248.24と246.61でしたので、負の二項モデルとほぼ同じ値になりました。結論として、試料Mに対して3モデルの中でポアッソンモデルが最適であることが分かりました。参考に正規モデルを含めた3モデルによるコロニー数のヒストグラムを**図6-21**に示します。この試料では頻度に関して統計モデルによる大きな差は見られませんでした。

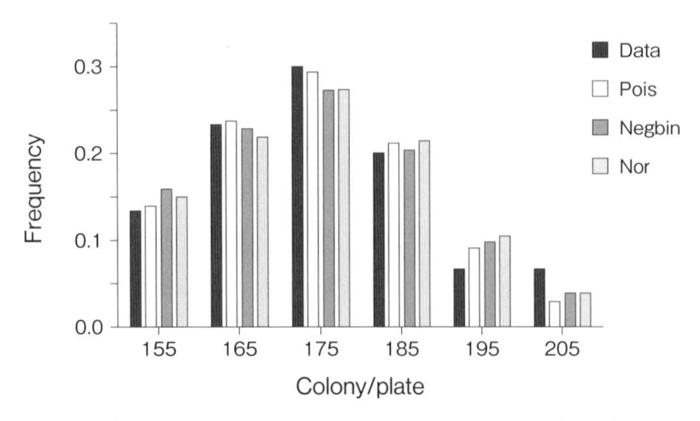


図6-21　食品試料Mのコロニーカウントのポアッソンモデル、負の二項モデルおよび正規モデルによる推定

同様に微生物試料Sに対して正規モデルを確率および確率密度を使って適用すると、最適な平均は共に122.4となり、共に等しいAIC＝227.9が得られました。このAICの値はポアッソンモデルの値226.0よりも大きく、二項モデルの値227.6とほぼ同じ値となりました。結論として試料Sに対して3モデルの中でポアッソンモデルが最適であることが分かりました。なお、上記の4種の食品試料と4種の微生物試料に正規モデルを適用した結果、最適なモデルとなることはありませんでした。

**練習問題6-2**

微生物試料Sのデータを正規モデルを適用し、確率および確率密度を使って解析して両法によるAICの値を比べなさい。

# 6.7　0を含まない計数データの解析

次に特殊な計数データに対するモデルについて解説します。つまり、データの中に0を含まないデータと逆に0が過剰に現れるデータがあります。最初に、その性質上0を含まない計数データについてその解析方法を説明します。例えばA地区の世帯の構成員数の分布を調査すると、その構成員数は1人、2人、3人、･･･となります。構成員数0人の世帯は当然ありません。また、スーパーマーケットのレジで並んでいる人達の買い物かごの中の品数も0個はありません。一方、ポアッソン分布などに従う確率変数は0となる可能性があります。離散型確率分布を基にした統計モデルを0を含まないデータに適用する場合、0を切り落としたモデルに変える必要があります。このような統計モデルを0切り落としモデルZero-truncated (ZT) modelといいます。ZTモデルの原理は確率変数のとる全確率1から0の場合の確率$f(0)$を引いた確率$1-f(0)$を0以外の実現値の確率に割り当てるということです。

ポアッソン分布を基にしたZTモデルは、Zero-truncated Poisson (ZTP) modelと呼ばれます。ZTPモデルではポアッソン分布に従う確率変数$x$で0をとる確率を全確率1から前もって引き、残った確率を$x=1,2,3,\cdots$に適用します。すなわち、ZTPの確率質量関数$f(x)$は

$$f(x)=\frac{g(x)}{1-g(0)} \qquad x=1,2,3,\cdots \tag{6-6}$$



となります。ここで、$g(x)$はポアッソン分布の確率質量関数です。

同様に二項分布と負の二項分布を基にしたZTモデルも考えられ、ここではそれぞれZero-truncated Binomial (ZTB) modelとZero-truncated Negative binomial (ZTN) modelと呼びましょう。ZTモデルを理解するため、次の例題をこれら3つの統計モデルを使って考えてみましょう。

**例題8**　ある町で世帯当たりの構成員数を27世帯について調査した結果、次の表に示すデータが得られました。この結果にZTモデルを適用し、世帯当たりの各構成員数の頻度を各モデルで推定しなさい。

| | | | | | | | | |
|---|---|---|---|---|---|---|---|---|
| 5 | 4 | 1 | 2 | 6 | 2 | 4 | 2 | 7 |
| 2 | 3 | 5 | 3 | 3 | 4 | 1 | 4 | 2 |
| 5 | 1 | 5 | 2 | 6 | 2 | 3 | 2 | 5 |

**解答8**

このデータの標本平均は3.37、標本分散は2.75より、VMRは0.816です。VMR < 1であるため、ここではポアッソン分布を用いたZTPモデルと二項分布を用いたZTBモデルを適用しましょう。

最初にZTPモデルをデータに適用します。**図6-22**に示すように、B列の各データが起こる生成確率$P$をZTPモデルに基づいた式6-6に従ってC列で求めま

す。例えばセルB8のデータについて$P$は=POISSON.DIST(B8, $D$3, FALSE)/(1-POISSON.DIST(0, $D$3, FALSE))と表されます。ただし、ポアッソンモデルのときは式6-6で$g(0) = \exp(-\mu)$となるので、この式を使うこともできます。パラメーターである平均$\mu$の初期値（セルD3）には、モーメント法による標本平均3.37を使ってみます。得られた$P$を対数変換後、正の値にします（D列）。その総和sumをセルD4で求め、この値が最小になる最適な平均の値をソルバーで推定します。制約条件は$\mu>0$です。数値解析の結果、**図6-22**に示すように平均は3.238人/世帯と推定され、AIC＝102.94となりました。

| | A | B | C | D |
|---|---|---|---|---|
| 1 | **Zero-truncated Poisson model** | | | |
| 2 | | | | |
| 3 | | | **μ** | **3.2381** |
| 4 | | | **sum** | **50.47** |
| 5 | | | **AIC** | **102.94** |
| 6 | | | | |
| 7 | **no.** | **Data** | **P** | **-ln P** |
| 8 | **1** | **5** | **0.12116** | **2.1106** |
| 9 | **2** | **4** | **0.18709** | **1.6762** |
| 10 | **3** | **1** | **0.13224** | **2.0231** |

図6-22　世帯データのZTPモデルによる解析 Ex 6-10

次にZTBモデルをこの世帯データに適用します。基本的考え方はZTPモデルと同じで、確率$1-P(0)$をデータの各数値がとる確率で割ります。例えば**図6-23**の数値5（セルB9）となる確率は=BINOM.DIST(B9, $D$3, $D$4, FALSE)/(1-BINOM.DIST(0, $D$3, $D$4, FALSE))と表せます。$n$と$p$の初期値を通常の二項モデルのモーメント法で求めると18と0.184が得られるので、これを使ってみます。制約条件は$n$が0以上の整数および$0 \leq p \leq 1$です。ソルバーで最適解を求めると、図に示すようにAICは105.00と計算されます。この値はZTPモデルによる値102.94よりも大きな値となりました。この結果からZTPモデルのほうが適したモデルといえます。

| | A | B | C | D |
|---|---|---|---|---|
| 1 | **Zero-truncated binomial model** | | | |
| 2 | | | | |
| 3 | | | *n* | 19 |
| 4 | | | *p* | 0.1725 |
| 5 | | | sum | 50.502 |
| 6 | | | AIC | 105 |
| 7 | | | | |
| 8 | no. | Data | P | -ln P |
| 9 | 1 | 5 | 0.12895 | 2.0483 |
| 10 | 2 | 4 | 0.20615 | 1.5791 |
| 11 | 3 | 1 | 0.11148 | 2.1939 |

図6-23　世帯データのZTBモデルによる解析 Ex 6-11



両モデルによる家族構成員数を推定した結果を**図6-24**に示します。ZTBモデルよりもZTPモデルのほうがデータにややフィットしていることが分かります。なお、このデータはRコード<-rpois(30, 3.2)を使って発生させたポアッソン分布に従う乱数から0を除いたものです。

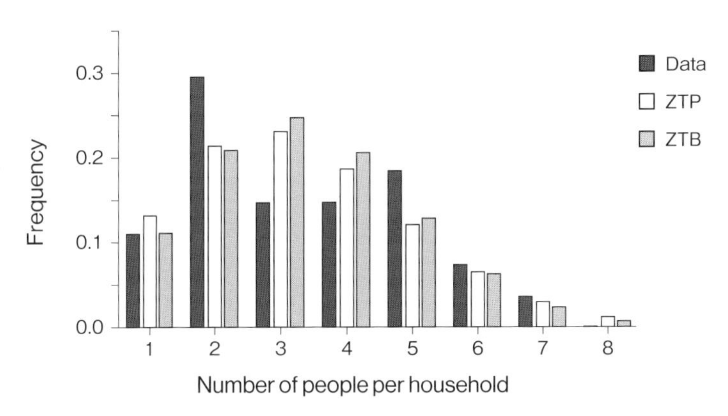


図6-24　ZTPおよびZTBモデルによる世帯構成人数の推定

# 6.8 0が過剰の計数データの解析

計数データの中には多くの0を含むものがあります。例えばある町で起こる1日当たりの交通事故死亡者数が考えられます。多くの日では0人ですが、まれに1人、2人、･･･の日があると考えられます。製品のロット当たりの不良品数、製品に対する1日当たりの苦情件数なども考えられます。このような0を多く含むデータに適用できる統計モデルとして2つのタイプがあります。

最初のモデルはデータが0かまたはそれ以外の正の整数をとると考えてベルヌーイ分布を適用し、データが正の整数である場合はポアッソン分布のような離散型確率分布を適用するモデルです。このモデルをハードルモデルHurdle modelといいます。最初のハードル（ベルヌーイ試行）をデータが正の整数であれば乗り越えるという意味です。ただし、2番目の確率分布では確率変数が0をとることがないように、上述したゼロを切り落とした統計モデルを適用する必要があります。

次のモデルは1つのモデルの中で0だけをとる確率分布と（0を含む）正の整数をとる確率分布の2つのコンポーネントからなる統計モデルで、ゼロ過剰モデルZero-inflated modelと呼ばれます。ハードルモデルと異なり、ゼロ過剰モデルでは両方のコンポーネントから0が生成されます。代表的なゼロ過剰モデルとして、後者の確率分布がポアッソン分布であるゼロ過剰ポアッソンモデルZero-inflated Poisson (ZIP) modelがあります。

0のみを生成するコンポーネントの比率を$\pi$とすると、ZIPモデル$f(x)$は次のように表せます。

$$f\left(x\right)=\pi+g\left(x\right) \qquad x=0 \tag{6-7}$$

$$f\left(x\right)=\left(\pi-1\right)g\left(x\right) \qquad x=1,2,3,... \tag{6-8}$$

ここで、$g(x)$はポアッソン分布の確率質量関数です。

後者のコンポーネントが二項分布、負の二項分布の場合もあり得ます。ゼロ過剰のデータに対して上記のゼロ過剰モデルを適用してみましょう。

**例題9** S市で起こった1日当たりの交通事故件数を35日間調べると、次のような結果となりました。この結果に、ポアッソン分布を用いたハードルモデルとゼロ過剰モデルを適用して解析しなさい。

| | | | | | | |
|---|---|---|---|---|---|---|
| 4 | 0 | 2 | 1 | 0 | 3 | 3 |
| 1 | 4 | 0 | 3 | 3 | 0 | 3 |
| 0 | 1 | 2 | 0 | 4 | 0 | 3 |
| 2 | 1 | 3 | 4 | 0 | 5 | 0 |
| 0 | 4 | 3 | 0 | 6 | 4 | 3 |

**解答9**

このデータをヒストグラムに表すと、**図6-25**のように事故数が0件数/日が多く、単一の統計モデルを適用できないことが分かります。データ中の0の個数は11個あり、データ中の比率$\pi$は$\pi = 11/35 = 0.314\cdots$です。0件数/日を除いたデータ部分の標本平均と標本分散を計算するとそれぞれ3と1.583となり、VMRは0.53と計算されます。VMRが1より小さいので、データの0を除いた部分に関して、ハードルモデルとゼロ過剰モデルのいずれにしても二項分布かポアッソン分布が候補として挙げられます。したがって、この交通事故データについては、計4種類の統計モデルを検討することになります。

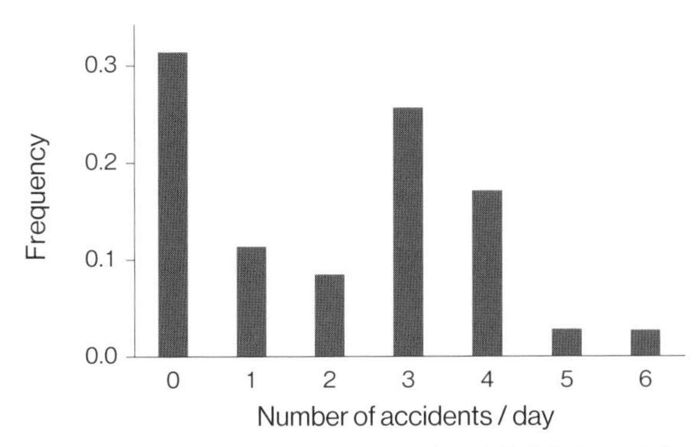


図6-25 S市で起こった1日当たりの交通事故件数(35日間)

ここではポアッソン分布を用いたハードルモデルをHPモデル、二項分布を用いたハードルモデルをHBモデル、二項分布を用いたゼロ過剰モデルをZIBモデルと呼びましょう。

最初にポアッソン分布を用いたハードルモデル（HPモデル）を適用して解析しましょう（**図6-26**）。1日当たりの事故数を$t$とおくと、まず、データを$t$が0とそれ以外の正の整数に分けます。Excelでは降順の並べ替えで行います（C列）。0を除いたデータに対して0切り落としポアッソンモデルを適用します。例えば最初のデータ$t = 6$（セルC7）についてその生成確率$P$は、本モデルの定義から=POISSON.DIST(C7, $D$3, FALSE)/(1-POISSON.DIST(0, $D$3, FALSE))となり（セルD7）、ここがポイントです。ポアッソン分布のパラメーターである平均$\mu$は0を除いた標本平均3を初期値としてセルD3に入れます。ただし、11個ある$t = 0$のデータは生成確率$P$の計算をしません。次にE列で$P$の対数をとり、正の値にします。次にそれらの和sum（セルD2）を求め、ソルバーを用いてsumが最小となる$\mu$の最適値を求めます。ソルバーの制約条件は$\mu \geq 0$です。解析の結果、**図6-26**に示すように$\mu$は2.82と推定され、AICは82.4となりました。

| | A | B | C | D | E | F |
|---|---|---|---|---|---|---|
| 1 | HP model : Hurdle model with the Poisson | | | | | |
| 2 | | | | | | |
| 3 | Data without 0 | | μ | 2.821 | | |
| 4 | avr | | sum | 40.2 | AIC | 82.401 |
| 5 | 3 | | | | | |
| 6 | | | data | P | -ln P | |
| 7 | π | 1 | 6 | 0.044 | 3.116 | |
| 8 | 0.3143 | 2 | 5 | 0.094 | 2.361 | |
| 9 | | 3 | 4 | 0.167 | 1.789 | |

図6-26　S市で起こった交通事故件数のHPモデルによる解析 Ex 6-12

次に、HBモデルをデータに適用して解析しましょう。基本構造は同じですが、ポアッソン分布ではなく、二項分布を使います。つまり、データを0とそれ以外の部分に分けた後、0を除いたデータに対して0切り落とし二項モデルを適用します（**図6-27**）。例えば最初のデータ$t = 6$（セルC7）について、生成確率$P$は本モデルの定義から=BINOM.DIST(C7, $D$3, $F$3,FALSE)/(1-BINOM.DIST(0, $D$3, $F$3, FALSE))となり（セルD7）、ここがポイントです。二項分布のパラメーターである試行数$n$と成功確率$p$の初期値には、0を除いたデータからモーメント法によって得られた値6と0.47を使ってみます。ただし、$t = 0$のデータは生成確率を計算しません。次にE

列で確率$P$の対数をとり、正の値にします。次にそれらの和sum（セルD2）を求め、ソルバーを用いてsumが最小となる$\mu$の最適値を求めます。ソルバーの制約条件は、$n$（整数）をデータの最大値（セルC7）以上にする、とします。

| | A | B | C | D | E | F |
|---|---|---|---|---|---|---|
| 1 | HB model : Hurdle model with the Binomial dist. | | | | | |
| 2 | | | | | | |
| 3 | Data without 0 | | $n$ | 6 | $p$ | 0.4913 |
| 4 | avr | | sum | 39.123 | AIC | 82.245 |
| 5 | 3 | | | | | |
| 6 | | | data | P | -ln P | |
| 7 | $\pi$ | 1 | 6 | 0.0143 | 4.2462 | |
| 8 | 0.31429 | 2 | 5 | 0.0889 | 2.4198 | |

図6-27　S市で起こった交通事故件数のHBモデルによる解析 Ex 6-13

数値解析の結果、AIC = 82.245が得られました。HPモデルよりもわずかに小さい値となり、このデータに関してはHBモデルのほうが適していました。

2つのハードルモデルで推定した事故数をデータと比べると、**図6-28**になります。HBモデルに比べ、HPモデルのほうが山型分布の形状が緩やかであることが分かります。

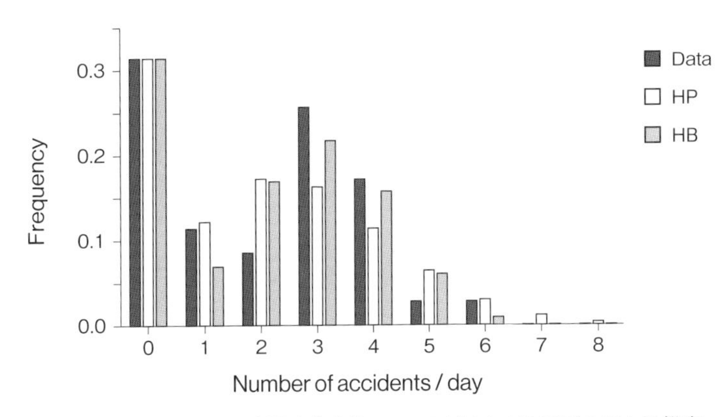


図6-28　S市で起こった交通事故件数のHBモデルとHPモデルによる推定

次にゼロ過剰モデルでポアッソン分布を使ったZIPモデルを適用しましょう。ハードルモデルと同様にデータを降順に並べ替え、0と自然数に分けます（**図6-29 C列**）。

事故数$t$が0でない場合、例えばセルC7の$t=6$についてはポアッソン分布を適用し、その値を生成する確率を求めた後、0でないデータの比率$1-\pi$を掛けます。Excel関数では=(POISSON.DIST(C7, $C$4, FALSE))*(1-$D$4) と表せます。パラメーターとしてポアッソン分布の平均$\mu$と比率$\pi$の初期値を入れます。ここでは$t=0$以外のデータからモーメント法による標本平均、つまり3および0データの比率から0.31を入力してみます。一方、$t=0$に対する生成確率$P$はポアッソン分布での生成確率と比率$\pi$の和になります。例えばセルC31の$t=0$のデータに対して=(POISSON.DIST(C31, $C$4, FALSE))*(1-$D$4)+$D$4と表せます。次にF行で$P$の対数をとり、正の値に変換し、それらの和をセルG3で求めます。この和が最小となるような$\mu$と$\pi$の値をソルバーで求めると、**図6-29**に示す結果となりました。ソルバーでの制約条件は$0 \leq \pi \leq 1$および$\mu > 0$です。AICは127.97となり、HPモデルの値82.401と比べてかなり大きな値となりました。ゼロ過剰モデルとハードルモデルは構造が異なるため、つまりHPモデルでは0データの生成確率を尤度に計算しないので、このような差が現れたと考えられます。

| | A | B | C | D | E | F |
|---|---|---|---|---|---|---|
| 1 | ZIP: Zero-inflated Poisson distribution | | | | | |
| 2 | | | | | | |
| 3 | | | μ | π | sum | 61.987 |
| 4 | | | 2.821 | 0.2709 | AIC | 127.97 |
| 5 | | | | | | |
| 6 | | | data | P | -ln P | |
| 7 | | 1 | 6 | 0.0304 | 3.4931 | |
| 8 | | 2 | 5 | 0.0647 | 2.7386 | |
| 9 | | 3 | 4 | 0.1146 | 2.1664 | |

図6-29　S市で起こった交通事故件数のZIPモデルによる解析 Ex 6-14

最後にZIBモデルをデータに適用します。ZIPモデルとの違いは確率分布として二項分布を用いている点です。二項分布についてはHBモデルと同様に扱います。解析結果を**図6-30**に示しますが、詳細はこれまで説明してきたので割愛します。ソルバーによる最適化の結果、**図6-30**に示すように、3つのパラメーターの推定値が得られます。本モデルのAICは127.82と計算され、この例題ではZIPモデルよりもわずかに小さい値となりました。

| | A | B | C | D | E | F |
|---|---|---|---|---|---|---|
| 1 | ZIP: Zero-inflated Binimial distribution | | | | | |
| 2 | | | | | | |
| 3 | | $n$ | $p$ | $\pi$ | sum | 60.91 |
| 4 | | 6 | 0.4913 | 0.3022 | AIC | 127.82 |
| 5 | | | | | | |
| 6 | | | data | P | -ln P | |
| 7 | | 1 | 6 | 0.0098 | 4.6235 | |
| 8 | | 2 | 5 | 0.061 | 2.7971 | |
| 9 | | 3 | 4 | 0.1578 | 1.8462 | |

図6-30　S市で起こった交通事故件数のZIBモデルによる解析 Ex 6-15

ZIPモデルとZIBモデルによる事故数の推定値を**図6-31**に示します。ハードルモデルと同様に、ZIPモデルのほうがZIBモデルよりも山型分布の形状が緩やかであることが分かります。興味深い点として、$t=0$でのデータとZIPモデルとZIBモデルによる推定頻度が最適化の結果、一致しました。

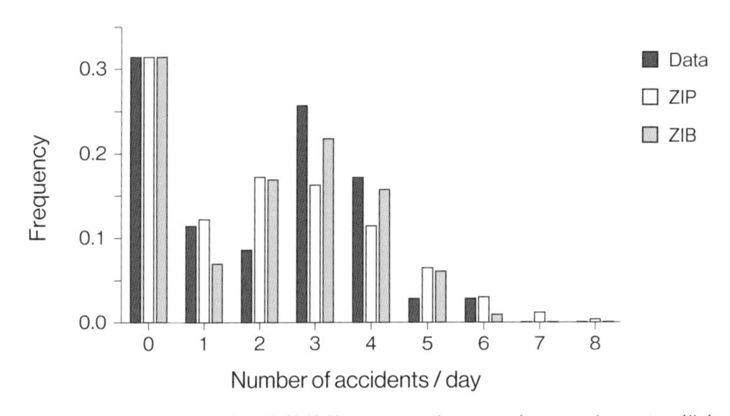


図6-31　S市で起こった交通事故件数のZIPモデルおよびZIBモデルによる推定

参考として4つのモデルによる交通事故数の相対頻度を推定したグラフを**図6-32**に示します。このデータではハードルモデルとゼロ過剰モデルの差よりも、ポアッソン分布と二項分布による差のほうが明らかでした。ここでも$t=0$でのすべてのモデルによる推定頻度がデータと一致しました。なお、このデータはRを用いてポアッソン分布($\mu=3$)から発生させた乱数に0を加えたものです。

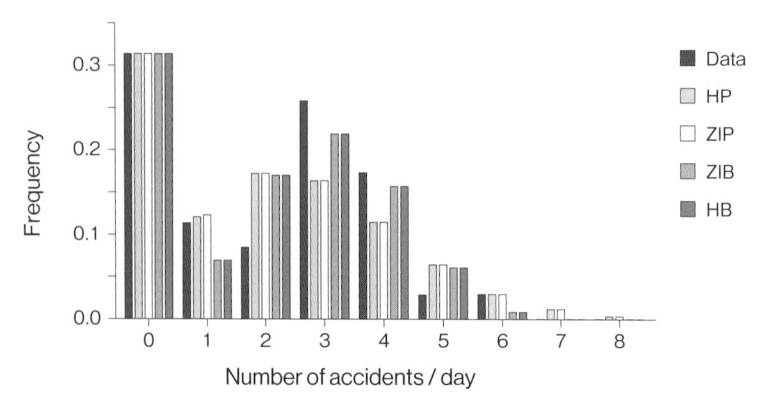


図6-32　S市で起こった交通事故件数のハードルモデルとゼロ過剰モデルによる推定

## 参考　フェルミ推定

フェルミ推定は著名な物理学者Enrico Fermiが得意としていた手法で、通常測定できない量を概算で推定する方法です。フェルミ推定の中で特に知られているものは、「シカゴには何人のピアノの調律師がいるか？」を推定するものです。その仮定となるデータは次のようになります[2)]。

1. シカゴの人口は300万人とする
2. シカゴでは、1世帯当たりの人数を平均3人程度とする
3. 10世帯に1台の割合でピアノを保有している世帯があるとする
4. ピアノ1台の調律は平均して1年に1回行うとする
5. 調律師が1日に調律するピアノの台数は3つとする
6. 週休2日とし、調律師は年間に約250日働くとする

これらのデータを用いて次のように推論します。

1. シカゴの世帯数は、(300万/3) = 100万世帯程度
2. シカゴでのピアノの総数は、(100万/10) = 10万台程度
3. ピアノの調律は、年間に10万件程度行われる
4. それに対して1人のピアノの調律師は、1年間に250 × 3 = 750台程度を調律する
5. よって調律師の人数は10万/750 = 130人程度と推定される

このフェルミ推定は対象データについて統計モデルを考える材料になるとも考えられます。ここでは上記のような比例計算ではなく、確率分布を使って与えられた仮定を基にシカゴの世帯数とピアノの総数を推定してみましょう。

**世帯数の推定**：1世帯当たりの人数$k$はポアッソン分布に従うと一般に考えられますが、$k = 0$の世帯はないので、上述した0切り落としポアッソン分布（ZTP）モデルが適用できます。平均人数が3人であるので、**図6-33**に示すようにB行に示す$k$の各値に対してZTPモデルを適用し、その生成確率を求めます（E列）。その値にシカゴの総人口を掛け、$k$の各値に対する人口を求め、その総計が総人口になるようにします。$k = 15$までの総数がシカゴの総人口にほぼ等しくなります。得られた各人口を$k$で割ると、各世帯数が得られます。これを総計すると、総世帯数は1,298,051と推定されました（F列）。フェルミ推定の100万世帯よりも大きな値となりました。

**ピアノ台数の推定**：ある世帯がピアノを持っているか否かは二項分布に従う現象と考えられます。1世帯当たりのピアノ台数は1/10 = 0.1台で、この値が確率となります。二項分布の平均$\mu$は試行数$n$と成功確率$p$から$\mu = np(1-p)$と表せるので、求めるピアノ台数の平均は$n = 1298051$と$p = 0.1$を代入すると、116,825台と推定されます（F列）。なお、各世帯数について計算し、合計しても同じ数値になります。この値はフェルミ推定による10万台よりやや大きな値となりました。

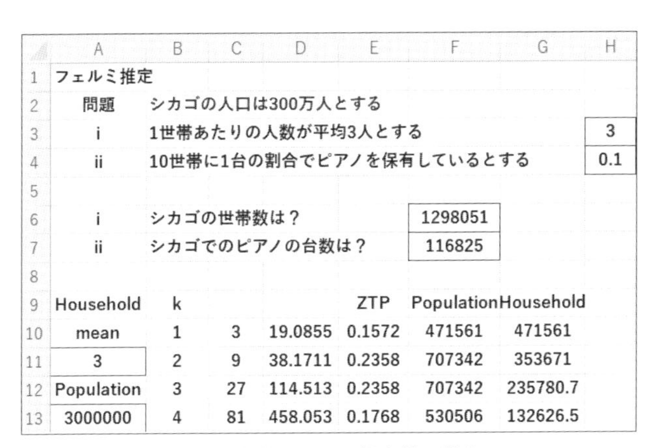

| | A | B | C | D | E | F | G | H |
|---|---|---|---|---|---|---|---|---|
| 1 | フェルミ推定 | | | | | | | |
| 2 | 問題 | シカゴの人口は300万人とする | | | | | | |
| 3 | i | 1世帯あたりの人数が平均3人とする | | | | | | 3 |
| 4 | ii | 10世帯に1台の割合でピアノを保有しているとする | | | | | | 0.1 |
| 5 | | | | | | | | |
| 6 | i | シカゴの世帯数は？ | | | | 1298051 | | |
| 7 | ii | シカゴでのピアノの台数は？ | | | | 116825 | | |
| 8 | | | | | | | | |
| 9 | Household | k | | | ZTP | Population | Household | |
| 10 | mean | 1 | 3 | 19.0855 | 0.1572 | 471561 | 471561 | |
| 11 | 3 | 2 | 9 | 38.1711 | 0.2358 | 707342 | 353671 | |
| 12 | Population | 3 | 27 | 114.513 | 0.2358 | 707342 | 235780.7 | |
| 13 | 3000000 | 4 | 81 | 458.053 | 0.1768 | 530506 | 132626.5 | |

図6-33　シカゴ市の世帯数とピアノ保有数の推定

# 6.9 度数分布データの解析

統計モデルの考え方を示すため、これまでデータサイズが比較的小さい場合について説明してきました。データは一般に(1)これまでの例題で示してきた、例えば{14, 25, 22, ･･･}のような数列データとして表される場合と、(2)元データを加工して作られた度数分布表で得られる場合があります。自ら測定あるいは調査できる場合は数列データが得られますが、外部から得る統計資料は多くの場合、度数分布表で表されています。特にデータサイズの大きい場合は、度数分布表で表されていることが多くあります。度数分布表ではデータの各個体の情報はなくなっています。また、データが離散した計数データだけでなく、連続した計量データであっても度数分布で表すことができることも注意点です。

ここでは度数分布表で与えられたデータに統計モデルを適用してみましょう。この場合も基本的考え方は数列データと同じですが、各階級での中央値とその度数から尤度を計算します。

**例題10**　ある店舗での商品Dの1日当たりの売上個数を100日間調べ、それを度数分布表に表すと次の表のようになりました。このデータに統計モデルを適用し、表の各階級値に対する度数を推定しなさい。

| 階級値（個数/日） | 5 | 8 | 11 | 14 |
|---|---|---|---|---|
| 日数 | 4 | 35 | 46 | 15 |

**解答10**

データから標本平均と標本分散を計算すると、それぞれ10.16と5.234が得られ、VMRは0.515とかなり1より小さい値でした。二項モデルが有力候補となります。

**問6-2**

例題10において標本平均と標本分散を計算しなさい。

最初に、**図6-34**のA列に入力した階級値に対して、二項モデルで生成する確率PをC列で求めます。注意点は階級値$a$が二項分布で生成する確率を数量$b$個分掛け合わせる、つまり、べき乗にする点です。例えば、最初のデータ（セルA7およびB7）のときは =(BINOM.DIST(A7, $D$3, $D$4, FALSE))^B7と表せます。$n$と$p$の初期値には、モーメント法で推定した21と0.485を入力します。得られた確率$P$をD列で対数変換し、正の値にします。次にそれらの総和sumを最小にする$n$と$p$の値をソルバーで求めます。その結果、**図6-34**に示す$n$と$p$の最適値が得られ、AICの値も計算されます。ただし、商品Dの1日当たりの売上個数に関して$n$と$p$は実質的な意味は持ちません。

| | A | B | C | D | E | F |
|---|---|---|---|---|---|---|
| 1 | Histogram | | Bin | | | |
| 2 | | | | | | |
| 3 | | | *n* | 21 | sum | 224.47 |
| 4 | | | *p* | 0.4838 | AIC | 452.95 |
| 5 | 階級値 | 数量 | | | | |
| 6 | *a* | *b* | *P* | -ln *P* | | Bin |
| 7 | 5 | 4 | 4E-08 | 17.16 | 0.0535 | 5 |
| 8 | 8 | 35 | 7E-34 | 76.362 | 0.3344 | 33 |
| 9 | 11 | 46 | 3E-37 | 84 | 0.4587 | 47 |
| 10 | 14 | 15 | 4E-21 | 46.951 | 0.1535 | 15 |
| 11 | sum | 100 | | sum | 1 | 100 |

図6-34　商品Dの1日当たりの売上個数への二項モデルの適用 Ex 6-16

## 問6-3

ソルバーで$n$と$p$の制約条件は何ですか。

この解析結果から各階級値に対する度数を推定します（**図6-34 E-F列**）。つまり、二項分布の累積確率を使い、最後にこれらの確率をサンプルサイズ100を掛け、四捨五入します。こうして得られた二項モデルによる各階級値に対する推定度数をデータと比較すると、**図6-35**に示すようにデータとよく一致したことが分かります。なお、このデータはBin(20, 0.5)から生成した乱数です。

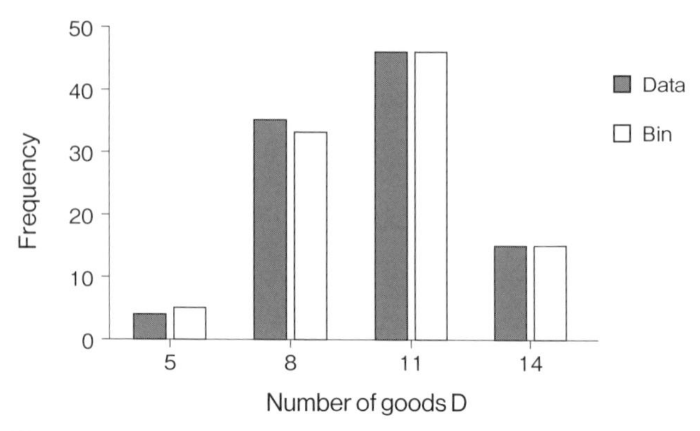


図6-35　二項モデルによる商品Dの1日当たりの売上個数の推定

**練習問題6-3**

例題10のデータにポアッソンモデルを適用し、各階級値に対する度数を推定しなさい。

度数分布表にすると元の数値自体は消えてしまいますが、比較のため例題6で示した数値データを度数分布表にして、その表から統計モデルを適用してみましょう。

**例題11**　例題6で示した試料Mの細菌コロニーデータから度数分布表を作成すると、次の表のように示されました。この度数分布表から試料Mに適した統計モデルを求めなさい。

| 階級値 | 155 | 165 | 175 | 185 | 195 | 205 |
|---|---|---|---|---|---|---|
| 度数 | 5 | 8 | 7 | 6 | 2 | 2 |

**解答11**

度数分布表から標本平均と標本分散を求めると175.3および183.2が得られ、VMR = 1.05 > 1となります。したがって、この度数分布データに負の二項モデルとポアッソンモデルを適用してみます。

最初にデータに負の二項モデルを適用すると、各階級値を失敗数（確率変数）とし、成功数$k$および成功確率$p$をパラメーターと考えます。数値解析の結果、**図6-36**に示す解が得られ、AICは245.14となりました。

| F | G | H | I | J | K |
|---|---|---|---|---|---|
| Histogram of Sample M | | | | | |
| Negbin | | | | | |
| | | $k$ | 3895 | sum | 120.57 |
| | | $p$ | 0.95692 | AIC | 245.14 |
| Value of class | Data | $P$ | -ln $P$ | | Negbin |
| 155 | 4 | 0.01 | 18.5491 | 0.1359 | 4 |
| 165 | 7 | 0.023 | 26.5349 | 0.229 | 7 |
| 175 | 9 | 0.029 | 31.7168 | 0.288 | 9 |
| 185 | 6 | 0.022 | 22.8181 | 0.2152 | 6 |
| 195 | 2 | 0.01 | 9.19353 | 0.0982 | 3 |
| 205 | 2 | 0.003 | 11.7556 | 0.0337 | 1 |
| | 30 | | sum | 1 | 30 |

図6-36　試料Mの細菌コロニーデータへの負の二項モデルの適用



次にポアッソンモデルを適用すると、**図6-37**に示す結果が得られました。AIC＝243.16は負の二項モデルよりもやや小さい値で、例題6と同様、ポアッソンモデルのほうが適していました。

| | A | B | C | D | E | F |
|---|---|---|---|---|---|---|
| 1 | Histogram of Sample M | | | | | |
| 2 | Pois | | | | | |
| 3 | | | $\mu$ | 175.33 | sum | 120.58 |
| 4 | | | | | AIC | 243.16 |
| 5 | Value of class | Data | $P$ | -ln $P$ | Pois | Pois |
| 6 | 155 | 4 | 0.0094 | 18.675 | 0.1305 | 4 |
| 7 | 165 | 7 | 0.0228 | 26.482 | 0.2311 | 7 |
| 8 | 175 | 9 | 0.0301 | 31.519 | 0.2941 | 8 |
| 9 | 185 | 6 | 0.0226 | 22.748 | 0.2175 | 7 |
| 10 | 195 | 2 | 0.0099 | 9.2395 | 0.096 | 3 |
| 11 | 205 | 2 | 0.0026 | 11.92 | 0.0307 | 1 |
| 12 | sum | 30 | | | 1 | 30 |

図6-37　試料Mの細菌コロニーデータへのポアッソンモデルの適用

**練習問題6-4**

例題11のデータに正規モデルを適用し、AICを求めなさい。

## 参考文献

1) H. Fujikawa Food Hyg. Saf. Sci. 64 (5) p. 174-178. 2023.

2) フェルミ推定 - Wikipedia
https://ja.wikipedia.org/wiki/%E3%83%95%E3%82%A7%E3%83%AB%E3%83%9F%E6%8E%A8%E5%AE%9A

# ㊞ 解答

## ㊞6-1

$AIC = 68.85 \times 2 + 2 \times 2 = 141.7$

## ㊞6-2

| 階級値 | 数量 | 積 | 偏差2乗和 |
|---|---|---|---|
| 5 | 4 | 20 | 106.5024 |
| 8 | 35 | 280 | 163.296 |
| 11 | 46 | 506 | 32.4576 |
| 14 | 15 | 210 | 221.184 |
| 合計 | 100 | 1016 | 523.44 |
| | | | |
| | | | |
| mean | 10.16 | | |
| var | 5.2344 | | |
| VMR | 0.5152 | | |

## ㊞6-3

$n$ は正の整数。$p$ は $0 \leq p \leq 1$

# 第7章 計量データの解析：単一条件

計量データを扱う代表的な統計モデルとして正規モデル、ワイブルモデル、指数モデルがあります。計数データと同様、計量データに対しても元の集団の特性を考慮して統計モデルを選択し、解析します。本章では単一条件下で得られた計量データを扱います。



## 7.1 正規モデル

正規モデルは幅広い自然現象や社会現象に適用されてきた統計モデルです。データの分布がほぼ左右対称の形状をしていれば、適用が可能です。前章で離散した計数データに正規モデルを適用しましたが、計量データにも同じ手法で適用できます。

**例題1** A農場から出荷されたあるロットのみかん（Mサイズ）について任意に30個選び、その重量（g）を測定した結果を次の表に示します。このサンプルの重量$x$に正規モデルを適用しなさい。次に、このロットからみかんを1個任意に取り出したとき、その重量が110 g以下となる確率$P(x \leq 110)$を推定しなさい。

| | | | | | | | | | |
|---|---|---|---|---|---|---|---|---|---|
| 109.9 | 109.9 | 119.2 | 86.6 | 114.2 | 86.6 | 105.2 | 128.7 | 79.6 | 100 |
| 109.2 | 108 | 122.2 | 110.9 | 99.6 | 112.3 | 93.6 | 107 | 105.5 | 107.7 |
| 96.9 | 115.3 | 97.7 | 107.6 | 93.2 | 107.1 | 97.8 | 97.4 | 95.7 | 125.3 |

**解答1**

このデータの標本統計量を計算すると、標本平均$\bar{x}$ = 105.0、標本分散$s^2$ = 126.9となり、VMR = 1.21でした。このロットのミカンの重量$x$を確率変数とし、その生成確率を計算します（**図7-1**）。このとき、$N(\mu, \sigma^2)$の$\mu$と$\sigma$の初期値にはそれぞれ標本統計量を入力します。制約条件は$\mu > 0$と$\sigma > 0$です。ソルバーによる$\mu$と$\sigma$の最適値は**図7-1**に示すように標本統計量と一致しました。

| | A | B | C | D | E | F |
|---|---|---|---|---|---|---|
| 1 | Nor | | | | | |
| 2 | | | μ | 104.997 | sum | 115.22 |
| 3 | | | σ | 11.2667 | AIC | 234.45 |
| 4 | | | | | | |
| 5 | data | | | P | -ln P | |
| 6 | 109.9 | avr | 105 | 0.03221 | 3.4355 | |
| 7 | 109.9 | sd | 126.94 | 0.03221 | 3.4355 | |
| 8 | 119.2 | VMR | 1.209 | 0.016 | 4.1354 | |
| 9 | 86.6 | | | 0.00934 | 4.6739 | |
| 10 | 114.2 | var | 11.267 | 0.02536 | 3.6744 | |

図7-1　A農場から出荷されたみかん重量の正規モデルによる解析 Ex 7-1

この結果から正規モデルでの推定値とデータの出現頻度を比較すると、**図7-2**に示すように本モデルはデータをよく表していることが分かります。次に$P(x \leq 110)$はExcel関数=NORM.DIST(110, 105, 11.27, TRUE)を用いると、0.671が得られます。なお、このデータは正規分布からR関数<-rnorm(30, 102, 10)で発生させた乱数です。

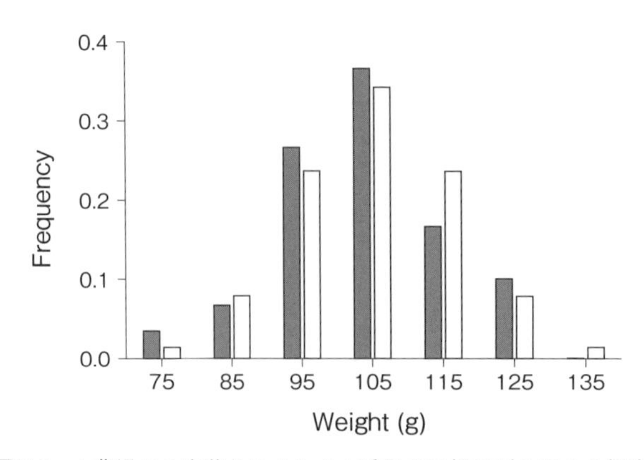


図7-2　A農場から出荷されたみかん重量の正規モデルによる推定

# 7.2 指数モデル

指数分布に従う確率変数$x$は負の値をとる確率は0ですから、0を含む正の値だけをとるデータを対象とします。第3章で説明したように$x$が大きな値をとるにしたがって確率密度$f(x)$の値は単調に減少します。つまり、確率密度曲線は右側に歪んだ形状を示します。指数モデルは機械部品の寿命などを表すために用いられます。次の例題で考えてみましょう。

**例題2**　ある電子回路部品Eのサンプル40個について、その寿命を測定した結果、下の表のようになりました(単位は省略)。この寿命データに指数モデルを適用しなさい。次に、この部品の50%まで稼働できる寿命$T_{50}$を求めなさい。

| | | | | | | | | | |
|---|---|---|---|---|---|---|---|---|---|
| 161.17 | 384.88 | 454.58 | 189.06 | 71.34 | 52.25 | 446.78 | 66.45 | 458.17 | 185.64 |
| 50.44 | 116.08 | 206.93 | 103.49 | 303.58 | 965.14 | 380.35 | 128.19 | 194.06 | 109.62 |
| 0.17 | 133.98 | 256.7 | 82.57 | 154.91 | 18.75 | 16.01 | 31.24 | 32.47 | 39.64 |
| 225.02 | 560.91 | 244.34 | 64.52 | 1369.22 | 81.96 | 24.14 | 149.37 | 89.82 | 87.05 |

**解答2**

このデータのヒストグラムを描くと**図7-3**になり、明らかに右側に歪んだ形状を示します。すなわち、大きな値になるほど頻度が急激に低くなり、指数分布Expon($\beta$)が適切な統計モデルと考えられます。

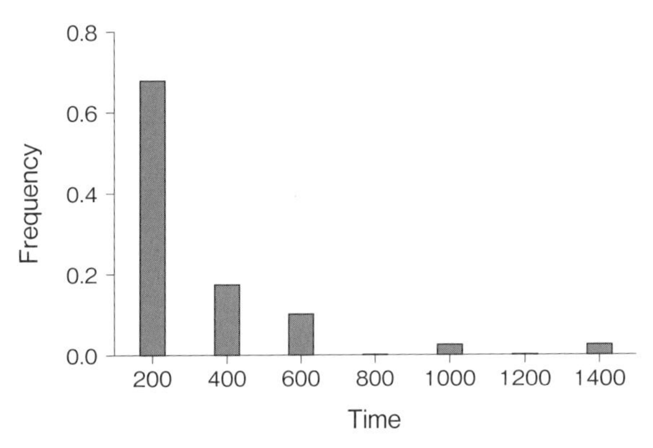


図7-3　電子回路部品Eの寿命

**図7-4**に示すようにB列にデータを入力し、C列で標本平均$\bar{x}$とその逆数を求めます。この逆数はモーメント法での$\beta$(>0)の推定値となるので、これを$\beta$の初期値（セルD3）とします。D列で指数モデルによって各データが生成する確率密度$P$を求めます。例えば最初のデータ（セルB6）では=EXPON.DIST(B6, $D$3, FALSE)となります。ここがポイントです。ソルバーで$\beta$の最適値を求めると、セルD3に示すようにモーメント法と同じ値になりました。

| | A | B | C | D | E | F |
|---|---|---|---|---|---|---|
| 1 | Exp | | | | | |
| 2 | | | | beta | sum | 255.25 |
| 3 | | | | 0.0046 | AIC | 512.49 |
| 4 | | | | | | |
| 5 | No. | data | | P | -ln P | |
| 6 | 1 | 161.17 | avr | 0.0022 | 6.1229 | |
| 7 | 2 | 384.88 | 217.275 | 0.0008 | 7.1526 | |
| 8 | 3 | 454.58 | beta | 0.0006 | 7.4734 | |
| 9 | 4 | 189.06 | 0.0046 | 0.0019 | 6.2513 | |
| 10 | 5 | 71.34 | | 0.0033 | 5.7095 | |

図7-4　電子回路部品Eの寿命の指数モデルによる解析

指数モデルによる相対度数の推定値と実測値を比べると、本モデルがデータをよく表していることが分かります（**図7-5**）。なお、このデータはR関数<-rexp(40, 1/200)を使って発生させた乱数です。

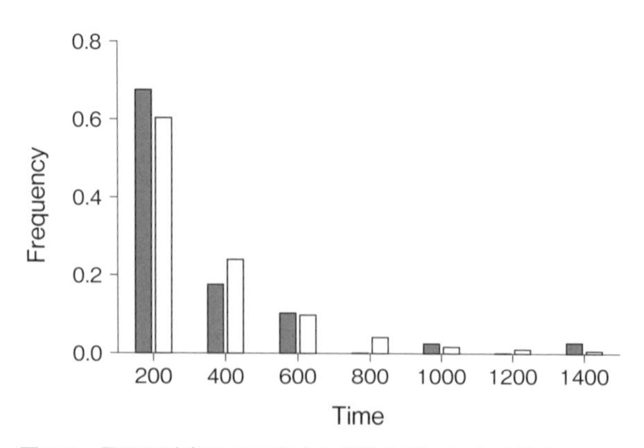


図7-5　電子回路部品Eの寿命の指数モデルによる推定

次に部品Eの50%までが稼働する期間$T_{50}$は、指数関数の累積密度関数$F(t)$を使うと$F(T_{50})=0.5$と表せます。ここでは数値計算で$T_{50}$を求めると、**表7-1**に示すように、$F(t)=0.5$に最も近い値から$T_{50}=150.6$が得られます。時間間隔は0.1としています。

表7-1 部品Eの50%までが稼働する期間$T_{50}$の推定
灰色部分が該当する期間です。

| Time | 150.3 | 150.4 | 150.5 | 150.6 | 150.7 | 150.8 | 150.9 |
|---|---|---|---|---|---|---|---|
| $F(t)$ | 0.499302 | 0.499532 | 0.499762 | 0.499992 | 0.500223 | 0.500452 | 0.500682 |

また、個々の部品の寿命が指数分布に従うときのシステム（直列および並列）の寿命については、前著（「リスク解析がわかる」p.200–203, 技術評論社, 2023）で解説していますので、参考にしてください。



## 参考 プロ野球選手の年俸分布

年収は個人差がかなりあり、一般に高所得者の数に対して低所得者の数がかなり多いことが知られています。2023年発表されたA球団のプロ野球選手105人の公開年俸を調べると、最高額6億円から最低額230万円まで非常に広く分布し、一方、平均は4,349万円、中央値は950万円となり、両者の値はかなり異なっています。その度数分布も最初の区分（年俸1億円未満）の頻度（人数）が極端に高く、それ以降は急激に低くなる傾向があります。そこでこのデータに指数モデルを適用すると、**図7-6**のような結果となりました。指数モデルがデータをよく表していることが分かります。

なお、このデータは対数－正規分布でもよく表すことができるので、余力のある方は試してください。

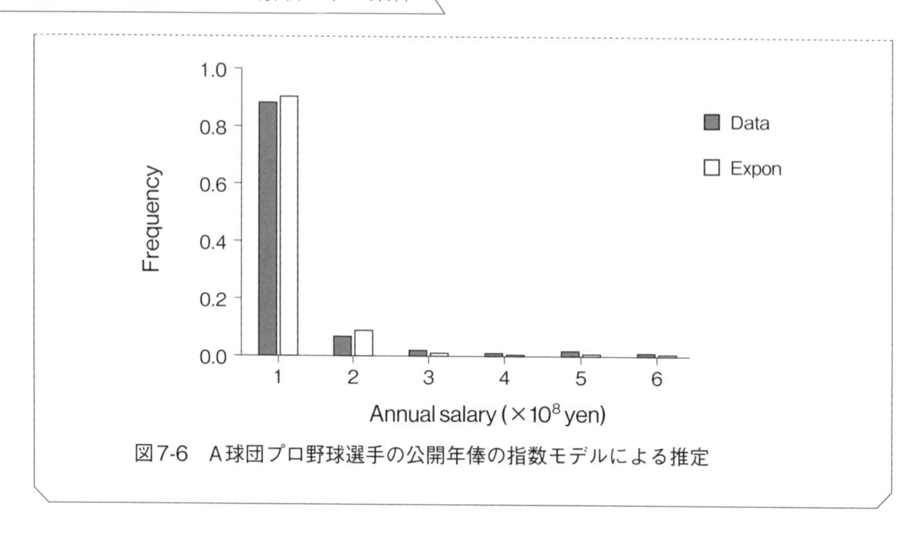


図7-6　A球団プロ野球選手の公開年俸の指数モデルによる推定

## 7.3 ワイブルモデル

指数モデルと同様、工業製品などの寿命データの解析にワイブルモデルがしばしば用いられてきました。ワイブルモデルは複数のパラメーターがあるため、単調な減少パターン以外の分布にも適用できます。これまでワイブルモデルのパラメーター値を推定するためにワイブルプロット法という手法が一般に使われてきました。

ワイブルプロット法ではワイブル分布の累積分布関数 $F(x)$ を使います（式7-1）。

$$F(x) = 1 - \exp\left\{-\left(\frac{x}{\beta}\right)^{\alpha}\right\} \tag{7-1}$$

ここで $\alpha$ は形状shapeパラメーター、$\beta$ はスケールscaleパラメーターといいます。この式を変形し、自然対数lnを2回とると、次の式となります。

$$\ln\left(\ln\left(\frac{1}{1-F(x)}\right)\right) = \alpha\{\ln(x) - \ln(\beta)\} \tag{7-2}$$

この式の左辺を変数 $Y$、$\ln x$ を $X$ と置くと、式7-2は、次の傾きが $\alpha$、Y切片が $-\alpha \times \ln(\beta)$ の1次式になります。

$$Y = \alpha X - \alpha \times \ln(\beta) \tag{7-3}$$

データを式7-2に従ってワイブルプロットし、その直線部分から傾きとY切片を求めます。次にそれらの値から式7-3に従ってパラメーター$\alpha$と$\beta$の値を推定できます。しかし、実際のデータは直線状にプロットされない場合があり、その場合はさまざまな手段が必要となります。

**例題3**　ある製品Hの50個の寿命を測定した結果、下の表のようになりました（単位は省略）。このデータをワイブルプロット法で解析し、パラメーター$\alpha$と$\beta$の値を推定しなさい。

| | | | | | | | | | |
|---|---|---|---|---|---|---|---|---|---|
| 9137.3 | 5974.33 | 1034.61 | 3442.56 | 8072.83 | 2200.27 | 2189.07 | 7201.06 | 1734.95 | 1678.2 |
| 1503.11 | 2179.23 | 2740.01 | 2741.45 | 2977.57 | 13725.48 | 2964.6 | 3131.01 | 973.96 | 5054.32 |
| 668.3 | 4700.74 | 947.54 | 3717.02 | 6798.72 | 7435.86 | 2070.26 | 5983.45 | 3363.23 | 6777.98 |
| 2382.51 | 5968.95 | 5161.99 | 3318.7 | 408.18 | 5405.5 | 7792.08 | 935.66 | 4194.4 | 4062.88 |
| 3058.53 | 3452.66 | 4322.04 | 615.64 | 3277.34 | 3194.89 | 6103.43 | 1767.29 | 3622.95 | 3287.64 |

**解答3**

最初に寿命データ$t$を昇順に並べます（**図7-7 B列**）。このデータサイズは30を超えていますので、平均ランク法$F(t) = i/(n + 1)$を使ってC列の$F(t)$を計算します。ここで$i$はデータの順番、すなわちA列の番号になり、$n$はデータサイズでここでは50です。なお、データサイズが30未満の場合は、メジアンランク法を使います。メジアンランク法では$F(t) = (i - 0.3)/(n + 0.4)$を使います。次に$F(t)$の値から$1/(1 - F(t))$の値をE列で求め、F列でその値の自然対数を2回とります。

| | A | B | C | D | E | F |
|---|---|---|---|---|---|---|
| 1 | | | | | | |
| 2 | | | | | | |
| 3 | | t | F(t) | ln t | 1/(1-F(t) | ln(ln(1/(1-F(t))) |
| 4 | 1 | 408.18 | 0.01961 | 6.01171 | 1.02 | -3.921941 |
| 5 | 2 | 615.64 | 0.03922 | 6.42266 | 1.04082 | -3.218742 |
| 6 | 3 | 668.3 | 0.05882 | 6.50474 | 1.0625 | -2.803054 |

図7-7　製品Hの寿命のワイブルプロット法による解析 Ex 7-2

$\ln t$（D列）に対して$\ln(\ln(1/(1-F(t)))$（F列）をプロットすると、**図7-8**のグラフが得られます。このデータでは各点はほぼ直線状に並びました。そこでExcelの「近似曲線の書式設定」を選んで線形近似による解析を行うと、**図7-8**に示す回帰直線の傾きとy切片が得られます。これらの値から$\alpha = 1.55$と$\beta = 4390$が得られます。ただし、この回帰直線は後述する最小2乗法で解析されています。

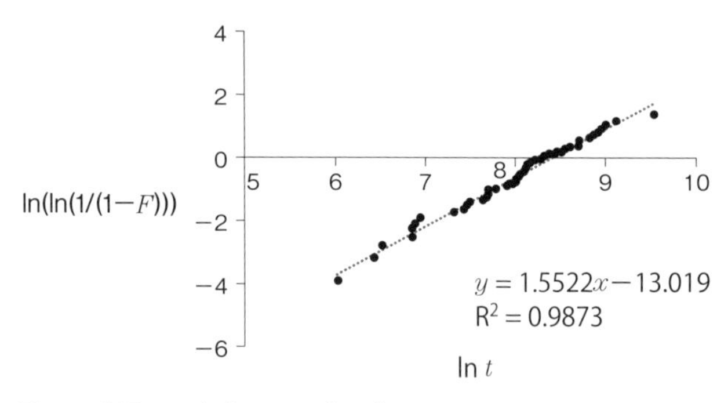


図7-8　製品Hの寿命のワイブルプロット
点線は回帰直線を表します。

### ㊐7-1

式7-3および図7-8に示す回帰直線の傾きとy切片から$\alpha$と$\beta$の値を求めなさい。

> **例題4**　例題3のデータにワイブルモデルを適用し、この製品の90%までが稼動できる寿命$T_{90}$を推定しなさい。

**解答4**

このデータの標本統計量は$\bar{x}$ = 3909、$s^2$ = 6.61 × $10^6$と計算され、VMR = 1690と非常に大きな値となります。**図7-9**に示すようにB列にデータを入力し、C列でその値が生成する確率を求めます。例えばセルB11のデータについては=WEIBULL.DIST(B11, $D$3, $D$4, FALSE)で求められます。ここがポイントです。ソルバーによる最適化では結果が初期値に大きく影響されるので、可能な限り最適値に近い初期値が望まれます。ここでは$\alpha$と$\beta$の初期値にワイブルプロットで得た値1.55と4390を入れてみます。ソルバーを使って最適なパラメーター値を推定すると、**図7-9**に示す結果となりました。得られた両パラメーター値はワイブルプロットによる値とはあまり変わりませんでした。

| | A | B | C | D |
|---|---|---|---|---|
| 1 | Weibull | | | |
| 2 | | | | |
| 3 | | | shape α | 1.59383 |
| 4 | | | scale β | 4371.07 |
| 5 | | | sum | 456.177 |
| 6 | | | AIC | 916.354 |
| 7 | | | | |
| 8 | | | Weibull | |
| 9 | | data | P | -ln P |
| 10 | 1 | 408.18 | 8.7E-05 | 9.3475 |
| 11 | 2 | 615.64 | 0.00011 | 9.1246 |
| 12 | 3 | 668.3 | 0.00011 | 9.082 |

図7-9　製品Hの寿命のワイブルモデルによる解析 Ex 7-3



ワイブルプロット法と最尤法による推定値をヒストグラムで比べると、**図7-10**になります。このデータではどちらの方法でもヒストグラムに差はほとんどありません。なお、このデータはRの関数rweibull()でshape = 1.5, scale = 4000として発生させた乱数です。

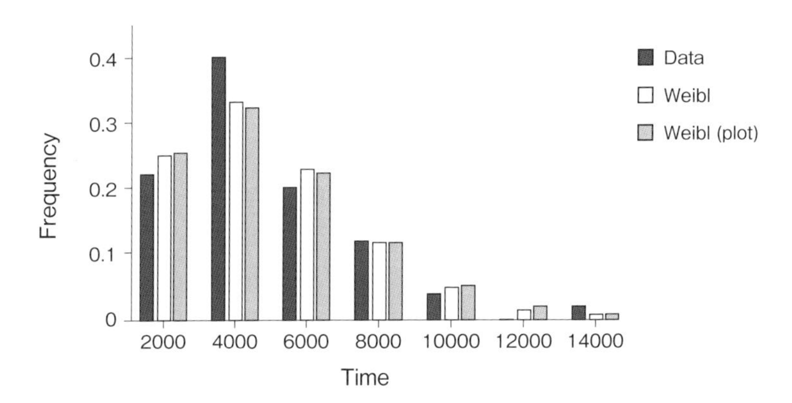


図7-10　製品Hの寿命のワイブルプロットとワイブルモデル（最尤法）による推定

次に、最尤法で推定したパラメーター値を使って累積分布関数$F(t)$を描くと、**図7-11**に示す曲線となります。この関数から製品の90%までが稼動できる寿命$T_{90}$は、数値計算（時間間隔10）で$T_{90}$=7380と求められました。

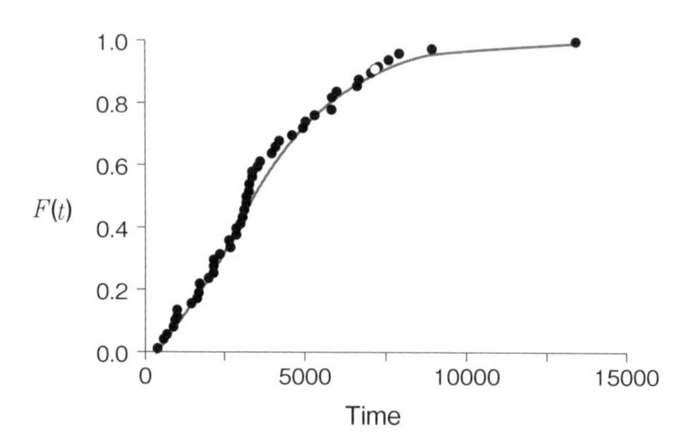


図7-11　製品Hの寿命のワイブル累積分布関数
黒丸はデータ、白丸は$T_{90}$を示します。曲線は累積分布関数を表します。

# 7.4 連続型統計モデルの選択

計量データも、計数データと同様に複数の統計モデルを適用し、その中で最適なモデルを選ぶことが重要です。

**例題5**　例題3のデータに正規モデルを適用し、ワイブルモデルと比較しなさい。

**解答5**

データが正規分布から生成したと仮定すると、**図7-12**に示すように、データ（B列）に対してそれが正規モデルで生成する確率密度をC列で計算します。このときのパラメーターである平均と標準偏差の初期値には、例題3のデータの標本平均と標本標準偏差を用います。ソルバーで最適値を選ぶと、パラメーターの推定値はそれぞれそのまま標本平均と標本標準偏差となりました（D列）。

得られたAICは931.1であり、**図7-9**で示したワイブルモデルでの値916.4よりも明らかに大きな値となり、このデータにはワイブルモデルのほうが適していることが分かります。なお、両モデルは共に連続型モデルであるため確率密度でAICを求めていますが、ともに確率密度を使っているので、比較には問題ありません。

| | A | B | C | D |
|---|---|---|---|---|
| 1 | **Norm** | | | |
| 2 | | | | |
| 3 | | | **avr** | **3909.03** |
| 4 | | | **sd** | **2571.68** |
| 5 | | | **sum** | **463.563** |
| 6 | | | **AIC** | **931.126** |
| 7 | | | | |
| 8 | | | **Norm** | |
| 9 | | **data** | **P** | **-ln P** |
| 10 | **1** | **408.176** | **6E-05** | **9.6978** |
| 11 | **2** | **615.645** | **7E-05** | **9.5913** |
| 12 | **3** | **668.303** | **7E-05** | **9.5653** |

図7-12　製品Hの寿命の正規モデルによる解析 Ex 7-4



両モデルによる解析結果をヒストグラムで比較すると、**図7-13**に示すようにワイブルモデルのほうが適していることが分かります。

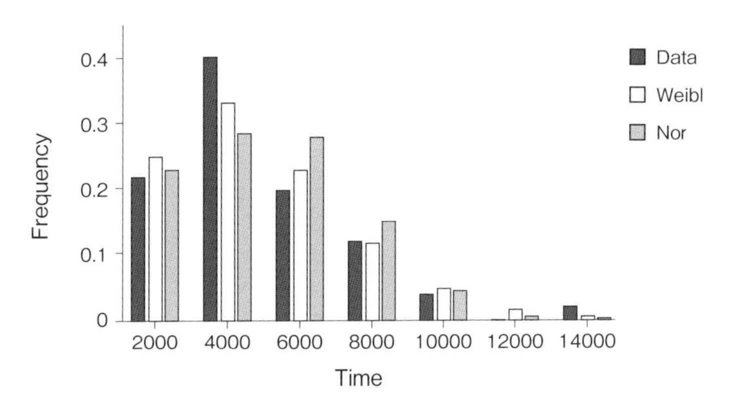


図7-13　製品Hの寿命の正規モデルおよびワイブルモデルによる推定

さらに両モデルを累積分布関数でも比較すると、**図7-14**に示すように、ワイブルモデルのほうが全体として適していることが分かります。

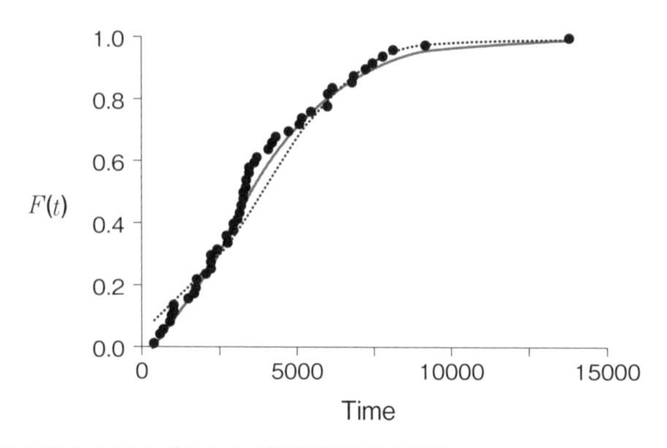


図7-14　製品Hの寿命のワイブルおよび正規累積分布関数
実線はワイブルモデル、点線は正規モデルを表します。黒丸はデータを示します。

# 7.5 確率分布からの乱数データ生成

これまでのいくつかの例題のデータは、特定の確率分布からランダムに発生させた数値を使ってきました。言い換えると、対象の確率分布からコンピューターを使って疑似的に乱数を生成させ、これをデータとして解析してきました。

乱数は互いに関連のない数列と考えられます。区間[0, 1]での乱数は、例えば{0.842, 0.6712, 0.3457, ･･･}のようになりますが、これは一様分布Uni(0, 1)から生成した乱数とも考えられます。このように、ある確率分布からランダムに作られる数値を本書では乱数と呼びます。

乱数データは人為的な操作をしていないため、統計モデルを適用する実験対象として適しています。ただし、解析の結果、特に乱数データサイズが小さい場合、必ずしも元の確率分布が最適な分布ではない可能性もあります。

次にコンピューターソフトウェアを使った乱数データの生成方法について解説します。ExcelおよびRでそれぞれ乱数の生成に関連した関数があります。Excel関数では=RAND()と=RANDBETWEEN(a, b)です。前者は区間[0, 1]で、後者は区間[a, b]での乱数を発生させます。ここで対象となる確率分布は一様分布と考えることができるので、=RAND()はUni(0, 1)に、=RANDBETWEEN(a, b)はUni(a, b)に対応します。他にもExcelではいくつかの確率分布から乱数を発生させる機能があります。つまり、タブ「データ」の「データ分析」、次に「乱数発生」を選ぶと、目的の確率分布からの乱数が得られます（**図7-15**）。

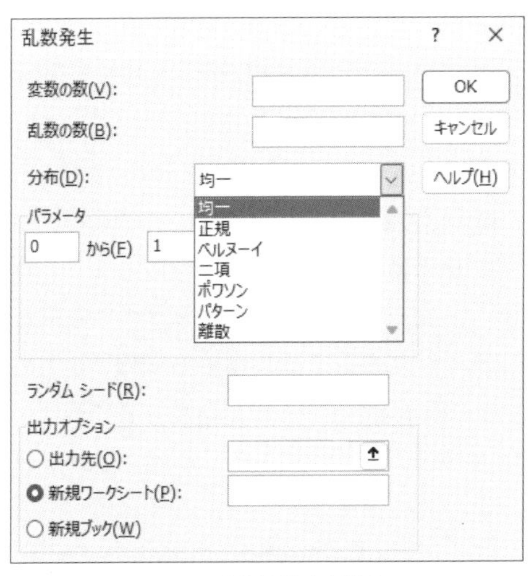


図7-15　Excelでの「乱数発生」機能



Rでも、各種の確率分布に対して乱数を発生させる関数があります。Rでrはrandomを、unifは一様分布uniformを意味するため、runif(100, 0, 2)は一様分布Uni(0, 2)から乱数を100個発生させる関数です。同様にrnorm(100, m=1, s=2)は正規分布N(1, $2^2$)から100個の乱数を発生させる関数です。それらをまとめると**表7-2**になります。ここで$N$は生成させる乱数の数を示します。

表7-2　主要な確率分布から乱数を生成するR関数

| 確率分布 | R関数 |
|---|---|
| 二項分布 | rbinom($N, n, p$) |
| ポアッソン分布 | rpois($N, \mu$) |
| 負の二項分布 | rnbinom($N$, size, $p, \mu$) |
| 正規分布 | rnorm($N, \mu, \sigma$) |
| ワイブル分布 | rweibull($N$, shape, scale) |
| 一様分布 | runif($N$, min, max) |
| 指数分布 | rexp($N$, rate) |

確率分布に従う乱数を発生させる方法に逆関数法があります。ある確率分布に従う確率変数の累積分布曲線は、累積確率0から単調に増加して最終的に最大値1に達します。連続型確率分布の確率密度でも累積分布曲線は同様です。この区間[0, 1]

でランダムにある数値を取り出し、その値についての累積分布関数$F(x)$の逆関数の値$x$を求める操作を行う方法が逆関数法です。逆関数とは元に戻す演算をする関数です。

逆関数法の考え方を正規分布を使って説明します（**図7-16**）。最初に一様分布[0, 1]からランダムに点Pの値を取り出し、次に点Pについて累積分布関数の逆関数を使って点Qの値を求めます。その結果、その確率分布に応じた$x$の値がランダムに得られます。一様分布[0, 1]からある値が選ばれる確率はどれも等しい一方で、確率密度関数$f(x)$で確率密度の高い$x$の領域bは累積分布関数$F(x)$で主要な部分を占めるため、確率密度の低い$x$の領域aおよびcよりも高頻度に選ばれます。この図では正規分布の確率密度曲線を描いていますが、その他の確率分布の場合も同様に考えられます。

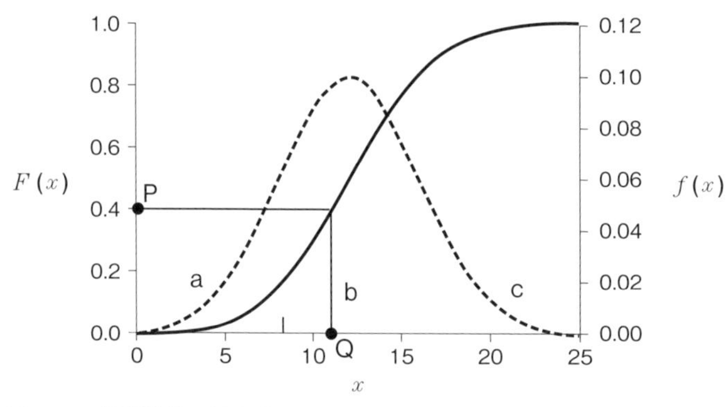


図7-16　逆関数法の概念図
実線は累積分布関数$F(x)$、破線は確率密度関数$f(x)$を示します。

逆関数法の例として、二項分布Bi(20, 0.7)からExcelを使って100個の乱数を生成してみます（**図7-17**）。最初にB列で関数=RAND()を使って区間[0, 1]で乱数を100個作ります。その乱数の値がBi(20, 0.7)の確率となるような値を関数=BINOM.INVを使って求めます（C列）。例えばセルC8ではセルB8の乱数を使って関数=BINOM.INV($C$4, $C$5, B8)で求められます。なお、試行数$n = 20$はセルC4、成功確率$p = 0.7$はセルC5に入力しておきます。こうして二項分布Bi(20, 0.7)から乱数がセルC8以下のセルに得られます。キーボードのF9キーを押すたびに新たな100個の乱数が得られます。

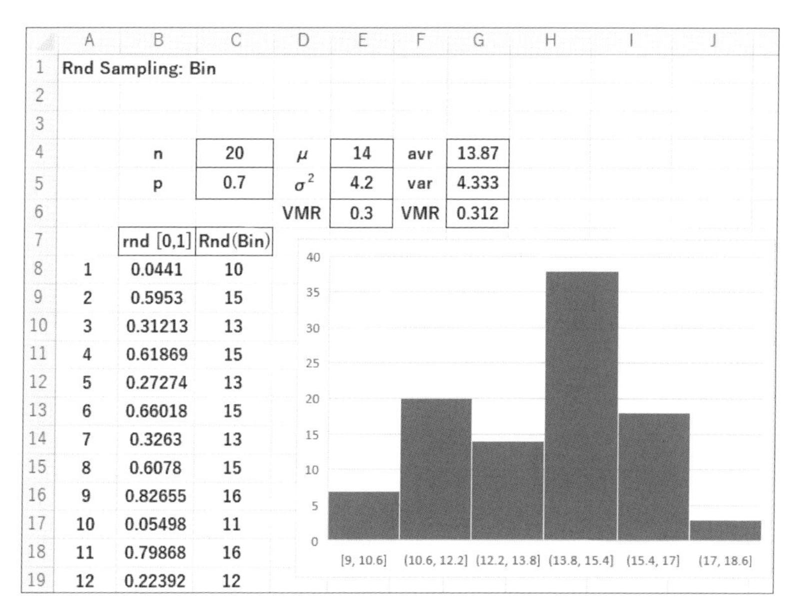


図7-17　Excelを使った二項分布からの乱数生成

このようにして生成した乱数の例を示すと、分布は**図7-17**右側のヒストグラムになります。発生した乱数データからは、G行に示すように標本平均avr = 13.87、標本分散var = 4.333、VMR = 0.312が得られました。一方、二項分布Bi(20, 0.7)は定義から$\mu = 14$、$\sigma^2 = 4.2$およびVMR = 0.3となり、標本統計量はこれらの値に近いことが分かります。

同様にして、正規分布からの乱数を生成することもできます。Excelでは=NORM.INVを使います。

**練習問題7-1**

正規分布Nor(7, 25)から100個の乱数をExcelを用いて発生させなさい。次に標本平均と標本分散を求め、元の正規分布の平均と分散の値と比べなさい。

# ㊐ 解答

**㊐7-1**

傾きからそのまま$\alpha$=1.55となり、y切片から13.0=1.55 × ln($\beta$)より
$\beta$=exp(13.0/1.55) ≒ 4390となります。

# 第8章 複数条件下のデータ解析 I

これまでは、ある単一条件下で得られたデータに統計モデルを適用して解析してきましたが、実際の実験や調査では多くの場合、複数の条件あるいはカテゴリーに分けて実施します。本章と次章では複数の条件またはカテゴリーで得られたデータについて統計モデルを使った解析方法を説明します。



## 8.1 用量反応関係

ある実験でその条件に量的変化を与えたとき、結果がどう変化するかを示す関係を用量反応関係Dose-Response relationshipといいます。この関係で条件は独立変数Independent variable（説明変数Explanatory variableともいう）で表され、得られた結果は従属変数Dependent variable（目的変数または応答変数Response variableともいう）で表されます。つまり、用量は独立変数、反応は従属変数に相当します。

用量反応関係は多くの実験、検査、調査で非常に重要です。例えば(1)ある医薬品を開発するとき、その中のある成分濃度と実際の薬効との関係、(2)ある機械部品の耐久性を調べるとき、その暴露条件と寿命の関係、(3)ある択一のアンケート調査での回答者の年収（あるいは年令）とその結果などが考えられます。用量反応関係が明らかになると、条件と結果の定量的関係が明らかとなり、新たな条件での結果を推測できます。

一方、単一条件下であっても着目する要因によっては独立変数と従属変数のペアが生じることがあります。例えば複数の親豚を同一条件で飼育して、生まれた子豚の数を調べるとき、親豚の体重を独立変数、生まれた子豚の数を従属変数とすれば、これも用量反応関係と考えられます。これらも含めてその解析方法を説明します。

# 8.2 回帰分析

用量反応関係のような独立変数と従属変数の量的関係を解析する手法を回帰分析といいます。従属変数$y$に対して独立変数$x$が単一の場合を単回帰分析、$x_1, x_2, x_3$のように複数ある場合を重回帰分析といいます。

データを回帰分析する際もそのデータが生成した確率分布を想定する必要があります。本書ではその確率分布に基づいた統計モデルを使って用量反応関係を明らかにする方法を解説します。

一方、データ解析で使われる回帰分析は通常、最小2乗法 the least squares method によって行われています。最小2乗法にはデータがいずれの条件においても「分散が一定の正規分布」から生成しているという前提が必要です。しかし、多くの場合、この前提を意識せずにこの手法を使っているのが現状です。

また、複数の条件下で得られたデータに対して各条件（グループ）による差と条件（グループ）内でのばらつきを確認する必要があります。例えば**図8-1A**に示すように、異なる条件下で得られたデータについて、同じ条件下のデータにバラつきが大きいと、条件を比較する意味がなくなります。それを確認する指標として決定係数$R^2$（$0 < R^2 < 1$）があります。決定係数が1に近いほど回帰分析による精度が高くなりますが、この例ではかなり低い値となりました。また、条件（グループ）内でのばらつきが小さくても、**図8-1B**に示すように用量反応関係がほとんど見られない場合、決定係数はかなり小さい値となります。

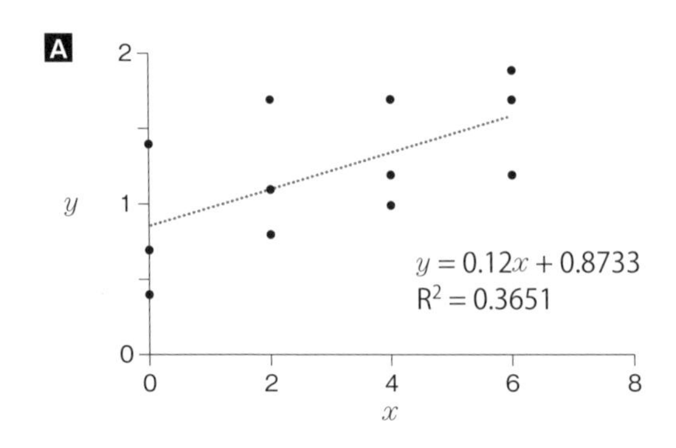

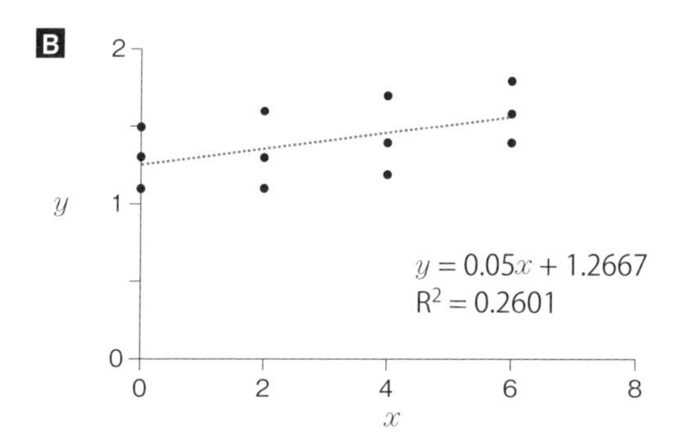


図8-1　回帰分析が不適切な例
点線は回帰直線を示します。

データ全体と各グループ（群）でのバラつきを厳密に統計学的に解析する手法として、分散分析ANOVAがあります。分散分析ではある特定のグループ間では比べられませんが、有意差が認められれば全体としてグループ内の変動がグループ間の変動より小さいと判断できます。ただし、分散分析を利用するには対象となるデータの分布が正規分布に従っている必要があります。



# 8.3 統計モデル

正規分布を基にした統計モデルを一般線形モデルGeneral linear modelといいます。したがって一般的な統計学の書籍に書かれている最小2乗法による回帰分析は一般線形モデルになります。一方、本書で前章まで説明してきたように、データはその特性に合った確率分布から生成されると考え、そのような確率分布を用いた統計モデルを一般化線形モデルGeneralized linear modelといいます。一般化線形モデルで正規分布はデータに適用する確率分布の1つです。また、一般化線形モデルは通常、最尤法で解きます。

一般化線形モデルはデータに適した確率分布を基に作られますが、用量反応関係ではさらに用量$x$（独立変数）を使って反応$y$（独立変数）を表す式が必要となります。この式を回帰式または予測線形子といいます。

単回帰分析において例えば従属変数$y$が正規分布に従い、かつ独立変数$x$の1次回帰式$y = ax + b$で表されると、仮定する統計モデルは次のように書くことができます。

$$y \sim \mathrm{N}\left(ax + b, \sigma^2\right) \tag{8-1}$$

ここで$a$と$b$は係数、$\sigma^2$は正規分布の分散です。ポイントは従属変数$y$が正規分布N($\mu, \sigma^2$)の平均パラメーター$\mu$に相当していることです。

さらに$y$を独立変数$x$の2次の回帰式で表す正規モデルは、次のように表されます。

$$y \sim \mathrm{N}\left(ax^2 + bx + c, \sigma^2\right) \tag{8-2}$$

ここで$a$、$b$、$c$は係数です。

$x$と$y$の関係を表す回帰式を$y = u(x)$と表すとき、1つの独立変数$x$に関して一般化して、次の$n$次式のように表すことができます。

$$u\left(x\right) = a_0 + a_1 x_1 + a_2 x^2 + \cdots + a_n x^n \tag{8-3}$$

対象データに対して、$n$はいくつが最適かは統計モデルにとって非常に重要です。その判断指標としてAICがあります。

一方、重回帰分析では、回帰式$y = u(x_i)$には複数の条件や要因を独立変数$x_i$として組み込むことができます。$m$個の変数$x$がある場合は、最も基本的な1次式として次の回帰式が考えられます。

$$u\left(x\right) = a_0 + a_1 x_1 + a_2 x_2 + \cdots + a_m x_m \tag{8-4}$$

さらに、式8-3と同様に$n$次式を適用することもできます。例えば$m = 2, n = 2$の場合は

$$u\left(x\right) = a_0 + a_1 x_1 + a_2 x_2 + a_3 x_1 x_2 + a_4 x_1^2 + a_5 x_2^2 \tag{8-5}$$

と表されます。ここには独立変数間の作用を示す$x_1 x_2$の項も入れられています。ただし、統計モデルとしてはできるだけ項の少ない単純な式がよく、AICがその大きな判断基準となります。

一方、統計モデルは数理モデルとは本質的に異なります。例えば、各種環境下で微生物Sが増殖できる確率を回帰分析するとき、その環境要因である温度と酸性度(pH)について式8-5のような多項式を作って解析することができます。しかし、温度と酸性度(pH)は次元Dimension(単位)が互いにまったく異なります。したがって、これらの要因を多項式の形にすることは科学的には正しくありません。しかし、統計モデルでは可能であり、各要因の影響を数量的に評価することができます。

以上説明したように、一般化線形モデルでの回帰モデルはある確率分布に回帰式$y=u(x)$を組み込んだモデルとなります。しかし、そのままこの回帰式を組み込むとエラーが生じて計算できない場合があります。その場合は確率分布と回帰式を結ぶリンク関数が必要となります。リンク関数については例題の中で説明していきます。

# 8.4 最小２乗法

目的変数$y$と説明変数$x$に関して$n$組のデータがあるとき、$y=u(x)$の関係を表す回帰式を最小2乗法を用いて解析しましょう。単純な例として$y$が$x$による次の1次式で表されるとします。ここで$a$と$b$はそれぞれ直線の傾きとy切片です。

8

$$y=ax+b \tag{8-6}$$

例えば**図8-2**に示すように$x=x_i$での測定値$y_i$とこの回帰直線上の値$ax_i+b$の間の差を$e_i$とすると、$e_i$は次の式で表されます。

$$e_i=y_i-\left(ax_i+b\right) \tag{8-7}$$

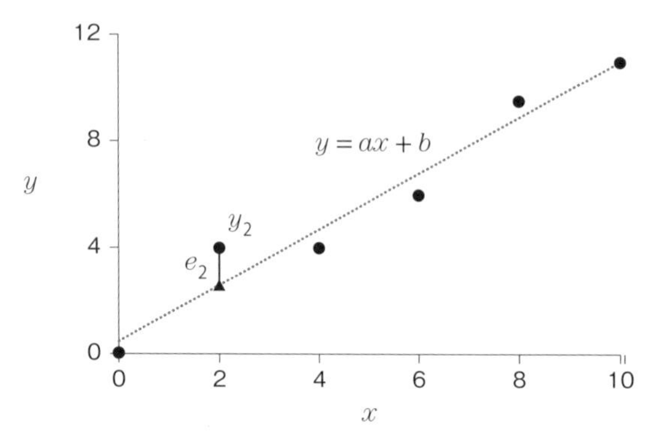


図8-2 測定値と回帰直線（概念図）
●は測定値、点線は回帰直線$y = ax + b$、▲は$x = 2$における回帰直線上の点を示します。ここでは$x = 2$での差$e_2$を例示します。

この差は正と負の両方の値をとる場合がありますが、その二乗は常に0以上の正の値ですから、その和$Q\,(\geq 0)$を式8-8のように求めます。

$$Q = \sum_{i=1}^{n} e_i^2 = \sum_{i=1}^{n} \left( y_i - \left( ax_i + b \right) \right)^2 \tag{8-8}$$

最小2乗法ではこの$Q$を最小にするような$a$と$b$の値を求め、回帰式を得ます。

一方、最小2乗法は分散が一定の正規分布N$(u(x), \sigma^2)$から生成したデータを仮定していますので、これを説明します。ある組のデータ$\{x_i, y_i\}$において、$y_i$がN$(ax_i + b, \sigma^2)$から生成したと考えると、それが生成する確率密度は正規分布の定義から

$$f\left(x_i, y_i\right) = \frac{1}{\sqrt{2\pi}\sigma} e^{\frac{-\left(y_i - \left(ax_i + b\right)\right)^2}{2\sigma^2}} \tag{8-9}$$

と表せます。

$n$組のデータがこの回帰モデルで生成する確率、つまり尤度$L(x, y)$は各生成確率の積ですから、次のように示されます。

$$L(x_i, y_i) = \prod_{i=1}^{n} \frac{1}{\sqrt{2\pi}\sigma} e^{\frac{-(y_i-(ax_i+b))^2}{2\sigma^2}} \tag{8-10}$$

この対数尤度をとると、指数部分は和として表せるので、式8-10は式8-11となります。

$$\ln(L(x_i, y_i)) = A\sum_{i=1}^{n} \frac{-(y_i-(ax_i+b))^2}{2\sigma^2} \tag{8-11}$$

ここで$A$は定数です。最尤法では式8-11を最小にする2つの係数の値を求めます。この式は分散$\sigma^2$が一定のとき上記の$Q$（式8-8）と同じ総和の式となり、式8-8と式8-11を最小にする$a$と$b$の値は等しいことが分かります。

## 8.5 正規分布に基づいた単回帰分析

単回帰分析で最小2乗法を理解するため、ソルバーを使った数値解析をします。本章では標準曲線Standard curve（あるいは検量線Calibration curve）に関する例題を用いて説明します。標準曲線とは対象物質をあらかじめ複数の既知濃度で測定し、その値をその濃度でプロットした曲線です。対象物質が未知の濃度の試料を測定し、その結果から標準曲線を用いてその濃度を推定できます。

**例題1**　物質Aの標準曲線を作るため、各濃度Doseで3回ずつ機器分析し、次の表に示す結果Responseを得ました。このデータを①最小2乗法、②正規モデル（分散一定）に基づいた回帰分析、③正規モデル（分散変動）に基づいた回帰分析で解析し、それぞれ標準曲線を求めなさい。次に、機器分析の結果が1.5となった試料の物質Aの濃度をこの3つの手法を使って推定しなさい。

| Dose | Response-1 | Response-2 | Response-3 |
|---|---|---|---|
| 0 | 0.05 | 0.06 | 0.02 |
| 2 | 0.51 | 0.41 | 0.62 |
| 4 | 0.97 | 1.1 | 1.3 |
| 6 | 1.9 | 1.4 | 1.7 |

**解答1**

Excelを使ってデータを作図すると、**図8-3**に示すように用量と反応の間に直線性が見られました。そこで「近似曲線の追加」、さらに「線形近似」を選ぶと、図に示す回帰直線とその式、さらに決定係数$R^2$の値が表示されます。回帰直線の傾き$a$は正の値0.274を示し、y切片$b$は0.0147となりました。

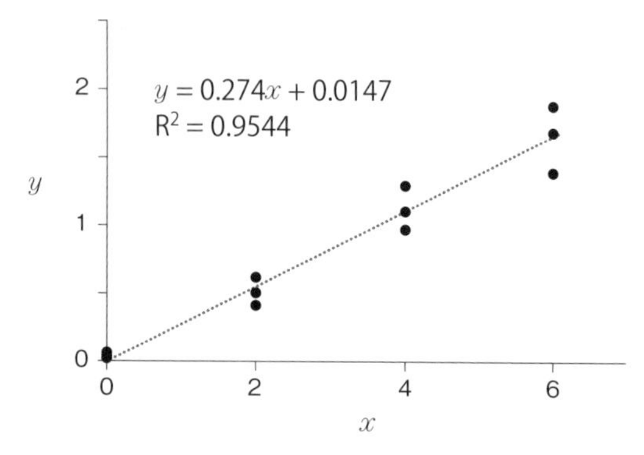


図8-3　Excelの「線形近似」機能を使った物質Aの標準曲線

このデータをRの線形回帰分析機能を使って解析するには、次のようなコードを作ります。

コード8-1　単回帰分析のためのRコード

```
1   #Reg-1
2   a.data<-read.csv("E:/R statistics/DR A.csv")
3   D<-a.data$x;R<-a.data$y
4   a.reg<-lm(R~D,data = a.data)
5   summary(a.req)
```

2行目：データファイル"DR A"を呼び出します。DR A

3行目：データファイルからdose、つまりDとresponse、つまりRを取り出します。

4行目：関数lm()を使って線形回帰分析を行います。

5行目：関数summary()を使って結果を表示させます。

回帰分析の結果を**図8-4**に示します。図下部のDが傾き$a$、(Intercept)が$b$の値となり、上記のExcelでの値と一致します。Pr(> |t|)は係数の値の信頼性を示し、0.05以下であれば信頼性が高いと考えられていますが、濃度Dの値は非常に信頼性が高いことが分かります。

```
Call:
lm(formula = R ~ D, data = a.data)

Residuals:
     Min       1Q   Median       3Q      Max
-0.25867 -0.07467  0.02033  0.04833  0.24133

Coefficients:
            Estimate Std. Error t value Pr(>|t|)
(Intercept)  0.01467    0.07088   0.207     0.84
D            0.27400    0.01894  14.464 4.96e-08 ***
---
Signif. codes:  0 '***' 0.001 '**' 0.01 '*' 0.05 '.' 0.1 ' ' 1

Residual standard error: 0.1467 on 10 degrees of freedom
Multiple R-squared:  0.9544,    Adjusted R-squared:  0.9498
F-statistic: 209.2 on 1 and 10 DF,  p-value: 4.956e-08
```

図8-4　Rによる線形単回帰分析の結果



**最小2乗法**：データを実際に最小2乗法の原理（式8-8）に従い、回帰直線の係数$a$と$b$の値をソルバーを使った数値解析で確認してみましょう。すなわち、**図8-5**に示すように、各データについて測定値と回帰式による推定値との差の二乗Dif^2を求めます。例えば最初のデータ（セルC7）ではDif^2=(($C$3*B7+$D$3)-C7)^2と計算されます。回帰直線の$a$と$b$には、初期値としては上記のExcelあるいはRによる推定値を参考にして、例えば0.27と0を入力します。すべてのデータでDif^2を計算し、その総和sumをセルD4で求めます。次にソルバーでsumを最小にする$a$と$b$の最適値を推定します。このとき、制約条件としては$a \geq 0$を指定します。数値解析の結果、**図8-5**に示すように$a$と$b$について上記のExcelおよびRとまったく同じ値が得られました。

| | A | B | C | D |
|---|---|---|---|---|
| 1 | | 最小二乗法 | | |
| 2 | | | a | b |
| 3 | | | 0.274 | 0.0147 |
| 4 | | | sum | 0.2153 |
| 5 | | | | |
| 6 | | x | y | Dif^2 |
| 7 | | 0 | 0.05 | 0.0012 |
| 8 | | 0 | 0.06 | 0.0021 |
| 9 | | 0 | 0.02 | 3E-05 |

図8-5　最小2乗法による単回帰直線の推定 Ex 8-1

**正規モデル（分散一定）に基づいた回帰分析**：反応の値$y$が分散一定の正規回帰モデル$y$~N($ax+b, \sigma^2$)から生成したと仮定します。ここではモデルIと呼びましょう。本モデルは一般化線形モデルですから最尤法で解きます。つまり、用量$x$と$a$、$b$の値から$y=ax+b$を計算し、これを正規分布の平均$\mu$に当てはめます。ここがポイントです。次に、この平均と標準偏差$\sigma$からデータが生成する確率（密度）$P$を求めます。**図8-6**に示すように、例えば最初のデータ（セルC7）では=NORM.DIST(C7, $C$3*B7+$D$3, $C$4,FALSE)と表されます。ここで$a$と$b$の初期値には最小2乗法と同じ値を、$\sigma$には仮に0.1を入力してみます。次に生成確率（密度）$P$の対数値をとり、データ全体での総和を求めます。最後にソルバーで総和が最小となる$a$と$b$および$\sigma$の最適値を求めます。制約条件は$a \geq 0$、$\sigma \geq 0$です。解析の結果、**図8-6**に示すように、$a$と$b$の最適値は上記の最小2乗法で得た値とまったく一致しました。なお、対数尤度およびAICが負の値となりましたが、問題ありません。

| | A | B | C | D | E | F |
|---|---|---|---|---|---|---|
| 1 | 単回帰分析 | | $y$~$N(ax+b, \sigma^2)$ | | | |
| 2 | | Norm | a | b | | |
| 3 | | μ | 0.274 | 0.0147 | sum | -7.096 |
| 4 | | σ | 0.13395 | | AIC | -8.193 |
| 5 | | | | | | |
| 6 | | x | y | P | -ln P | |
| 7 | | 0 | 0.05 | 2.8765 | -1.057 | |
| 8 | | 0 | 0.06 | 2.8125 | -1.034 | |
| 9 | | 0 | 0.02 | 2.976 | -1.091 | |

図8-6　正規回帰モデルIによる解析結果 Ex 8-2

㊫**8-1**　図8-6において正規回帰モデルIのAICを対数尤度から計算しなさい。

**正規モデル（分散変動）に基づいた回帰分析**：この例題では物質Aの濃度（用量）が高いほど測定値（反応）が大きくなりましたが、すべての用量で反応の数値の分散が一定であるのは不自然であると考えられます。反応の値が増大すると、その分散も増大すると考えるのは自然ではないでしょうか。そこで標準偏差$\sigma$は濃度$x$の1次式$cx+d$で表されると仮定します。すなわち、データは正規モデル$y$~N($ax+b$, ($cx+d$)$^2$)から生成されたと考えます。これをモデルIIと呼びましょう。このモデルでは**図8-7**に示すように、最初のデータ（セルC8）の生成確率（密度）$P$は＝NORM.DIST(C8, $D$3*B8+$E$3, $D$5*B8+$E$5, FALSE)と表されます。$a$と$b$の初期値には上記と同じ値を、$c$と$d$の初期値には例えば共に0.01を入力します。制約条件は$a\geq 0$と$c\geq 0$です。次にモデルIと同様な手順でソルバーを使って4つのパラメーターの最適値を求めます。

その結果、**図8-7**に示すように分散を一定とした正規モデルIと比べるとAICがかなり小さく、データに非常に適していることが分かります。

| | A | B | C | D | E | F | G |
|---|---|---|---|---|---|---|---|
| 1 | 単回帰分析 | | $y$~$N(ax+b, (cx+d)^2)$ | | | | |
| 2 | | | Norm | a | b | | |
| 3 | | | μ | 0.2607 | 0.0421 | sum | -12.516 |
| 4 | | | | c | d | AIC | -17.033 |
| 5 | | | σ | 0.0347 | 0.0173 | | |
| 6 | | | | | | | |
| 7 | | x | y | P | -ln P | | |
| 8 | | 0 | 0.05 | 20.758 | -3.033 | | |
| 9 | | 0 | 0.06 | 13.543 | -2.606 | | |
| 10 | | 0 | 0.02 | 10.179 | -2.32 | | |

図8-7　正規回帰モデルIIによる解析結果 Ex 8-3

この2つのモデルによる標準曲線（回帰直線）を描くと**図8-8**となり、若干の差が認められました。

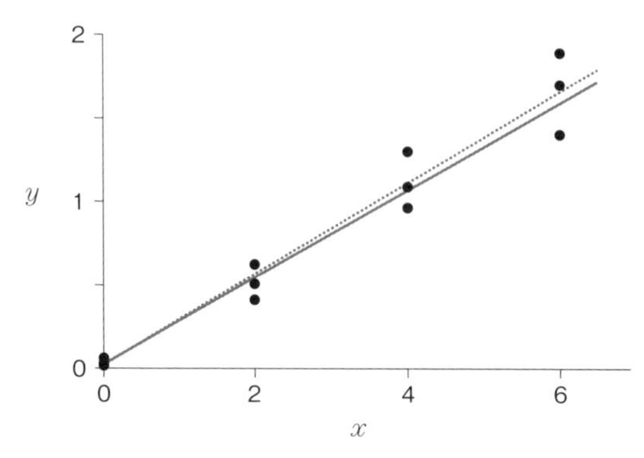


図8-8　正規回帰モデルによる物質Aの標準曲線
点線はモデルI、実線はモデルIIによる標準曲線を示します。

以上をまとめると、最小2乗法およびモデルI（分散一定）による標準曲線は$y = 0.274x + 0.0147$、モデルII（分散変動）による標準曲線は$y = 0.261x + 0.0421$が得られました。これら2式を使うと$y = 1.5$のときの$x$の値は前者では5.4、後者では5.6と推定されました。

興味深い点は、Excelの「近似曲線」機能（**図8-3**）およびRの線形回帰分析機能を使った解析結果（**図8-4**）は、最小2乗法（**図8-5**）およびモデルI（**図8-6**）による結果と一致したことです。これらの統計ソフトウェアでは、最小2乗法あるいは分散一定の正規分布を基に回帰分析を行っていることが類推できます。

**㊐8-2**　上記の2つの標準曲線を使って、$y = 1.5$のときの$x$の値を実際に求めなさい。

用量に対して反応が大きく増大する場合は、回帰式を2次式にするとよくフィットすることがあります。

**例題2**　物質Bの標準曲線を作るため、各濃度（$x$）Doseで3回ずつ機器分析し、次の表に示す結果（$y$）Responseを得ました。このデータを、①最小2乗法、②正規モデル（分散一定）に基づいた回帰分析、③正規モデル（分散変動）に基づいた回帰分析で解析し、それぞれ標準曲線を求めなさい。次に、機器分析の結果が1.5となった試料の物質Bの濃度を推定しなさい。

| Dose | Response-1 | Response-2 | Response-3 |
|---|---|---|---|
| 0 | 0.051 | 0.049 | 0.046 |
| 2 | 0.64 | 0.77 | 0.62 |
| 4 | 2.1 | 2.3 | 1.9 |
| 8 | 6.0 | 5.8 | 5.2 |

**解答2**

Excelを使ってデータをグラフに表した後、「近似曲線の追加」で「多項式近似（2次）」を選択して解析した結果を**図8-9**に示します。2次の回帰式と高い値の決定係数が得られました。

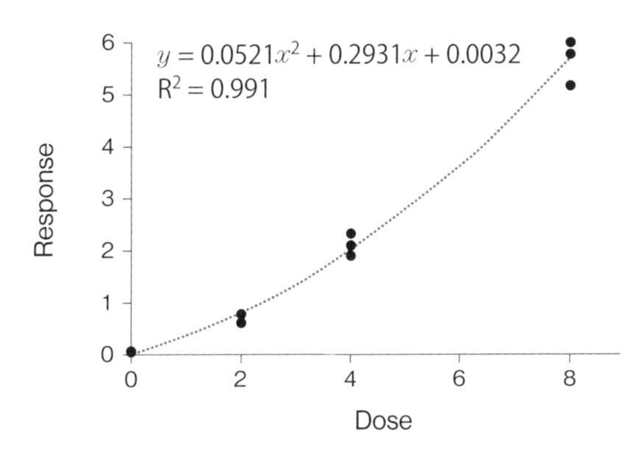


図8-9　Excelの「多項式近似（2次）」機能を使った物質Bの標準曲線

Rではコード8-1の4行目をa.reg<-lm(R~I(D^2)+D, data = a.data)に変更してDの2次式にすると、Excelと同じ結果が得られます。

**最小2乗法**：例題1と同様に行います。2次の回帰式$y = ax^2 + bx + c$に対して、推定値と測定値の差の二乗和が最小になる係数の値を求めます。ソルバーによって**図8-10**に示す最適値が得られ、この値は**図8-9**に示した値とすべて一致しました。なお、制約条件は$a > 0$です。

| | A | B | C | D | E |
|---|---|---|---|---|---|
| 1 | 最小2乗法 | | 2次回帰式 | | |
| 2 | Parameter | | a | b | c |
| 3 | | | 0.05209 | 0.2931 | 0.00323 |
| 4 | | sum | 0.51564 | | |
| 5 | | | | | |
| 6 | | Dose | Response | Dif^2 | |
| 7 | | 0 | 0.051 | 0.0023 | |
| 8 | | 0 | 0.049 | 0.0021 | |
| 9 | | 0 | 0.046 | 0.0018 | |

図8-10　最小2乗法による解析結果

**正規モデル（分散一定）**：正規回帰モデルとして$y$~N($ax^2+bx+c, \sigma^2$)を考え（分散一定）、これをモデルIIIとします。ソルバーで最適値を求めると、**図8-11**に示すように、3つの係数の値は最小2乗法による値（**図8-10**）とすべて一致しました。なお、制約条件は$a>0$です。

| | A | B | C | D | E | F | G |
|---|---|---|---|---|---|---|---|
| 1 | | $y$~N($ax^2+bx+c$, $\sigma^2$) | | | | | |
| 2 | | | a | b | c | | |
| 3 | | $\mu$ | 0.05209 | 0.29313 | 0.0032 | sum | -1.856 |
| 4 | | $\sigma$ | 0.20729 | | | AIC | 4.2876 |
| 5 | | | | | | | |
| 6 | | x | y | P | -ln P | | |
| 7 | | 0 | 0.051 | 1.87411 | -0.6281 | | |
| 8 | | 0 | 0.049 | 1.87819 | -0.6303 | | |
| 9 | | 0 | 0.046 | 1.88401 | -0.6334 | | |

図8-11　正規回帰モデルIIIによる解析結果

**正規モデル（分散変動）**：例題1と同様に反応の値が大きくなるにつれて、分散も大きくなると仮定し、標準偏差を1次式にした正規回帰モデル$y$~N($ax^2+bx+c, (dx+e)^2$)をモデルIVとして考えます。

**図8-12**に示すように解析を行います。本モデルでは新たに分散について考慮する必要があるため、データから各用量$x$での反応$y$の標準偏差を計算し、その傾きと切片を求めるとそれぞれ0.043と－0.007になりました。そこで、$d$と$e$の初期値には例えば0.04と0を入れます。ただし、$e$の初期値にはいろいろな値を入れて試行

錯誤を行う必要があります。その他の係数にはモデルIIIと同じ初期値を入れます。制約条件は$a>0$と$d>0$です。

| | A | B | C | D | E | F | G | H |
|---|---|---|---|---|---|---|---|---|
| 1 | 単回帰分析 | | | $y \sim N(ax^2+bx+c, (dx+e)^2)$ | | | | |
| 2 | | | | a | b | c | | |
| 3 | | | $\mu$ | 0.0621 | 0.22 | 0.049 | sum | -15.91 |
| 4 | | | | d | e | | AIC | -23.83 |
| 5 | | | $\sigma$ | 0.05 | 0.0021 | | | |
| 6 | | | | | | | | |
| 7 | | x | y | P | -ln P | | | |
| 8 | | 0 | 0.051 | 101.36 | -4.619 | | | |
| 9 | | 0 | 0.049 | 191.59 | -5.255 | | | |
| 10 | | 0 | 0.046 | 84.091 | -4.432 | | | |

図8-12　正規回帰モデルIVによる解析結果 Ex 8-4

ソルバーによる解析の結果、各係数の最適値が得られました（**図8-12**）。モデルIVはモデルIIIに比べてAICの値がかなり小さく、データに非常に適していることが分かりました。

次に、$y=1.5$となった試料の物質Bの濃度$x$の推定は、2次方程式を解いてもよいのですが、厳密な解は必要ないので、ここでは簡単に数値解析で求めます。つまり、濃度$x$の数列に対して$y=1.5$に最も近くなる$x$を求めます。その結果、**表8-1**に示すように、モデルIIIおよび最小2乗法による推定値は3.24、モデルIVでは3.38となりました。ここで$x$の刻み幅は0.01としました。

表8-1　試料の物質Bの濃度推定

枠で囲った数値は1.5に最も近い$y$とそれに対応する$x$を示します。

| Model III | | Model IV | |
|---|---|---|---|
| $x$ | $y$ | $x$ | $y$ |
| 3.20 | 1.4746 | 3.30 | 1.4510 |
| 3.21 | 1.4809 | 3.31 | 1.4573 |
| 3.22 | 1.4872 | 3.32 | 1.4636 |
| 3.23 | 1.4934 | 3.33 | 1.4700 |
| 3.24 | 1.4997 | 3.34 | 1.4763 |
| 3.25 | 1.5061 | 3.35 | 1.4827 |
| 3.26 | 1.5124 | 3.36 | 1.4890 |
| 3.27 | 1.5187 | 3.37 | 1.4954 |
| 3.28 | 1.5251 | 3.38 | 1.5018 |
| 3.29 | 1.5314 | 3.39 | 1.5082 |
| 3.30 | 1.5378 | 3.40 | 1.5146 |

**練習問題8-1**

例題1のデータに2次式を用いた正規回帰モデルN($ax^2 + bx + c$, $\sigma^2$)を適用して解析しなさい。そのAICを正規回帰モデルI、つまり$y$~N($ax + b$, $\sigma^2$)と比較し、どちらが適しているか判定しなさい。

# 8.6 正規モデルによる重回帰分析

独立変数が2つ以上ある場合は重回帰分析となりますが、最小2乗法による重回帰分析と正規モデルによる解析を単回帰分析と同様に調べてみましょう。

**例題3**　肥料AとBを濃度$x_1$と$x_2$でそれぞれ植物Sに与え、その収穫量$y$を調べました。同一条件で3回実験を行い、その結果を次の表に示します(単位は省略)。このデータを、①最小2乗法、②正規モデル(分散一定)に基づいた回帰分析で解析し、回帰直線をそれぞれ求めなさい。それらの回帰直線を使って、濃度$x_1$と$x_2$がそれぞれ4と5.5のときの収穫量$y$を推定しなさい。

| $y$ | $x_1$ | $x_2$ |
|---|---|---|
| 5.3 | 3.5 | 2.0 |
| 6.1 | 3.5 | 2.0 |
| 5.8 | 3.5 | 2.0 |
| 8.9 | 4.0 | 5.5 |
| 8.6 | 4.0 | 5.5 |
| 9.3 | 4.0 | 5.5 |
| 11.2 | 5.0 | 3.5 |
| 10.5 | 5.0 | 3.5 |
| 10.9 | 5.0 | 3.5 |
| 12.1 | 6.5 | 3.0 |
| 13.6 | 6.5 | 3.0 |
| 12.7 | 6.5 | 3.0 |
| 16.2 | 7.4 | 5.0 |
| 17.5 | 7.4 | 5.0 |
| 17.7 | 7.4 | 5.0 |



解答3

最初に単純な1次回帰式 $y = ax_1 + bx_2 + c$ を使って解析します。

**最小2乗法**：Excelを用いて解析すると、タブ「データ」から「データ分析」、次に「回帰分析」を選びます。次に、「入力Y範囲」、「入力X範囲」などを指定すると、**表8-2**のような結果が得られます。この表から $a = 2.34, b = 0.681, c = -3.85$ が得られます。

表8-2　Excelによる重回帰分析の結果（一部）

| | **係数** | **標準誤差** | $t$ | **P-値** |
|---|---|---|---|---|
| 切片 | −3.851 | 0.7791 | −4.942 | 0.0003408 |
| X値1 | 2.3399 | 0.1302 | 17.976 | 4.828E-10 |
| X値2 | 0.6814 | 0.1489 | 4.575 | 0.000638 |

このデータをRの線形回帰分析関数lmを使って解析するには、コード8-2で示すコードを作ります。まずデータファイル"DRAB"を作り、それを呼び出して（2行目）、単回帰分析と同様に関数lm()を使って回帰分析を行います。この例題では独立変数

が2つあるので、和の形で記述します(4行目)。

コード8-2　Rの重回帰分析コード

```
1    "Multi reg"
2    ad.data<-read.csv("E:/R statistics/DR AB.csv")
3    u<-ab.data$y;x1<-ab.data$x1;x2<-ab.data$x2
4    ab.reg<-ln(y~x1+x2,data = ad.data)
5    summary(ab.reg)
```

解析によって**図8-13**に示す結果が得られます。図下部のx1とx2が$a$および$b$の値を、(Intercept)がcの値を示し、**表8-2**のExcelによる値とすべて一致しました。

```
Call:
lm(formula = y ~ x1 + x2, data = ab.data)

Residuals:
     Min       1Q   Median       3Q      Max
-1.30285 -0.52925  0.09821  0.51331  0.96626

Coefficients:
            Estimate Std. Error t value Pr(>|t|)
(Intercept)  -3.8506     0.7791  -4.942 0.000341 ***
x1            2.3399     0.1302  17.976 4.83e-10 ***
x2            0.6814     0.1489   4.575 0.000638 ***
---
Signif. codes:  0 '***' 0.001 '**' 0.01 '*' 0.05 '.' 0.1 ' ' 1

Residual standard error: 0.713 on 12 degrees of freedom
Multiple R-squared:  0.9725,    Adjusted R-squared:  0.9679
F-statistic: 212.1 on 2 and 12 DF,  p-value: 4.33e-10
```

図8-13　Rによる重回帰分析の結果

このデータを最小2乗法による数値解析を行うと、ソルバーによる最適値は**図8-14**に示すように上記のExcelおよびRで得た値とすべて一致しました。

| | A | B | C | D | E | F | G |
|---|---|---|---|---|---|---|---|
| 1 | 重回帰分析 | | | y=ax1+bx2+c | | | |
| 2 | | 最小二乗法 | a | b | c | | sum |
| 3 | | | 2.3399 | 0.68142 | -3.8506 | | 6.101 |
| 4 | | | | | | | |
| 5 | | y | x1 | x2 | Dif^2 | | |
| 6 | | 5.3 | 3.5 | 2 | 0.16144 | | |
| 7 | | 6.1 | 3.5 | 2 | 0.15857 | | |
| 8 | | 5.8 | 3.5 | 2 | 0.00964 | | |
| 9 | | 8.9 | 4 | 5.5 | 0.12724 | | |

図8-14　最小2乗法による重回帰分析の結果

**正規モデル（分散一定）**：データは正規回帰モデル$y$~N($ax_1+bx_2+c, \sigma^2$)から生成したと考えます。ここではモデルVと呼びます。**図8-15**に示すように各データが生成する確率$P$は例えば最初のデータ（6行目）では=NORM.DIST(B6, $C$3*C6+$D$3*D6+$E$3, $F$3, FALSE)となります。3行目の各パラメーター初期値には上記のExcelまたはRで得られた値を入れ、$\sigma$の初期値には例えば1を入力します。ソルバーでの制約条件は$\sigma$>0です。最適化の結果、**図8-15**に示す係数および$\sigma$の値が得られます。3つの係数の値はすべて最小2乗法による値と一致しました。

以上の結果からも、最小2乗法による重回帰分析は、分散が一定の正規モデルによる解析と同一であることが数値解析でも分かります。

| | A | B | C | D | E | F | G | H |
|---|---|---|---|---|---|---|---|---|
| 1 | 重回帰分析 | | y~N(ax1+bx2+c, σ2) | | | | | |
| 2 | | | a | b | c | σ | | sum |
| 3 | | Norm | 2.34 | 0.6814 | -3.851 | 0.6378 | | 14.54 |
| 4 | | | | | | | | AIC |
| 5 | | y | x1 | x2 | P | -ln P | | 37.07 |
| 6 | | 5.3 | 3.5 | 2 | 0.5129 | 0.6676 | | |
| 7 | | 6.1 | 3.5 | 2 | 0.5148 | 0.6641 | | |
| 8 | | 5.8 | 3.5 | 2 | 0.6182 | 0.481 | | |

図8-15　正規回帰モデルVによる解析結果 Ex 8-5

モデルVおよびその他の方法でも同じ回帰式が得られましたが、濃度$x_1$と$x_2$がそれぞれ4と5.5のときの収穫量$y$を推定すると、9.2となります。なお、この濃度は解析に用いたデータの1つです。データでも8.9, 8.6, 9.3となり、データに近い値が得られました。

ここでは正規分布の分散を一定と仮定しましたが、収穫量のばらつき、つまり分散は肥料AとBの濃度の影響を受けて変化するかもしれません。それを1次式でモデル化すると、$y$~N($ax_1+bx_2+c$, $(dx_1+ex_2+f)^2$)というモデルが考えられます。ここではモデルVIと呼びます。このモデルをモデルに適用すると**図8-16**に示すようになります。係数$a, b, c$の初期値は最小2乗法で得た値を入れ、係数$d, e, f$の初期値は$y$の測定値から標本標準偏差を計算し、その結果から例えば0.1, 0.1, 0とします。制約条件は$a, b, d, e$がすべて正の値とします。最適化の結果、図に示すようにAICはモデルVに比べてわずかに大きいため、このデータにはモデルVのほうが適していると分かりました。

本モデルで濃度$x_1$と$x_2$がそれぞれ4と5.5のときの収穫量$y$は9.0と推定されました。

| | A | B | C | D | E | F | G |
|---|---|---|---|---|---|---|---|
| 1 | 重回帰分析 | | y~N(ax$_1$+bx$_2$+c,(dx$_1$+ex$_2$+f)$^2$) | | | | |
| 2 | | | a | b | c | | sum |
| 3 | | y | 2.403 | 0.5932 | -3.834 | | 12.77 |
| 4 | | | d | e | f | | AIC |
| 5 | | σ | 0.172 | 0 | -0.289 | | 37.54 |
| 6 | | | | | | | |
| 7 | | y | x$_1$ | x$_2$ | P | -ln P | |
| 8 | | 5.3 | 3.5 | 2 | 0.4275 | 0.85 | |
| 9 | | 6.1 | 3.5 | 2 | 0.7143 | 0.336 | |

図8-16　正規回帰モデルVIによる解析結果

一方、肥料AとBの相乗効果、つまり交互作用も結果に影響を与える要因として考えられます。そこで回帰式に項$x_1x_2$を加え、$y=ax_1+bx_2+cx_1x_2+d$に換えて解析しましょう。

**最小2乗法**：ソルバーを使って最適解を求めると、**図8-17**に示すように4つの係数の値が求められます。

| | A | B | C | D | E | F |
|---|---|---|---|---|---|---|
| 1 | **重回帰分析　最小二乗法** | | | | | |
| 2 | | | $y=ax_1+bx_2+cx_1x_2+d$ | | | |
| 3 | | a | b | c | d | sum |
| 4 | | 1.804 | 0.094 | 0.1305 | -1.477 | 5.274 |
| 5 | | | | | | |
| 6 | | y | $x_1$ | $x_2$ | Dif^2 | |
| 7 | | 5.3 | 3.5 | 2 | 0.407 | |
| 8 | | 6.1 | 3.5 | 2 | 0.026 | |

図8-17　相乗効果を加えた最小2乗法による解析結果

Rではコード8-2の4行目をab.reg<-lm(y~x1+x2+x1*x2, data = ab.data)と変えることによって解析できます。解析の結果は**図8-18**のように示されます。最適な4つの係数の値は**図8-17**の最小2乗法による値とすべて一致しました。

```
Call:
lm(formula = y ~ x1 + x2 + x1 * x2, data = ab.data)

Residuals:
    Min      1Q  Median      3Q     Max 
-0.9748 -0.4513  0.1619  0.4349  1.0446 

Coefficients:
            Estimate Std. Error t value Pr(>|t|)   
(Intercept) -1.47700    1.95941  -0.754  0.46680   
x1           1.80369    0.42740   4.220  0.00144 **
x2           0.09436    0.46985   0.201  0.84450   
x1:x2        0.13050    0.09937   1.313  0.21583   
---
Signif. codes:  0 '***' 0.001 '**' 0.01 '*' 0.05 '.' 0.1 ' ' 1

Residual standard error: 0.6924 on 11 degrees of freedom
Multiple R-squared:  0.9762,	Adjusted R-squared:  0.9697 
F-statistic: 150.5 on 3 and 11 DF,  p-value: 3.274e-09
```

図8-18　相乗効果を加えたRによる重回帰分析の結果

以上の結果から、相乗効果を加えた場合、濃度$x_1$と$x_2$がそれぞれ4と5.5のときの収穫量$y$を推定すると、9.1となります。

**正規回帰モデル**：分散を一定とした正規回帰モデル$y$~N$(ax_1 + bx_2 + cx_1x_2 + d, \sigma^2)$が考えられ、これをモデルVIIと呼びましょう。このモデルをデータに適用すると、**図8-19**に示す結果が得られました。モデルVIIをモデルV、つまり$y$~N$(ax_1 + bx2 + c, \sigma^2)$

(**図8-15**) と比較するとAICの値が非常に小さいので、モデルVIIはかなりこのデータに適合していることが分かります。

ただし、ここで得られた係数の最適値は最小2乗法およびRで得られた値とすべて異なりました。Rによる回帰分析のアルゴリズムは最小2乗法と一致する一方、$x_1x_2$という項が入ることによって、正規分布に基づいた統計モデルによるものとは異なることが推察されます。

濃度$x_1$と$x_2$がそれぞれ4と5.5のときの収穫量$y$を推定すると、モデルVIIでは8.9と推定されました。

| | A | B | C | D | E | F | G | H |
|---|---|---|---|---|---|---|---|---|
| 1 | 重回帰分析 | | | $y\sim N(ax_1+bx_2+cx_1x_2+d, \sigma^2)$ | | | | |
| 2 | | | | | | | | |
| 3 | | | a | b | c | d | σ | sum |
| 4 | | | 2.397 | 0.6202 | -0.011 | -3.819 | 0.309 | 1.469 |
| 5 | | | | | | | | AIC |
| 6 | | y | $x_1$ | $x_2$ | P | -ln P | | 12.94 |
| 7 | | 5.3 | 3.5 | 2 | 0.483 | 0.727 | | |
| 8 | | 6.1 | 3.5 | 2 | 0.639 | 0.448 | | |
| 9 | | 5.8 | 3.5 | 2 | 1.261 | -0.232 | | |

図8-19　正規回帰モデルVIIによる解析結果 Ex 8-6

さらに分散が独立変数とともに変化する正規回帰モデルとして、例えば$y\sim N(ax_1 + bx_2 + cx_1x_2 + d, (dx_1 + ex_2 + f)^2)$を考え、これをモデルVIIIとします。モデルVIIIを適用してデータを解析すると、**図8-20**に示すようにモデルVIIと同じ結果 (SUM) となり、AICはパラメーターが増えた分だけ大きくなりました。

| | A | B | C | D | E | F | G |
|---|---|---|---|---|---|---|---|
| 1 | 重回帰分析 | | | | | | |
| 2 | | $y \sim N(ax_1+bx_2+cx_1x_2+d,(ex_1+fx_2+g)^2)$ | | | | | |
| 3 | | | a | b | c | d | sum |
| 4 | | y | 2.397 | 0.6202 | -0.011 | -3.819 | 1.469 |
| 5 | | | e | f | g | | AIC |
| 6 | | σ | 0 | 0 | 0.309 | | 14.94 |
| 7 | | | | | | | |
| 8 | | y | $x_1$ | $x_2$ | P | -ln P | |
| 9 | | 5.3 | 3.5 | 2 | 0.483 | 0.727 | |
| 10 | | 6.1 | 3.5 | 2 | 0.639 | 0.449 | |
| 11 | | 5.8 | 3.5 | 2 | 1.261 | -0.232 | |

図8-20　正規回帰モデルVIIIによる解析結果

**練習問題8-2**

肥料CとDを濃度$x_1$と$x_2$でそれぞれ植物Sに与え、その収穫量$y$を調べました。得られた結果を交互作用を加えた回帰分析で、①最小2乗法、②正規モデル（分散一定）で解析し、回帰直線$y = ax_1 + bx_2 + cx_1x_2 + d$をそれぞれ求めなさい。なお、データ Ex Data 8-1 はオンライン上にあります。

これまで説明した正規回帰モデルを**表8-3**にまとめました。なお、正規モデルでは通常リンク関数なしで解析できるので、ここでもリンク関数は使いませんでした。

表8-3　例題1〜3で用いた正規回帰モデルの概要

| | 式 | 内容 |
|---|---|---|
| I | $y \sim \mathrm{N}\left(ax+b,\sigma^2\right)$ | 単回帰、1次式、分散一定 |
| II | $y \sim \mathrm{N}\left(ax+b,(cx+d)^2\right)$ | 単回帰、1次式、分散変動 |
| III | $y \sim \mathrm{N}\left(ax^2+bx+c,\sigma^2\right)$ | 単回帰、2次式、分散一定 |
| IV | $y \sim \mathrm{N}\left(ax^2+bx+c,(dx+e)^2\right)$ | 単回帰、2次式、分散変動 |
| V | $y \sim \mathrm{N}\left(ax_1+bx_2+c,\sigma^2\right)$ | 重回帰、1次式、分散一定 |
| VI | $y \sim \mathrm{N}\left(ax_1+bx_2+c,(dx_1+ex_2+f)^2\right)$ | 重回帰、1次式、分散変動 |
| VII | $y \sim \mathrm{N}\left(ax_1+bx_2+cx_1x_2,\sigma^2\right)$ | 重回帰、1次式（相乗）、分散一定 |
| VIII | $y \sim \mathrm{N}\left(ax_1+bx_2+cx_1x_2+d,(dx_1+ex_2+f)^2\right)$ | 重回帰、1次式（相乗）、分散変動 |

なお、独立変数が複数あるデータを回帰分析する場合、その独立変数間に相関がみられるときは精確な解析結果が得られないので、注意が必要です。例えば独立変数の中に生徒の身長と座高があり、両者に相関が認められる場合などがあります。

## 8.7 比率データの解析：ロジスティック回帰分析

複数の条件下で結果が成功（または陽性）か失敗（または陰性）かのどちらかに決まる実験や検査を行って得られたデータを、統計モデルを使って解析しましょう。計量データでも基準値を基に合格か不合格かを最終的に決める場合はこのデータとなります。個々の結果が2択のいずれか2つしかないため、結果は2項分布に従うと考えられます。このようなデータの用量反応関係を解析するためにロジスティック回帰モデルが使われます。

例えば植物Kに各種濃度$x$の物質Sを加えて育てたとき（各濃度につき10株ずつ）、目的通りの生育効果が出る（成功）か出ない（失敗）かを調べる実験をしました。Sの濃度$x$に対して成功率$y$はほぼ直線（線形）の関係がみられました。そこで成功率$y$を単純な1次式で表すと、$y = ax + b$という式が考えられます。ここで$a$と$b$は係数です。一方、二項分布Bin$(n, p)$は成功数を示します。そこで成功確率$p$に予測線形子、つまり回帰式$y = ax + b$を代入したBin$(n, ax + b)$がこの実験の統計モデルと考えられます。ここで$y = ax + b$は確率$p$に相当するので、$0 \leq y \leq 1$でなくてはなりません。しかし、実験条件によっては$y$の値がこの範囲を逸脱するかもしれません。それを防ぐために、次のような変換を$y$に対して行います。

$$q = \frac{1}{1 + \exp(-y)} \tag{8-12}$$

この関数をグラフに描くと、**図8-21**に示すように$-\infty$から$+\infty$の範囲の$y$の値に対して$0 < q < 1$となります。関数$q$をロジット関数と呼びます。この$q$を使ったBin$(n, q(y))$であれば、回帰分析に使えます。

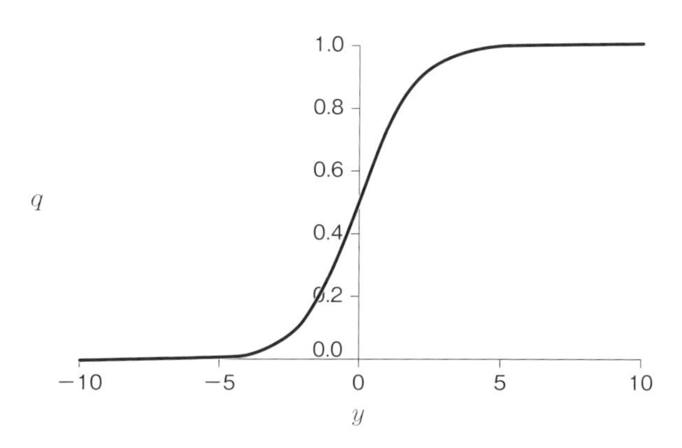


図8-21　ロジット関数

ロジット関数をリンク関数として組み込んだ二項モデルをロジスティック回帰モデルといいます。線形予測子が1次式であれば、$y$~Bin($n, q(ax+b)$) と表せます。

**例題4**　植物Kを各種の温度Tで育て、目的通りの生育効果が出る（成功）か出ないか（失敗）を実験しました。各温度で6株を使い、成功を1，失敗を0としたとき、試験の結果（成功率$y$）を次の表に示します。この結果をロジスティック回帰モデルで解析しなさい。次にその回帰式から効果が50％現れる温度を推定しなさい。

| Temp（℃） | Number of Positives | Probability, y |
|---|---|---|
| 10 | 0 | 0.000 |
| 15 | 1 | 0.167 |
| 20 | 4 | 0.667 |
| 25 | 5 | 0.833 |
| 30 | 6 | 1.000 |

**解答4**

予測線形子として$y = aT + b$を考えます。ここで$a$と$b$は係数です。Excelを用いた解析方法を説明すると、**図8-22**に示すようにB列に温度、C列に結果0または1を入力します。全データ（ここでは30件）をすべて個別に入力するのがポイントです。D列で線形式$y = aT + b$の値を、E列でそれをリンク関数$q$で変換し、F行で関数Bin($n$, $q$)を用いて各データが生成する確率を求めます。ここで、$n = 1$であることに注意してください。$a$と$b$の初期値はまったく情報がないので、それぞれ0と置いてみます。ソルバーでの制約条件は温度とともに成功率$y$も増加しているので、$a>0$とします。

| | A | B | C | D | E | F | G |
|---|---|---|---|---|---|---|---|
| 1 | **ロジスティック回帰分析** | | | | | | |
| 2 | | | | | | | |
| 3 | | y~Bin(n,ax+b) | | | | Sum | 9.7307 |
| 4 | | | a | b | | AIC= | 23.461 |
| 5 | | | 0.3944 | -7.555 | | | |
| 6 | | | | | | | |
| 7 | No. | Temp | Positive | y | q | P | -ln P |
| 8 | 1 | 30 | 1 | 4.276 | 0.986 | 0.98629 | 0.0138 |
| 9 | 2 | 30 | 1 | 4.276 | 0.986 | 0.98629 | 0.0138 |
| 10 | 3 | 30 | 1 | 4.276 | 0.986 | 0.98629 | 0.0138 |

図8-22　ロジスティック回帰分析の結果 Ex 8-7

解析の結果、**図8-22**に示すような$a$と$b$の最適値が得られるので、これを用いて回帰曲線を描くと**図8-23**に示す曲線となります。実測値に回帰曲線がよくフィットしていることが分かります。2つの係数の初期値は最適値とかなり違う数値でしたが、ソルバーは頑強でした。

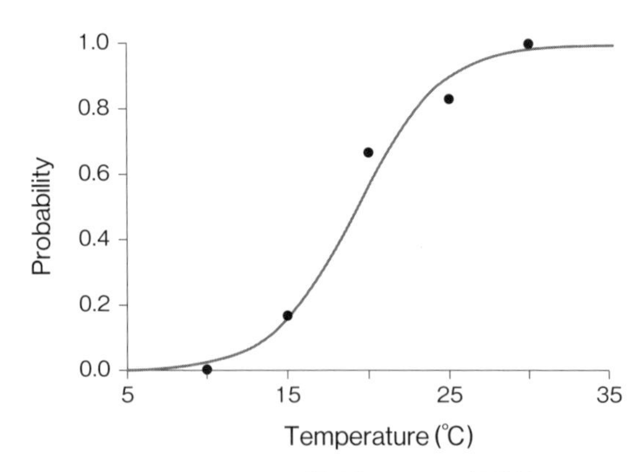


図8-23　ロジスティック回帰分析による回帰曲線

Rでは次のコードを使って解析できます(コード8-3)。最初にデータファイル"8 Logist"を作ります。このとき1列目と2列目の先頭にそれぞれTempとposを入れ、

2行目から温度と結果（1か0）を入力します（8 Logist）。Rのロジスティック回帰分析には4行目のglm()関数、つまり一般化線形モデルとして解析する関数を使います。"binomial"と書かれているように、二項分布に基づく回帰分析であることが分かります。次に5行目のsummaryで結果を表示させます。

コード8-3　Rのロジスティック回帰分析コード

```
1  df<-read.csv("E:/R statistics/8 Logist.csv")
2  dg<-subset(df,pos=="1")
3  dng<-subset(df,pos=="0")
4  fig<-glm(pos~Temp,family=binomial, data=df)
5  summary(fit)
```

Rでの解析結果は**図8-24**に示すようになり、図上部のEstimateでTempが$a$、(Intercept)が$b$に相当し、Excelでの値（**図8-22**）と一致し、AICの値も一致しました。

```
Call:
glm(formula = pos ~ Temp, family = binomial, data = df)

Coefficients:
            Estimate Std. Error z value
(Intercept)  -7.5550     2.6679  -2.832
Temp          0.3944     0.1355   2.911
            Pr(>|z|)
(Intercept)  0.00463 **
Temp         0.00361 **
---
Signif. codes:
0 '***' 0.001 '**' 0.01 '*' 0.05 '.' 0.1 ' ' 1

(Dispersion parameter for binomial family taken to be
1)

    Null deviance: 41.455  on 29  degrees of freedom
Residual deviance: 19.461  on 28  degrees of freedom
AIC: 23.461

Number of Fisher Scoring iterations: 6
```

図8-24　Rによるロジスティック回帰分析結果

推定した$a$と$b$の値を使って50%の生育効果の現れる温度$T_{50}$を推定します。式8-12から$0.5=1/(1+\exp(-y))$が得られ、これを$y$について解くと、$\exp(-y)=1$より、$y=0$となります。$0=aT_{50}+b$となるので、$T_{50}=-b/a \fallingdotseq 19.2$と推定されます。

**問8-3**　例題4で90%の生育効果の現れる温度$T_{90}$を推定しなさい。

この例題は要因（独立変数）が1つでしたが、実験および調査によっては要因が複数の場合もあります。例えば、微生物Sの増殖する確率について温度T（4～40℃）と食塩濃度S（2.5～15%）の2つを組み合わせた条件で実験した結果を、ロジスティック回帰分析した例を示します[1)]。温度について2次の項$T^2$や食塩濃度と温度の相乗作用の項$ST$などを考えると、さまざまな予測線形子のモデルが考えられます。ここでは**表8-4**に4つのモデルの結果を示します。この表に示した4つのモデルのAICを比較すると、$z_1$が最も小さく、これらの中で最適であることが分かります。

表8-4　ロジスティック回帰分析に対する各種の予測線形子モデル
$a_{ij}$は係数を示します。

| Models | AICs |
|---|---|
| $z_1 = a_{11}T^2 + a_{12}ST + a_{13}S + a_{14}T + a_{15}$ | 439.8 |
| $z_2 = a_{21}S^2 + a_{22}ST + a_{23}S + a_{24}T + a_{25}$ | 440.2 |
| $z_3 = a_{31}ST + a_{32}S + a_{33}T + a_{34}$ | 442.0 |
| $z_4 = a_{41}S + a_{42}T + a_{34}$ | 455.9 |

モデル$z_1$でデータを回帰分析して得られたパラメーター値から、微生物Aの各種温度と食塩濃度における増殖確率を予測したグラフを**図8-25**に示します。ここでは特定の確率で増殖する領域として表しています。本モデルを用いて、ある温度と食塩濃度条件での増殖確率を予測することができます。

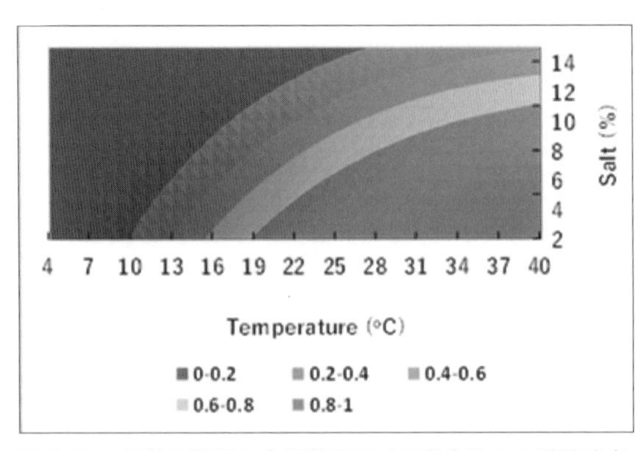

図8-25　各種の温度と食塩濃度下での微生物Sの増殖確率

# 8.8 計数データの解析

各種条件下で得られた計数データを統計モデルで解析する場合、これまで説明してきたポアッソン分布、二項分布などの離散型確率分布を用いた統計モデルを使ってできます。単一条件下でのデータ解析で解説したように、各条件でのデータのバラつき、つまりVMRの値に注意を払う必要があります。一方、単一条件の場合とは違う要因も加わります。すなわち、予測線形子の取り扱いです。ロジスティック回帰分析で予測線形子とリンク関数の例を示しましたが、計数データの解析も同様に考えます。

**例題5**　ある植物に各種濃度$x$の物質Gを加えて育てたときの効果（1株当たり咲いた花の数）$y$を測定しました。つまり、Gの濃度は0, 1, 2, 4の4種類あり、各濃度で5株、計20株の植物を試験に使いました。その結果を次の表に示します。この結果を統計モデルを作成して解析しなさい。次に、1株当たり花の数を15にするために必要なGの濃度を推定しなさい。

| Dose | Number of flowers | | | | |
|---|---|---|---|---|---|
| 0 | 1 | 2 | 2 | 2 | 3 |
| 1 | 3 | 4 | 5 | 6 | 4 |
| 2 | 11 | 12 | 11 | 8 | 10 |
| 4 | 20 | 18 | 19 | 22 | 23 |

**解答5**

物質Gの各濃度でのデータについて、花の数の標本平均、標本分散、VARを求めると、**表8-5**のように示されます。すべての濃度でVAR < 1で、しかもかなり小さい値を示しました。

表8-5　例題5の標本統計量

| 濃度 | 標本平均 | 標本分散 | VAR |
|---|---|---|---|
| 0 | 2.0 | 0.40 | 0.200 |
| 1 | 4.4 | 1.04 | 0.236 |
| 2 | 10.4 | 1.84 | 0.177 |
| 4 | 20.4 | 3.44 | 0.169 |

最初にこのデータをグラフ化し、Excelの前述した「近似曲線」の機能を使って線形近似をすると、**図8-26**に示す結果となりました。データはほぼ直線状に並ぶことが分かり、最小2乗法での回帰式が得られました。この結果から回帰式として$y=ax+b$を考えます。ここで、$a$と$b$は係数です。

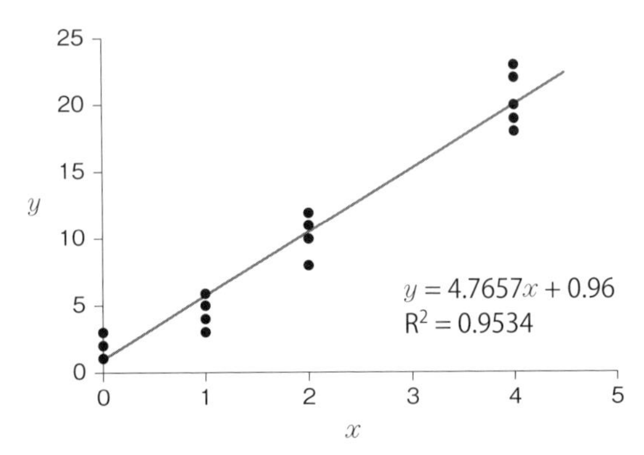


図8-26　Excelの「線形近似」機能を使った回帰分析結果

計数データでVAR値が小さいため、まず二項モデルが候補として挙げられます。二項分布は成功数を表す分布ですから、1株当たりの花の数$y$を成功数として解析します。二項分布の成功確率$p$を変数とし、これを予測線形子で表すことにします。最初にリンク関数を使わない二項回帰モデル$y\sim\mathrm{Bin}(n, ax+b)$を考えます。これをモデルIとします。

本モデルでデータを解析すると、**図8-27**に示すようにC列の$y$が生成する確率$P$を予測線形子$ax+b$を使って表します。例えば9行目のデータに対しては=BINOMDIST(C9, $C$4, $D$4*$B9+$E$4, FALSE)と表します。つまり二項分布の成功確率$p$を$p=ax+b$と置きます。ここがポイントです。$n, a, b$の初期値は、例えば、30, 0.1, 0.1とします。制約条件は$n$が$y$の最大測定値23より大きい24以上の正の整数および$a>0$です。ソルバーによる最適化によって、予測線形子$ax+b$が推定できました。$0<ax+b<1$である必要がありましたが、この例題では問題なく、最適化ができました。なお、$n$に実質的な意味はありません。ここで**図8-27**に示された係数$a$と$b$の最適値は、最小2乗法(**図8-26**)で示された値と大きく違っています。

| | A | B | C | D | E | F | G | H | I | J |
|---|---|---|---|---|---|---|---|---|---|---|
| 1 | 二項回帰モデル | | | | | | max x | | | |
| 2 | | y~Bin(n,ax+b) | | | | | 4.5 | | | |
| 3 | | | n>23 | a>0 | b | | | y | Max | 0.1353 |
| 4 | | Bin | 35 | 0.1284 | 0.0456 | | 0.01 | 15 | x | 2.98 |
| 5 | | | | sum | AIC | | | | | |
| 6 | | | | 38.695 | 83.39 | | x | P | | |
| 7 | | | | | | | 1 | 3E-04 | 1 | |
| 8 | No. | x | y | P | -ln P | | 1.01 | 3E-04 | 1.01 | |
| 9 | 1 | 0 | 1 | 0.3264 | 1.1198 | | 1.02 | 3E-04 | 1.02 | |
| 10 | 2 | 0 | 2 | 0.2653 | 1.327 | | 1.03 | 4E-04 | 1.03 | |

図8-27　二項回帰モデルIによる解析結果と推定 Ex 8-8

次に、本モデルで$y=15$となる$x$の値を推定するためにはどうすればよいでしょうか。**図8-27**に示すように得られたパラメーター値を使って$x$の各値（G列）に対して生成確率$P$を求めます（H列）。例えば最初の$x$（セルG7）に対しては=BINOM.DIST($H$4, $C$4, $D$4*G7+$E$4, FALSE)と表せます。$P$の値が最大となる$x$の最尤値を求めると、2.98が得られます（セルJ4）。ここで$x$の刻み幅は0.01とし、$P$の最大値（セルJ3）に対する$x$の値を求めるため、=VLOOKUP関数（セルJ4）を使って自動化しています。

次のモデルとしてリンク式を用いた二項回帰モデルを適用します。モデルIでは成功確率$p$に対して$y=ax+b$としましたが、さらに、式8-12のロジット関数を組み込んだモデルIIを考えます。ロジット関数を組み込むことによって$0<ax+b<1$が保証されます。これは前述したロジスティック回帰分析と同じ構造のモデルです。違いは前述したロジスティック回帰分析では各データについて$n=1$でしたが、モデルIIではモデルIと同様、（ある仮想の）$n$を仮定します。

解析した結果、**図8-28**に示すようにモデルIと比べてAICが大きく減少し、モデルとして改善されました。次にモデルIと同様な手法で$y=15$となる$x$の値を推定すると2.80となりました。

| | A | B | C | D | E | F | G |
|---|---|---|---|---|---|---|---|
| 1 | 二項回帰モデル | | | | | | |
| 2 | | y~Bin(n,q(ax+b)) | | | リンク関数：ロジット関数 | | |
| 3 | | | n>0 | a>0 | b | | |
| 4 | | Bin | 24 | 1.05 | -2.445 | | |
| 5 | | | | sum | AIC | | |
| 6 | | | | 35.5 | 77.059 | | |
| 7 | | | | | | | |
| 8 | No. | x | y | q | P | -ln P | |
| 9 | 1 | 0 | 1 | 0.08 | 0.2827 | 1.2633 | |
| 10 | 2 | 0 | 2 | 0.08 | 0.2821 | 1.2656 | |

図8-28　二項回帰モデルIIによる解析結果

一方、二項分布Bin$(n, p)$で平均$\mu$は$np$ですが、正規回帰モデルからの類推でこの$\mu$を予測線形子$ax + b$で表したモデル、モデルIIIを考えてみましょう。$p = (ax + b)/n$となるので、本モデルIIIは$y$~Bin$(n, (ax + b)/n)$と表せます。ただし、$0 \leq (ax + b)/n \leq 1$である必要があります。ソルバーによって**図8-29**に示す結果が得られました。AICは81.34となり、モデルIよりも小さく、モデルIIよりも大きい値でした。

| | A | B | C | D | E | F |
|---|---|---|---|---|---|---|
| 1 | | | | | | |
| 2 | | y~Bin(n,(ax+b)/n) | | | | |
| 3 | | | n>0 | a>0 | b | |
| 4 | | Bin | 24 | 4.61 | 1.542 | |
| 5 | | | | sum | AIC | |
| 6 | | | | 37.7 | 81.339 | |
| 7 | | | | | | |
| 8 | No. | x | y | p | P | -ln P |
| 9 | 1 | 0 | 1 | 0.06 | 0.3348 | 1.0943 |
| 10 | 2 | 0 | 2 | 0.06 | 0.2643 | 1.3305 |
| 11 | 3 | 0 | 2 | 0.06 | 0.2643 | 1.3305 |

図8-29　二項回帰モデルIIIによる解析結果

二項回帰モデルIIIでは$0 \leq (ax + b)/n \leq 1$である必要があるので、モデルIIと同様にリンク関数（ここではロジット関数）を組み込んだモデルIVを考えます。ロジット関数を$q$と表すと、本モデルは$y$~Bin$(n, q((ax + b)/n))$と表せます。ソルバーによって**図8-30**に示す結果が得られました。AICは77.06となり、ロジット関数を組み込むことによって改善されました。また、AICの値はモデルIIとまったく同じ値になりました。なお、モデルIII, IVを使って$y = 15$となる$x$の値を推定するにはモデルIで示した手法（**図8-27**）ででき、それぞれ2.92および2.80となりました。

| | A | B | C | D | E | F |
|---|---|---|---|---|---|---|
| 1 | **二項回帰モデル** | | | | | |
| 2 | | **y~Bin(n,q(ax+b/n))** | | | | |
| 3 | | | **n>0** | **a>0** | **b** | |
| 4 | | **Bin** | **24** | **25.3** | **-58.67** | |
| 5 | | | | **sum** | **AIC** | |
| 6 | | | | **35.5** | **77.059** | |
| 7 | | | | | | |
| 8 | **No.** | **x** | **y** | **q** | **P** | **-ln P** |
| 9 | **1** | **0** | **1** | **0.08** | **0.2827** | **1.2633** |
| 10 | **2** | **0** | **2** | **0.08** | **0.2821** | **1.2656** |
| 11 | **3** | **0** | **2** | **0.08** | **0.2821** | **1.2656** |

図8-30　二項回帰モデルIVによる解析結果 Ex 8-9

モデルIIIは平均$np$を予測線形子$ax + b$で表したモデル$y$~Bin($n$, ($ax + b$)/$n$)ですが、前節で解説したロジスティック回帰分析は個々のデータの生成確率を考えるので常に$n = 1$ですから、y~Bin(1, ax + b)と表せます。これにロジット関数を組み込むと、ロジスティック回帰モデルはy~Bin(1, q(ax + b))とも表せます。

複数条件あるいは独立変数$x$が複数ある場合の計数データの解析には、ポアッソン回帰モデルが一般に知られています。ポアッソン分布はVMR = 1ですから、この例題にはあまり適してはいませんが、統計モデルの候補ではあるので解析してみましょう。

最初に予測線形子として1次の$ax + b$を使ったポアッソン回帰モデルV、つまり$y$~Pois($ax + b$)を適用してみます。**図8-31**に示すように、B列とC列に条件と計測値を入力します。各計測値が生成する確率$P$をD列で求めます。確率分布Pois($\mu$)の（他にパラメーターはありませんが）平均$\mu$に予測線形子を組み込むのが、ポイントです。例えば最初のデータ（セルC8）については=POISSON.DIST($C8, $B$5*$B8+$C$5, FALSE)と表せます。$a, b$の初期値は最小2乗法からそれぞれ4.8と1としました。

解析の結果、最適値として$a = 4.39$, $b = 1.67$が得られました。この例題では$ax + b$の値が負になるデータがなかったので、リンク関数（通常は指数関数）を使わずに解析ができました。AICの値はやはりモデルIVよりも大きくなりました。また、$y=15$ のときの$x$を計算すると、3.04と推定されました。

|  | A | B | C | D | E |
|---|---|---|---|---|---|
| 1 | **ポアッソン回帰モデル** |  |  |  |  |
| 2 |  | *y*~Pois(***ax***+***b***) |  |  |  |
| 3 |  |  |  |  |  |
| 4 |  | **a>0** | **b** | **sum** | **AIC** |
| 5 |  | **4.3635** | **1.6638** | **40.933** | **85.866** |
| 6 |  |  |  |  |  |
| 7 |  | **x** | **y** | **P** | **-ln P** |
| 8 | **1** | **0** | **1** | **0.3152** | **1.1547** |
| 9 | **2** | **0** | **2** | **0.2622** | **1.3387** |
| 10 | **3** | **0** | **2** | **0.2622** | **1.3387** |

図8-31　ポアッソン回帰モデルVによる解析結果 Ex 8-10

問 **8-4**　ポアッソン回帰モデルVで、$y$ =15のときの$x$の値を求めなさい。

ポアッソン回帰モデルVでは、データの1つでも$ax+b$の値が負になると対応できません。それを回避するため、一般にはリンク関数として指数関数を組み込み、exp($ax+b$)のように変換します。指数関数exp($ax+b$)の値は、たとえ$ax+b$の値が負であっても常に正の値をとるからです。また指数関数は単調増加曲線を示すため、ある数値とその指数変換値は1対1の対応ができます。したがってポアッソン回帰モデルは$y$~Pois(exp($ax+b$))と表すことができます。

この例題をリンク式を用いたモデルVI、つまり$y$~Pois(exp($ax+b$))で解析します。**図8-31**と同様に解析しますが、D列の生成確率で$ax+b$をexp($ax+b$)に換えます。$a$と$b$の初期値（セルD4とE4）は情報がないので共に1としてみます。ソルバーの制約条件は$a>0$とします。係数の最適解を求めると、$a=0.50, b=1.07$が得られました（**図8-32**）。ただし、AICの値はモデルVよりも大きくなりました。

| | A | B | C | D | E |
|---|---|---|---|---|---|
| 1 | **ポアッソン回帰モデル** | | | | |
| 2 | | $y$~Pois(exp($ax$+$b$)) | | | |
| 3 | | | | | |
| 4 | | a>0 | b | sum | AIC |
| 5 | | 0.4992 | 1.0725 | 42.159 | 88.318 |
| 6 | | | | | |
| 7 | | x | y | P | -ln P |
| 8 | 1 | 0 | 1 | 0.1572 | 1.8501 |
| 9 | 2 | 0 | 2 | 0.2297 | 1.4708 |
| 10 | 3 | 0 | 2 | 0.2297 | 1.4708 |

図8-32　ポアッソン回帰モデルVIによる解析結果

係数の最適値から回帰曲線（標準曲線）を描くには$ax+b$それ自体ではなく、その指数である$y=\exp(ax+b)$になります。$y=15$のときの$x$を計算すると、3.28と推定されます。

㈫**8-5**　ポアッソン回帰モデルVIによる回帰式から$y = 15$のときの$x$を推定しなさい。

Rで解析する場合は、ロジスティック回帰分析と同様にデータファイルを作成しておき、それを呼び出します。次に一般化線形モデル関数glm()を用いて次のコードで解析し、結果を表示します。

```
fit<-glm(df$y~df$x,family=poisson, data=df)
summary(fit)
```

解析の結果は**図8-33**のようになります。2つの係数（ここではdf$xとIntercept）の最適値およびAICの値はすべてポアッソン回帰モデルVIの値（**図8-32**）と一致しました。Rではリンク関数として指数回帰が組み込まれていることが分かります。

```
Call:
glm(formula = df$y ~ df$x, family = poisson, data = df)

Coefficients:
            Estimate Std. Error z value Pr(>|z|)
(Intercept)  1.07247    0.16593   6.464 1.02e-10 ***
df$x         0.49924    0.05185   9.629  < 2e-16 ***
---
Signif. codes:
0 '***' 0.001 '**' 0.01 '*' 0.05 '.' 0.1 ' ' 1

(Dispersion parameter for poisson family taken to be 1)

    Null deviance: 112.1898  on 19  degrees of freedom
Residual deviance:   9.6025  on 18  degrees of freedom
AIC: 88.318

Number of Fisher Scoring iterations: 4
```

図8-33　Rによるポアッソン回帰分析結果

これまで説明してきたように、正規モデルも計数データの解析に使えるので、この例題でも適用してみます。つまり、正規回帰モデル$y$~N$(ax+b, \sigma^2)$をモデルVIIとして適用します。正規分布は連続型確率分布であるので、これまで解析したように確認のため、確率密度を使った場合と累積分布関数から確率$\Delta F$を求めた場合で最尤法を解き、比較します（**図8-34**）。ソルバーを使って最適なパラメーター値を推定すると、**図8-34**に示すように両者の差は非常にわずかで、AICは共に80.49でした。この値は二項回帰モデルIIおよびIVよりは大きいものの他のモデルよりは小さい値でした。最適値として共に$a=4.76$, $b=0.96$が得られ、これらの値は**図8-26**で示した最小2乗法による推定値と一致しました。$y=15$のときの$x$を計算すると、2.95と推定されました。

| | A | B | C | D | E | F | G | H | I | J |
|---|---|---|---|---|---|---|---|---|---|---|
| 1 | 正規回帰モデル | | | $y$~N$(ax+b, \sigma^2)$ | | | | | | |
| 2 | | | | Norm | f | | | Norm | ΔF | |
| 3 | | | | a>0 | b | σ>0 | | a>0 | b | σ>0 |
| 4 | | | | 4.76571 | 0.96 | 1.55802 | | 4.76584 | 0.95974 | 1.53071 |
| 5 | | | | sum | AIC | | | sum | AIC | |
| 6 | | | | 37.2471 | 80.4942 | | | 37.246 | 80.4921 | |
| 7 | | | | | | | | | | |
| 8 | | No. | x | y | P | -ln P | | | P | -ln P | |
| 9 | 1 | 0 | 1 | 0.25597 | 1.36268 | | | 0.25598 | 1.36266 | |
| 10 | 2 | 0 | 2 | 0.20492 | 1.58514 | | | 0.20491 | 1.58517 | |

図8-34　正規回帰モデルVIIによる解析結果
D列-F列が確率密度関数、H列-J列が確率分布関数を用いて解析しています。

なお、これまで説明してきた分散も変動すると仮定した正規回帰モデル$y$~N($ax$ + $b$, ($cx$ + $d$)$^2$)で解析すると、AICが約81.9とやや大きくなり、この例題では分散一定のモデルのほうが適していました。余力のある読者はトライしてください。最終的には検討した統計モデル中で、この例題に最適モデルは二項回帰モデルIIおよびIVでした。

検討した5つの回帰モデルによる回帰曲線（標準曲線）を**図8-35**に示します。二項回帰モデルでは離散値$y$に対する$x$の推定値を示します（**図8-35A**）。なお、モデルIIとIVによる推定値はすべて一致したので、同じシンボルで示します。ポアッソン回帰モデルVIおよびRによる回帰曲線は、リンク関数として指数関数を使うため、下に凸の曲線となります（**図8-35B**）。

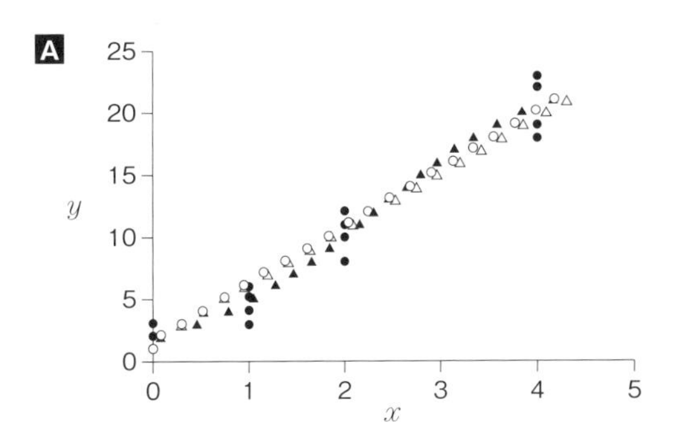


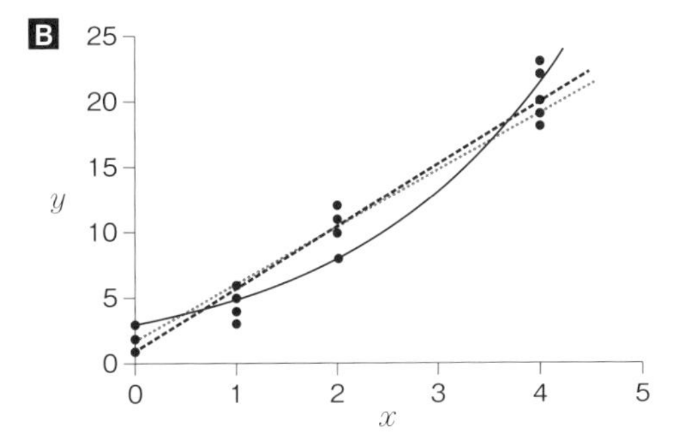


図8-35　各種回帰モデルによる回帰曲線（標準曲線）
A：●はデータ、△は二項回帰モデルI、▲は二項回帰モデルIIおよびIV、○は二項回帰モデルIIIによるによる推定値を示します。
B：点線はポアッソン回帰モデルV、曲線はポアッソン回帰モデルVI、破線は正規回帰モデルVII（最小2乗法）によるによる推定値を示します。

まとめとして、例題5で検討した統計モデルの概要を**表8-6**に表します。

表8-6　例題5で用いた統計モデルの概要

| モデル | 式 | 内容 |
|---|---|---|
| I | $y \sim \mathrm{Bin}(n, ax+b)$ | $p$をモデル化、リンク関数なし |
| II | $y \sim \mathrm{Bin}(n, q(ax+b))$ | $p$をモデル化、リンク関数（ロジット関数）あり |
| III | $y \sim \mathrm{Bin}\left(n, \frac{ax+b}{n}\right)$ | $\mu$をモデル化、リンク関数なし |
| IV | $y \sim \mathrm{Bin}\left(n, q\left(\frac{ax+b}{n}\right)\right)$ | $\mu$をモデル化、リンク関数（ロジット関数）あり |
| V | $y \sim \mathrm{Pois}(ax+b)$ | $\mu$をモデル化、リンク関数なし |
| VI | $y \sim \mathrm{Pois}(\exp(ax+b))$ | $\mu$をモデル化、リンク関数（指数関数）あり |
| VII | $y \sim \mathrm{N}(ax+b, \sigma^2)$ | $\mu$をモデル化、分散一定、リンク関数なし |

計数データで条件あるいはグループ内でのバラつきが大きい場合は、負の二項回帰モデルが適用できます。次の例題を考えてみましょう。

**例題6**　ある植物に各種濃度$x$の物質Vを加えて育てたときの効果（1株当たり咲いた花の数）$y$を測定しました。Gの濃度は0, 1, 2, 4の4種類あり、各濃度で5株、計20株の植物を試験に使いました。その結果を次の表に示します。この結果を統計モデルを作成して解析しなさい。次に1株当たり花の数を15にするために必要なVの濃度を推定しなさい。

| Dose | Number of flowers | | | | |
|---|---|---|---|---|---|
| 0 | 1 | 0 | 1 | 1 | 4 |
| 1 | 3 | 2 | 5 | 6 | 9 |
| 2 | 6 | 12 | 16 | 8 | 9 |
| 4 | 10 | 12 | 19 | 22 | 15 |

**解答6**

花の数$y$の標本平均、標本分散、VARを求めると**表8-7**のように示されます。すべての濃度でVAR > 1でした。

表8-7 例題6の標本統計量

| 濃度 | 標本平均 | 標本分散 | VAR |
|---|---|---|---|
| 0 | 1.4 | 1.84 | 1.31 |
| 1 | 5.0 | 6.00 | 1.20 |
| 2 | 10.2 | 12.20 | 1.20 |
| 4 | 15.6 | 19.40 | 1.24 |

最初にこのデータをグラフ化し、Excelの前述した「近似曲線」の機能を使って線形近似をすると、**図8-36**に示す結果となりました。データはほぼ直線状に並ぶことが分かり、最小2乗法での回帰式が得られました。ただし、各濃度でのデータのバラつきが大きく、決定係数の値も0.73と高くありませんでした。

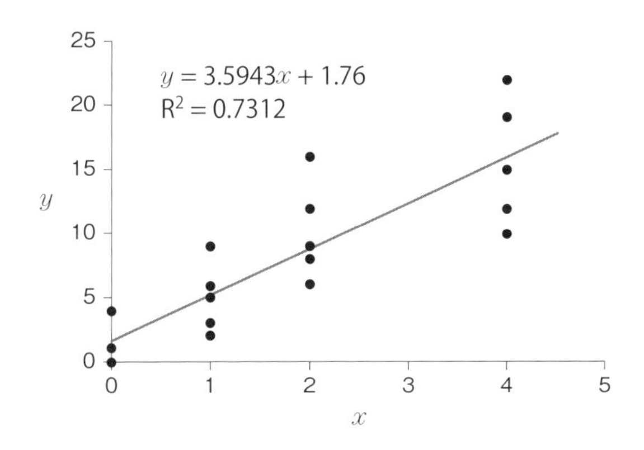


図8-36 最小2乗法による解析結果

すべての濃度でVAR > 1であるので、最初に負の二項分布を用いた統計モデルを作り、回帰分析をしてみましょう。回帰モデルをデータに適用するためには、回帰式をどのように組み込むか、つまりモデル化するかが重要です。負の二項分布のExcel関数は =NEGBINOM.DIST(f, k, p, FALSE) とパラメーターが3つあります。ここで、fは失敗数、kは成功数、pは成功確率です。負の二項分布は失敗数を表す分布なので、咲いた花の数$y$を失敗数fとします。

最初に成功確率$p$をモデル化して$p = ax + b$と1次の回帰式で表したモデル$y$~Negbin($f, k, ax + b$)を考えます。実際にソルバーで解析すると、パラメーターの初期値を変えても$a$の最適値は0となってしまい、よい結果は得られませんでした。

$z=ax+b$ をロジット関数に組み込んだ $p$ を使ってもよい結果は得られませんでした。

そこで例題5の二項回帰モデルIIIとIVからの類推で、回帰式を負の二項分布の平均 $\mu$ に組み入れてモデル化してみます。第3章で説明したように負の二項分布の平均 $\mu$ は次の式で表せます。

$$\mu=\frac{k(1-p)}{p} \tag{8-13}$$

この式は $\mu p=k(1-p)$ となり、$p$ について解くと、

$$p=\frac{k}{\mu+k}$$

が得られます。したがって、$\mu$ に1次回帰式を組み込むと、

$$p=\frac{k}{ax+b+k} \tag{8-14}$$

が得られます。この式を負の二項分布の成功確率 $p$ に代入します。つまり、この回帰モデルは $y$~Negbin($f, k, k/(ax+b+k)$) と表され、これをモデルIとします。

モデルIを使って、**図8-37**に示すようにデータを解析します。D列で式8-14を用いた成功確率 $p$ を計算し、その値を使ってE列でデータの生成確率 $P$ を求めます。ソルバーによってパラメーターの最適値が得られました。リンク関数を用いなくてもエラーは起こりませんでした。

| | A | B | C | D | E | F |
|---|---|---|---|---|---|---|
| 1 | **負の二項回帰モデル** | | | | | |
| 2 | | ***y*~Negbin(*f,k, k*/(*ax*+*b*+*k*))** | | | | |
| 3 | | **k>0** | **a>0** | **b** | **sum** | **AIC** |
| 4 | | **37** | **3.8** | **1.435** | **47.24** | **100.5** |
| 5 | | | | | | |
| 6 | **No.** | **x** | **y** | **p** | **P** | **-ln P** |
| 7 | **1** | **0** | **1** | **0.963** | **0.338** | **1.085** |
| 8 | **2** | **0** | **0** | **0.963** | **0.245** | **1.408** |
| 9 | **3** | **0** | **1** | **0.963** | **0.338** | **1.085** |

図8-37　負の二項回帰モデルIによる解析結果 Ex 8-11

次に$y = 15$での濃度$x$を推定します。**図8-27**で示した手法で$y = 15$に対して最大の確率を示す$x$の値を求めると、$x = 3.57$と推定されました(**図8-38 M列**)。なお、このモデルでは**図8-37**の$a$と$b$の最適値を$y = ax + b$に代入しても同様に$x = 3.57$となります(O列)。

| J | K | L | M | N | O |
|---|---|---|---|---|---|
| **推定値** | | | | | |
| x max | y | max | 0.08635 | | y=ax+b |
| 4.5 | 15 | x= | 3.57 | x= | 3.57 |
| | | | | | |
| 0.01 | | | | | |
| x | p | P | | | |
| 3 | 0.74244 | 0.0761 | 3 | | |
| 3.01 | 0.74188 | 0.0764 | 3.01 | | |
| 3.02 | 0.74131 | 0.0768 | 3.02 | | |
| 3.03 | 0.74075 | 0.0771 | 3.03 | | |

図8-38　負の二項回帰モデルIによる濃度推定 Ex 8-11



モデルIにリンク関数として指数関数を組み込むと、$y$~Negbin($f$, $k$, exp($k$/($ax + b + k$)))と表され、これをモデルIIとします。このモデルで解析すると、**図8-39**に示す結果が得られ、モデルIよりも大きなAICとなりました。指数関数を組み込んでいるため、各パラメーターの最適値もモデルIとは大きく異なっています。$y = 15$での濃度$x$を推定すると、15 = exp(0.46$x$ + 1.056)より$x = 3.59$が得られました。

| | A | B | C | D | E | F | G |
|---|---|---|---|---|---|---|---|
| 1 | **Negbin regression model** | | | | | | |
| 2 | | | *y*~Negbin(*f*,*k*, *exp*(*k*/(*ax*+*b*+*k*))) | | | | |
| 3 | | | k>0 | a>0 | b | sum | AIC |
| 4 | | | 13 | 0.4599 | 1.0562 | 51.424 | 108.85 |
| 5 | | | | | | | |
| 6 | No. | x | y | | p | P | -ln P |
| 7 | 1 | 0 | 1 | | 0.8189 | 0.1753 | 1.7413 |
| 8 | 2 | 0 | 0 | | 0.8189 | 0.0744 | 2.5976 |
| 9 | 3 | 0 | 1 | | 0.8189 | 0.1753 | 1.7413 |

図8-39　負の二項回帰モデルIIによる解析結果

モデルIにリンク関数としてロジット関数を組み込むと、ソルバーで最適解を絞り込むことはできませんでしたが、$k = 27, a = 8.81, b = -18.1$のとき、AIC = 100.60 が得られました。この例題ではわずかにモデルIよりも大きな値となりました。

次にRを使って負の二項回帰分析を行います。コードは<-glm(df$y~df$x,family=negative.binomial(a), data=df) となります。ここで、aは正の整数1, 2, 3, ･･･ を入れます。実際に$a$の値を変えるとAICが変化し、この例題で最小になる$a$は11のときでした。解析の結果、**図8-40**に示すように、AICはモデルIよりも大きな値となりました。Rによる解析はリンク関数、ここでは指数関数が組み込まれています。そのため、推定された係数の値はモデルIIとほぼ同じ値となっています。

```
Call:
glm(formula = df$y ~ df$x, family = negative.binomial(11), data = df)

Deviance Residuals:
    Min       1Q   Median       3Q      Max
-2.2556  -1.1649  -0.1091   0.5105   2.0687

Coefficients:
            Estimate Std. Error t value Pr(>|t|)
(Intercept)  1.05153    0.22456   4.683 0.000185 ***
df$x         0.46007    0.08042   5.721 2.01e-05 ***
---
Signif. codes:  0 ‘***’ 0.001 ‘**’ 0.01 ‘*’ 0.05 ‘.’ 0.1 ‘ ’ 1

(Dispersion parameter for Negative Binomial(11) family taken to be 1.213
344)

    Null deviance: 63.295  on 19  degrees of freedom
Residual deviance: 23.193  on 18  degrees of freedom
AIC: 106.62

Number of Fisher Scoring iterations: 6
```

図8-40　Rを使った負の二項回帰分析結果

この例題ではすべての濃度でVMR > 1でしたが、ポアッソン回帰モデルで解析してみます。すなわち、モデル$y$~Pois($ax + b$)（モデルIII）を用いると、**図8-41**に示す結果が得られました。

| | A | B | C | D | E |
|---|---|---|---|---|---|
| 1 | ポアッソン回帰モデル | | | | |
| 2 | | | | | |
| 3 | $\mu$ | a | b | sum | AIC |
| 4 | | 3.736 | 1.462 | 47.22 | 98.44 |
| 5 | | | | | |
| 6 | | x | y | P | -ln P |
| 7 | 1 | 0 | 1 | 0.339 | 1.082 |
| 8 | 2 | 0 | 0 | 0.232 | 1.462 |
| 9 | 3 | 0 | 1 | 0.339 | 1.082 |

図8-41　ポアッソン回帰モデルIIIによる解析結果

AICはモデルIよりもやや小さい値となり、この例題のようなVMRが1.2および1.3程度のデータは、パラメーター数の少ないポアッソン回帰モデルがカバーできることが分かります。同様な結果は第6章例題6のコロニー数の解析結果でも認められました。本モデルで$y = 15$での濃度$x$を推定すると、**図8-39**に示したパラメーターの最適値を使って3.62と計算されます。

次に、正規回帰モデルをこのデータに適用してみます。標準偏差$\sigma$が一定のモデル$y$~N$(ax + b, \sigma^2)$をモデルIV、標準偏差$\sigma$が1次式のモデル$y$~N$(ax + b, (cx + d)^2)$をモデルVとします。ソルバーでパラメーターの最適値をそれぞれ求めると、**図8-42**に示すように、AICはモデルVのほうが小さい値となりました。なお、繰り返し説明してきたように、モデルIVによる係数値は最小2乗法による値（**図8-36**）と一致します。

モデルIVとVを使って$y = 15$での濃度$x$を推定すると、**図8-42**に示す最適値からそれぞれ3.68および3.56と求められました。

| | A | B | C | D | E | F | G | H | I | J | K | L | M | N | O | P |
|---|---|---|---|---|---|---|---|---|---|---|---|---|---|---|---|---|
| 1 | Normal regression model | | | | IV | $y$~N$(ax+b, \sigma^2)$ | | | | | V | $y$~N$(ax+b, (cx+d)^2)$ | | | | |
| 2 | | | | | $\mu$ | | | | | | $\mu$ | | $\sigma$ | | | |
| 3 | | | | | a | b | $\sigma$ | sum | 51.785 | | a | b | c | d | sum | 48.633 |
| 4 | | | | | 3.594 | 1.76 | 3.223 | AIC | 109.57 | | 3.814 | 1.437 | 0.94 | 1.422 | AIC | 103.27 |
| 5 | | | | | | | | | | | | | | | | |
| 6 | No. | x | Data | | P | -ln P | | | | | P | -ln P | | | | |
| 7 | 1 | 0 | 1 | | 0.12 | 2.117 | | | | | 0.268 | 1.318 | | | | |
| 8 | 2 | 0 | 0 | | 0.107 | 2.238 | | | | | 0.168 | 1.782 | | | | |
| 9 | 3 | 0 | 1 | | 0.12 | 2.117 | | | | | 0.268 | 1.318 | | | | |

図8-42　正規回帰モデルIVとVによる解析結果

結果的には5つのモデルの中でモデルIIIが最も小さいAICを示しました。この例題で検討した回帰モデルの概要を**表8-8**に示します。

表8-8　例題6で用いた回帰モデルの概要

| モデル | 式 | 内容 |
|---|---|---|
| I | $y \sim \mathrm{Negbin}\left(f, k, \dfrac{k}{ax+b+k}\right)$ | $\mu$をモデル化、リンク関数なし |
| II | $y \sim \mathrm{Negbin}\left(f, k, \exp\left(\dfrac{k}{ax+b+k}\right)\right)$ | $\mu$をモデル化、リンク関数（指数関数）あり |
| III | $y \sim \mathrm{Pois}(ax+b)$ | $\mu$をモデル化、リンク関数なし |
| IV | $y \sim \mathrm{N}(ax+b, \sigma^2)$ | $\mu$をモデル化、分散一定 |
| V | $y \sim \mathrm{N}(ax+b, (cx+d)^2)$ | $\mu$をモデル化、分散変動 |

これら5つの回帰モデルによる回帰直線は**図8-43**のように示されます。モデルII以外のモデルによる回帰直線はお互いに近いことが分かります。モデルII（およびR）による回帰曲線は指数関数がリンクしているため、下に凸の曲線を描きます。

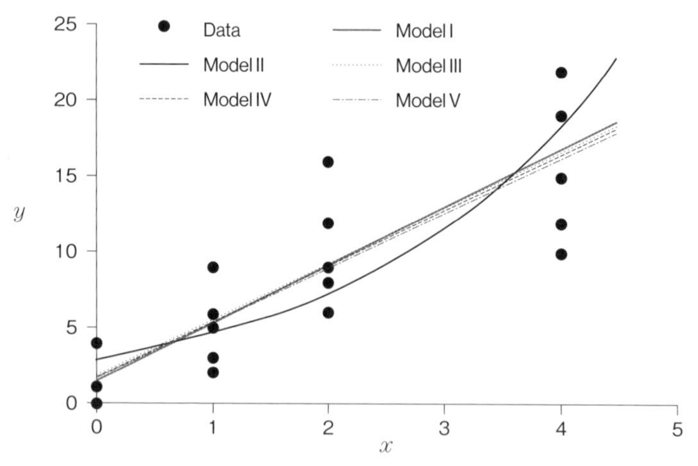


図8-43　各回帰モデルによる回帰曲線

## 参考文献

1) S. Elahi and H. Fujikawa, H. 2019. J. Food Sci. 84: 121-126.

# ㊒ 解答

### ㊒8-1

$(-7.10) \times 2 + 3 \times 2 = -8.2$

### ㊒8-2

$(1.5 - 0.0147)/0.274 \fallingdotseq 5.4$ および $(1.8 - 0.0421)/0.259 \fallingdotseq 5.6$

### ㊒8-3

式8-12から $0.9 = 1/(1 + \exp(-y))$ が得られ、これを $y$ について解くと、$y = 2.20$ となります。$2.20 = aT_{90} + b$ となるので、$T_{90} \fallingdotseq 24.7$ と推定されます。

### ㊒8-4

$a = 4.39, b = 1.67$ を使って $x = (15 - 1.67)/4.39 \fallingdotseq 3.04$

### ㊒8-5

$(\ln(15) - 1.07)/0.50 \fallingdotseq 3.28$

第 9 章

# 複数条件下のデータ解析 II

前章では複数の条件で得られた計数データを離散型回帰モデルおよび正規回帰モデルで解析しました。本章では複数の条件で得られた計量データを連続型統計モデル、すなわち指数回帰モデル、ワイブル回帰モデルおよび正規回帰モデルで解析する方法を説明します。

## 9.1 指数回帰モデル



指数モデルは第7章で解説したように機械部品などの寿命を表すために使われてきました。したがって本章では機械部品の耐久試験で複数の条件下での部品の寿命を例にして解説します。

**例題 1** 機械部品Mの耐久試験である高温度に1から5時間まで暴露後、その寿命を調べた結果、次のような結果となりました。ここで、各暴露時間でのサンプルサイズは30個です。この結果を指数回帰モデルで解析しなさい。次に2.5時間暴露したとき、部品Mの50%が故障する時間（半減期）$T_{50}$と平均寿命$T_{avr}$を推定しなさい。なお、データは Ex Data 9-1 にあります。

| 暴露時間 | 寿命 | | | | |
|---|---|---|---|---|---|
| 1 | 108.2 | 453.5 | 87.83 | 301 | ・・・ |
| 2 | 388.7 | 194.9 | 289.5 | 351.2 | ・・・ |
| 3 | 89.72 | 117.2 | 70.59 | 57.43 | ・・・ |
| 4 | 319.9 | 16.79 | 29.87 | 181.6 | ・・・ |
| 5 | 90.26 | 12.78 | 102.7 | 227.3 | ・・・ |

解答1

このデータのヒストグラムを**図9-1**に示します。この図では暴露時間ごとの寿命を各相対度数で示しています。特に暴露時間が5の場合でみられるように、暴露時間が長くなるほど寿命の短い分布になる傾向が分かります。

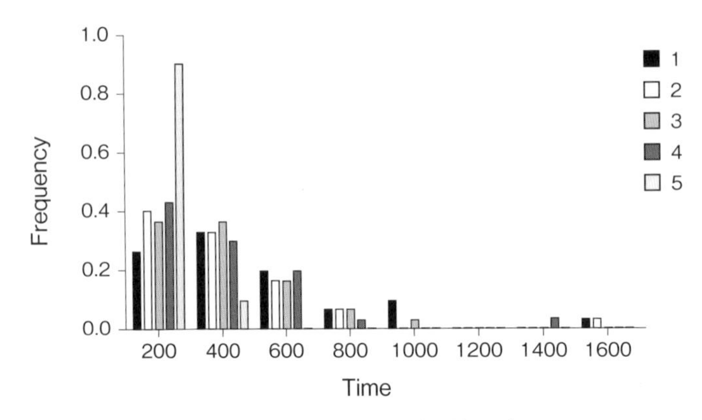


図9-1　各暴露時間での部品Mの寿命分布（相対度数）

このデータの標本統計量を**表9-1**に示します。これまでの例題と比べて、VMRの値が非常に大きいことが分かります。

表9-1　機械部品Mの寿命データの標本統計量

| 暴露時間 | 標本平均 | 標本分散 | VAR |
|---|---|---|---|
| 1 | 438.4 | 162600 | 371 |
| 2 | 321.7 | 98410 | 305.9 |
| 3 | 297.9 | 45660 | 153.3 |
| 4 | 292.3 | 72770 | 248.9 |
| 5 | 88.06 | 5175 | 58.77 |

暴露時間を$t$、寿命を$x$と置き、線形予測子として$x=at+b$を考えます。指数分布の確率密度関数は$f(x)=(1/\beta)\exp(-x/\beta)$と表され、パラメーターは$\beta(>0)$だけです。この$\beta$に線形予測子を代入して、$\beta=at+b$として解析します。したがって本モデルは$x$~Expon(1/($at+b$))と表せます。ここではリンク関数なしで解析してみます。

Excelを使って**図9-2**に示すように解析します。まず、B列に寿命データを、C列に暴露時間を入力します。データが指数モデルに従うと仮定すると、その生成確率$P$は例えば最初のデータ（セルB6）では=EXPON.DIST(B6, 1/($B$3*C6+$E$3), FALSE)と表せます。ここで暴露時間$t$が長くなるほど、寿命$x$は短くなる傾向があるので、$\beta=at+b$の値も小さくなる必要があります。したがって係数$a$は負の値にする必要があります。係数$a$と$b$の初期値は事前情報がないので、−1と1を入力してみます。ソルバーによって負の対数尤度を最小にする最適な係数$a$と$b$の値が求められました（**図9-2**）。

| | A | B | C | D | E |
|---|---|---|---|---|---|
| 1 | 指数回帰モデル | | x~Expon(1/(at+b)) | | |
| 2 | | a<0 | b | sum | AIC |
| 3 | | -96.03 | 585.6 | 984.8 | 1973.7 |
| 4 | | | | | |
| 5 | No. | x | time | P | -ln P |
| 6 | 1 | 90.26 | 5 | 0.004 | 5.5142 |
| 7 | 2 | 12.78 | 5 | 0.008 | 4.7794 |
| 8 | 3 | 102.7 | 5 | 0.004 | 5.6322 |

図9-2　指数回帰モデルによる解析結果 Ex 9-1

この解析結果からヒストグラムを描くと**図9-3**となり、データ（**図9-1**）とよく一致していることが分かります。

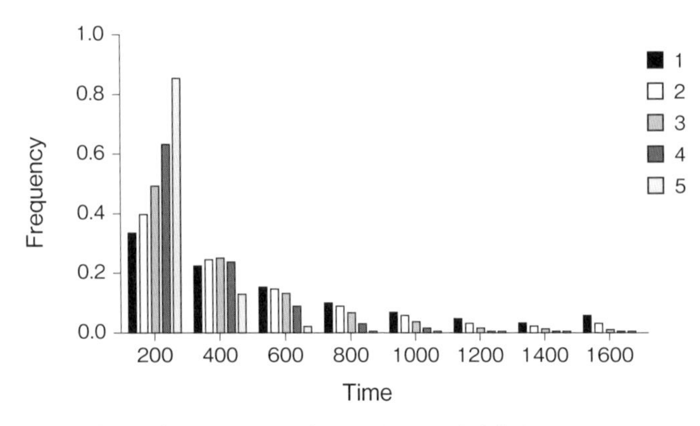


図9-3　指数回帰モデルによる各暴露時間での寿命推定

次に2.5時間暴露した部品の寿命は、係数$a$と$b$の最適値から$\beta = -96.0 \times 2.5 + 585.6 = 345.5$となるので、確率密度関数は$f(x) = (1/345.5)\exp(-x/345.5)$となります。部品Mの50%が故障する時間（半減期）は指数分布で累積確率を表すExcel関数=EXPON.DIST(x, 1/345.5, TRUE) を使うと、**図9-4**に示すように$x = 239.5$が累積確率0.5に最も近いので、$T_{50} = 239.5$となります。ここでは時間を0.1刻みで計算しました。

| V | W | X |
|---|---|---|
| | | |
| Expo time | | 2.5 |
| | β | 345.5 |
| | | |
| | x | Expon |
| | 239 | 0.499301 |
| 0.1 | 239.1 | 0.499446 |
| | 239.2 | 0.499591 |
| | 239.3 | 0.499736 |
| | 239.4 | 0.499881 |
| | 239.5 | 0.500026 |
| | 239.6 | 0.50017 |
| | 239.7 | 0.500315 |

図9-4　T50の推定
枠で囲った数値239.5が累積確率が最も0.5に近いものを示します。

平均寿命は指数分布で平均は定義より$\beta$ですから$T_{avr}=345.5$となります。

なお、この例題のデータはRを使って指数分布から発生させた乱数を使用しました。そのコードを下に示します。

```
1  #Rnd generator-Expon
2  a<-0;s<-NULL
3  for (a in 1:5) {
4    aa<-a*100
5    e<=rexp(30,1/aa)
6    s<-c(s,e)
7  }
```

㊐9-1

例題1で機械部品Mを4.5時間暴露したときの平均寿命$T_{avr}$を推定しなさい。

# 9.2 ワイブル回帰モデル

ワイブルモデルもこれまで説明したように、機械製品などの寿命を解析する場合、一般的に使われてきたモデルです。指数モデルよりもパラメーターが1つ多いため、いろいろな形状の分布に適用が可能です。ここでは異なった環境（あるいは製造）条件での製品の寿命データセットについて考えてみましょう。

ワイブル回帰モデルをデータに適用する前に、ワイブル分布Weibull$(\alpha,\beta)$について確認します。ワイブル分布のパラメーターは、形状パラメーター$\alpha$、スケールパラメーター$\beta$の2つがあります。この2つのパラメーターの値によって確率密度分布がどのように変化するかをみましょう。最初に$\beta$の値を一定にして、$\alpha$の値を変化させると、確率密度曲線は**図9-5A**のように変化します。つまり、$\beta$の値を一定（3000）にし、$\alpha$の値を1.5から4.5まで増加させると、確率密度のピークも$x$の大きな値のほうへ変化しますが、さらに$\alpha$の値を増加させると、ピークの位置はほとんど変わらず、高くなって左右対称の分布に近づきます。また、$\alpha$のわずかな変化で確率密度曲線は大きく変化することが分かります。一方、$\alpha$を一定（1.5）にして$\beta$の値を変化すると、確率密度曲線は**図9-5B**のように変化します。$\beta$を増加させると、確率密度曲線のピークは下がっていき、同時に$x$の大きな値のほうへ移動します。また、$\beta$はその値をかなり大きく変化させないと、確率密度曲線は変化しないことが分かります。

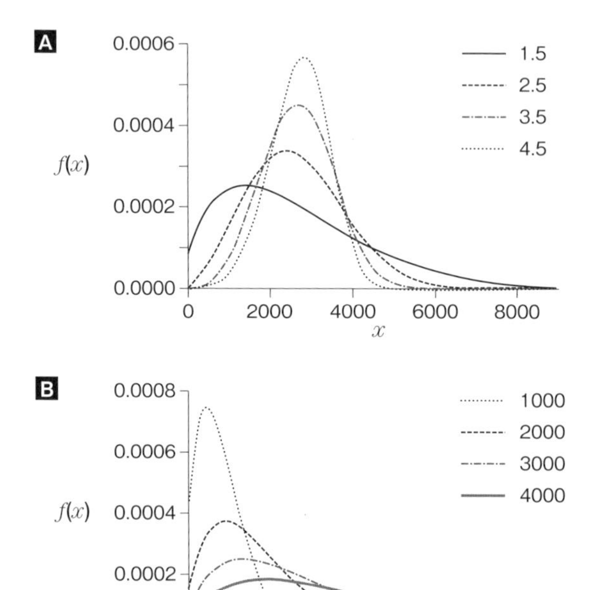


図9-5　ワイブル分布Weibull($\alpha$, $\beta$)の確率密度分布
A：$\beta$一定（3000）、B：$\alpha$一定（1.5）

ワイブル回帰分析では条件（用量）を$\alpha$あるいは$\beta$に組み込んで予測線形子としてデータを解析することができます。さらに、両パラメーターを共に予測線形子で表すことも可能です。次の例題で解説します。

**例題2**　機械部品Qに対して、ある環境要因について4種類の強度（ストレス）で耐久試験（各グループ50個）を行い、下の表に示す各グループの寿命データ Ex Data 9-2 を得ました。この要因は1, 2, 3, 4の強度$x$（単位省略）で表されます。この寿命データはワイブル分布モデルに従うと仮定し、1次式を用いて回帰分析しなさい。次に強度3.5で暴露したとき、部品Qの50%が故障する時間（半減期）$T_{50}$を推定しなさい。

| 強度 | 寿命 | | | | |
|---|---|---|---|---|---|
| 1 | 6231 | 2506 | 2860 | 8631 | ・・・ |
| 2 | 509.3 | 1677 | 2859 | 10237 | ・・・ |
| 3 | 8654 | 9499 | 3341 | 4934 | ・・・ |
| 4 | 5104 | 9668 | 24669 | 13927 | ・・・ |

**解答2**

このデータの標本統計量を**表9-2**に示します。VMRが例題1よりもさらに大きい値でした。

表9-2 機械部品Qの寿命データの標本統計量

| 強度 | 標本平均 | 標本分散 | VMR |
|---|---|---|---|
| 1 | 10850 | $4.566\times10^7$ | 4210 |
| 2 | 7880 | $2.478\times10^7$ | 3144 |
| 3 | 5945 | $1.773\times10^7$ | 2982 |
| 4 | 3899 | $4.897\times10^6$ | 1256 |

このデータをヒストグラム（相対度数）に表すと**図9-6**になります。先ほどの指数回帰モデルでの例題と同様に、耐久試験の条件が強くなるほど、部品の寿命が次第に短くなる傾向がみられます。

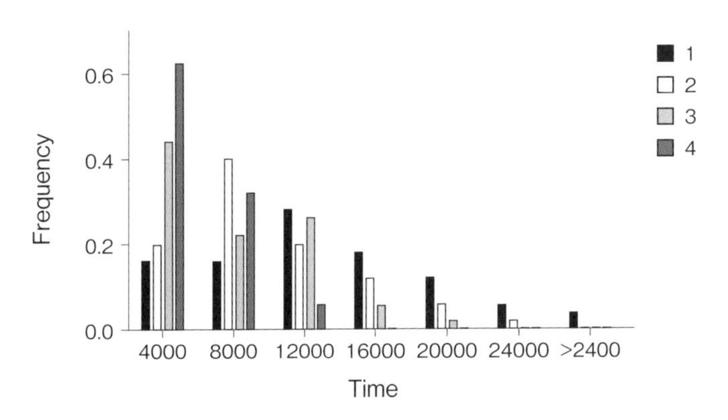


図9-6 各強度で暴露した部品Qの寿命分布

ワイブル回帰モデルを用いてデータを解析する場合、2つのパラメーターの初期値はどのくらいか見当がつきません。そこで、前述したワイブルプロットを使って、パラメーター値を推定しましょう。例えば強度4で暴露した部品Qの寿命データをプロットすると、**図9-7**に示す結果が得られます。図中のExcelの近似直線機能による回帰直線の式から、2つのパラメーター値は$\alpha = 1.63, \beta = 4470$と計算されます。

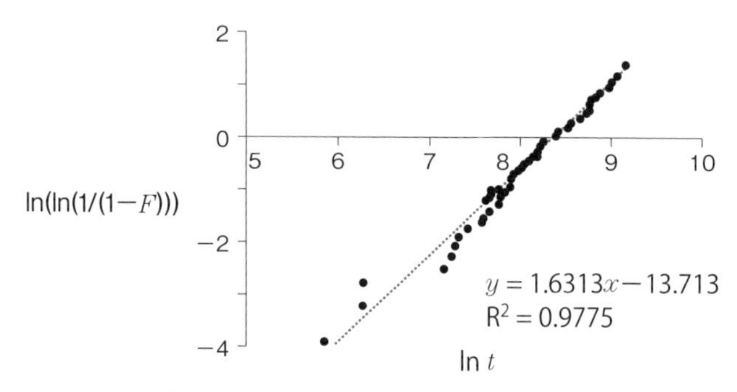


図9-7　ワイブルプロット：強度4で暴露した部品Qの寿命
点線は回帰直線を示します。

## 問 9-2

図9-7に示した回帰直線の式から、パラメーター$\alpha$と$\beta$の値を推定しなさい。

ワイブル分布Weibull($\alpha, \beta$)の2つのパラメーターについて、**図9-5**に示した特性から、この例題では最初に$\alpha$を固定し、$\beta$を強度$x$に依存して予測線形子$\beta = ax + b$を用いた回帰モデル$y$~Weibul($\alpha, ax + b$)を考えます。ここで$y$は部品Qの寿命、$a$と$b$は係数、$x = 1, 2, 3, 4$です。このモデルをモデルIとします。

Excelを用いた解析は**図9-8**に示すように行います。つまり、B列に強度、C列にデータである寿命$y$を入力します。D列でデータが生成する確率$P$を計算します。例えば最初のデータ（セルC7）では=WEIBULL.DIST($C7, $E$2, $E$3*B7+$E$4, FALSE)で計算します。ここでパラメーター$\alpha$はセルE2に、$\beta$の$a$はセルE3に、$b$はセルE4に設定します。$\alpha$の初期値はワイブルプロットから得た1.6を入れます。強度が大きくなるにしたがって$\beta$は**図9-5**で示したように小さくなる必要があるので、$a$は負の値になります。ただし、$\beta$自体は正の値である必要があるので、$b$はある程度大きな値が必要です。ここでは例えば$a = -10, b = 10000$を入力します。ソルバーの制約条件としては、$\alpha$と$b$が正、$a$が負の値をとるようにします。ソルバーによる解析の結果、各パラメーターの最適値およびAICは**図9-8**に示すように得られました。

| | A | B | C | D | E | F | G |
|---|---|---|---|---|---|---|---|
| 1 | ワイブル回帰モデルⅠ | | | | y~Weibul(α, ax+b) | | |
| 2 | | | | α>0 | 1.6077 | sum | 1932.5 |
| 3 | | | β | a<0 | -2470.5 | AIC | 3871 |
| 4 | | | | b>0 | 14130 | | |
| 5 | | | | | | | |
| 6 | No. | x | y | P | -ln P | | |
| 7 | 1 | 4 | 6231 | 8E-05 | 9.498 | | |
| 8 | 2 | 4 | 2506 | 0.0002 | 8.6281 | | |
| 9 | 3 | 4 | 2860 | 0.0002 | 8.6491 | | |

図9-8　ワイブル回帰モデルⅠによる解析結果 Ex 9-2

次に、$\alpha$も強度に依存すると仮定し、予測線形子を$\alpha = cx + d$としたモデル$y$~Weibul($cx + d, ax + b$)を考えます。これをモデルⅡとします。モデルⅡは、予測線形子$\alpha = cx + d$以外の部分はモデルⅠと同じです（**図9-9**）。つまり、最初のデータ（セルC8）の生成確率$P$は=WEIBULL.DIST($C8, $E$2*B8+$E$3, $E$4*B8+$E$5, FALSE)となります。係数が4つのモデルとなりますが、$a$と$b$の初期値は、先ほどの最適値を入力します。**図9-5**に示したように$\beta$に比べて$\alpha$の値に大きな変化はないので、$c$と$d$は例えば0.1と1を入力します。また、$c$と$d$に正負の制限は付けません。ソルバーによる解析の結果、**図9-9**に示す各係数の最適値が得られました。$c$の値は0に近い値となり、このデータでは$\alpha$に強度による影響はほとんどなかったと推察されます。両モデルの最大対数尤度はほぼ等しく、パラメーターの数によってAICの値はモデルⅠのほうが小さくなりました。なお、両モデルともリンク関数は介していませんが、データによくフィットしました。

| | A | B | C | D | E | F | G |
|---|---|---|---|---|---|---|---|
| 1 | **ワイブル回帰モデル II** | | | | **$y$~Weibul($cx+d$, $ax+b$)** | | |
| 2 | | | **$\alpha$** | **c** | **0.0266** | **sum** | **1932.46** |
| 3 | | | | **d** | **1.5421** | **AIC** | **3872.91** |
| 4 | | | **$\beta$** | **a<0** | **-2443** | | |
| 5 | | | | **b>0** | **14047** | | |
| 6 | | | | | | | |
| 7 | **No.** | **x** | **y** | **P** | **-ln P** | | |
| 8 | **1** | **4** | **6231** | **8E-05** | **9.4767** | | |
| 9 | **2** | **4** | **2506** | **0.0002** | **8.622** | | |
| 10 | **3** | **4** | **2860** | **0.0002** | **8.6371** | | |

図9-9　ワイブル回帰モデルIIによる解析結果

この例題では$\beta$のみを回帰式とするモデルIが適していたので、モデルIをデータと2つの方法で比べてみましょう。1つ目はヒストグラムです（**図9-10**）。強度が大きいほど寿命が短くなる傾向がみられ、**図9-6**のデータのヒストグラムともよく一致しています。

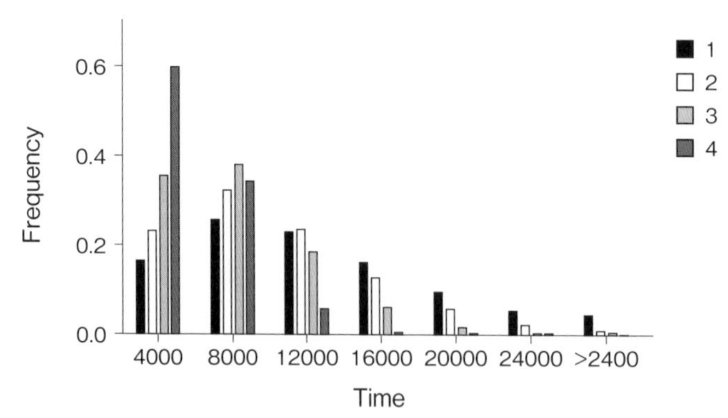

図9-10　ワイブル回帰モデルIによる寿命の推定

2つ目は累積確率分布曲線です（**図9-11**）。これも各強度のデータに対してワイブル回帰モデルIによる曲線がよく一致していることが分かります。

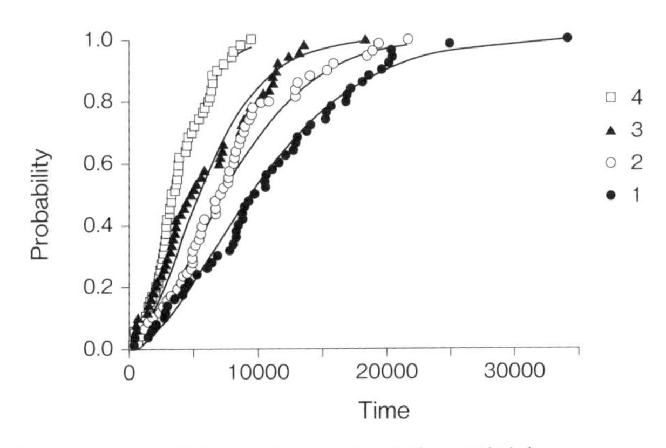


図9-11　ワイブル回帰モデルⅠによる寿命の累積確率

次に強度3.5で暴露したときモデルⅠを使って部品Qの50%が故障する時間（半減期）$T_{50}$を、指数回帰モデル（**図9-4**）と同様に累積分布関数を使って推定します。推定したパラメーター値を用いて、$x=3.5$として連続した時間で累積確率が最も0.5に近い時間を求めると、$T_{50}=4360$が得られます。ここでは時間間隔を10として計算しました。

**㊐9-3**

モデルⅠを使って強度2.5で暴露したとき、部品Qの50%が故障する時間（半減期）$T_{50}$を推定しなさい。



最後に、連続型モデルである正規回帰モデルでこのデータを解析してみます。この場合、正規モデルN$(\mu, \sigma^2)$において平均$\mu$と標準偏差$\sigma$を共に1次の予測線形子で表して解析しましょう。つまり、$\mu=ax+b$と$\sigma=cx+d$の2つの予測線形子を用います。ただし、リンク関数は用いません。したがって本モデルは$y$~N$(ax+b, (cx+d)^2)$と表せます。これをモデルⅢとします。

Excelを使った解析を**図9-12**に示します。B列に強度、C列に寿命データを入力し、D列で生成確率$P$を計算します。例えば最初のデータ（セルC8）では=NORM.DIST(C8, $E$2*B8+$E$3, $E$4*B8+$E$5, FALSE)と表されます。係数$a, b, c, d$の初期値は、データの標本平均7143と標本標準偏差5418から推定します。強度が増すについて寿命は減少するので、$a$と$c$は負の値にします。例えば$a=-1000, b=5000, c=-100, d=1000$とします。ソルバーによる最適化の結果、**図9-12**に示すような係数の値が得られます。ただし、AICの値はワイブル回帰モデルI(**図9-8**)よりも大きな値となり、ワイブル回帰モデルのほうが適していることが分かりました。

| | A | B | C | D | E | F | G |
|---|---|---|---|---|---|---|---|
| 1 | **正規回帰モデル** | | | $y$~N$(ax+b, (cx+d)^2)$ | | | |
| 2 | | | av | a<0 | -2177 | sum | 1951.8 |
| 3 | | | | b | 12564 | AIC | 3911.5 |
| 4 | | | sd | c<0 | -1505 | | |
| 5 | | | | d | 8290.4 | | |
| 6 | | | | | | | |
| 7 | No. | x | y | P | -ln P | av | 7142.6 |
| 8 | 1 | 4 | 6231 | 0.0001 | 9.1934 | sd | 5418.2 |
| 9 | 2 | 4 | 2506.2 | 0.0001 | 8.824 | | |
| 10 | 3 | 4 | 2859.7 | 0.0002 | 8.7436 | | |

図9-12　正規回帰モデルによる解析結果

正規回帰モデルを用いた累積確率分布曲線を描くと(**図9-13**)、ワイブル回帰モデルI(**図9-10**)と比べて強度2と3でデータとの差がやや大きくみられました。

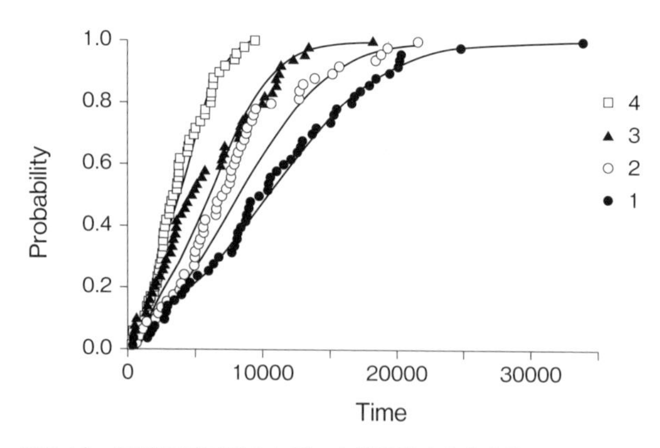


図9-13　正規回帰モデルを用いた累積確率分布曲線

**練習問題9-1**

例題2を分散が一定の正規回帰モデル$y$~N$(ax + b, \sigma^2)$を使って解析し、モデルIIIとAICを比較しなさい。

なお、この例題のデータはRを使ってワイブル分布から発生させた乱数を使用しました。すなわち、$\alpha$を一定にし、条件によって$\beta$を変化させたワイブル分布を使いました。そのコードを下に示します。

```
1  #Weibull random sampling   "Weibull prob randm"
2  n<-4          #no. of stresses
3  shape<-1.5; scale<-4000
4  rr<-0; r<-0; t<-50   # no. of randm
5  for(q.count in 1:n){
6   r<-rweibull(t,shape,scale)
7      rr<-c(rr,r)
8     scale<-scale+2000
9  }
```

# 9.3 回帰分析のポイント

本書では統計モデリングについて、第6章から第9章で例題を用いて具体的な説明をしてきました。再度、解析のポイントを示すと以下のようになります。

①データの生成起因、特性、分布状態(ヒストグラム)、標本統計量(平均、分散など)を調べ、それに合った統計モデルを選ぶ。
②なるべく多くの統計モデルを作る。ただし、予測線形子は複雑にしないほうがよい。
③リンク関数を(有無を含めて)検討する。
④ソルバーを使った最適化ではパラメーターの初期値に注意する。いろいろな解析手段を使って初期値を探す。また、パラメーターの制約条件を明確にする。場合によっては試行錯誤で初期値を検討し、最適化をする。

# ㊞ 解答

## ㊞9-1

$\beta = -96.0 \times 4.5 + 585.6 = 153.5$ より、$T_{avr} = 153.5$

## ㊞9-2

$\alpha$は回帰直線の傾きに等しいので、1.63となります。回帰直線の切片から$\alpha \ln(\beta) = 13.71$が成り立ち、これを解くと$\beta = 4470$と推定されます。

## ㊞9-3

モデルIのパラメーター値を使って累積確率が最も0.5に近い時間を求めると、下に示すように$T_{50} = 6330$が得られます。ここでは時間間隔を10として計算しました。

| R | S |
|---|---|
| | |
| | |
| T 50 | |
| | 2.5 |
| 10 | |
| | |
| 6300 | 0.4972 |
| 6310 | 0.498 |
| 6320 | 0.4989 |
| 6330 | 0.4998 |
| 6340 | 0.5007 |
| 6350 | 0.5016 |

# 第10章
# 各種のデータ解析手法

これまで統計モデルを適用したデータ解析を解説してきましたが、それと関連した代表的な解析手法を説明します。

## 10.1 ブートストラップ法

ブートストラップ法は限られたサイズのデータから無作為に復元抽出を数多く繰り返し、得られた分布から標準偏差などの各パラメーター値を推定する方法で、B. Efronによって開発されました。ブートストラップ法は、乱数の発生方法からノンパラメトリック・ブートストラップ法とパラメトリック・ブートストラップ法の2つの方法に大別されます。

ノンパラメトリック・ブートストラップ法は何の条件もつけずに無作為に復元抽出を行います。すなわち、各データに番号を割り当て、それに乱数を当てはめます。もしデータサイズが$n$個であれば、データ$\{x_1, x_2, \cdots, x_i, \cdots, x_n\}$に対してまず、区間[0, 1]を$n$等分した各区間を1対1で対応させます。次に$n$個の乱数を等しい確率で生成させます。その乱数の値に対応する$x$を$x_i^*$とすると、新しい1組のサンプルデータ$\{x_1^*, x_2^*, \cdots, x_i^*, \cdots, x_n^*\}$が作られます。このサンプルから例えば平均$\bar{x}_1^*$を求めます。この操作を繰り返し行います。こうして元のデータから復元抽出を繰り返すことになり、大量のデータが取り出されます。このようにして作られたデータからその推定値の分布が得られ、それから平均や分散など各種の統計量が得られます。

パラメトリック・ブートストラップ法では、ある確率分布からランダムサンプリングを行います。この方法ではサンプルデータ$\{x_1, x_2, \cdots, x_i, \cdots, x_n\}$に対して平均$\bar{x}$、標準偏差$s$を計算します。例えば正規分布N$(\bar{x}, s^2)$に従う$n$個の乱数を発生させ、新しい1組のデータ$\{x_1{}^*, x_2{}^*, \cdots, x_i{}^*, \cdots, x_n{}^*\}$が作られます。このデータからある統計量、例えば平均を求めます。この操作を繰り返し行います。上記のノンパラメトリック・ブートストラップ法も取り出す確率分布が一様分布ですから、パラメトリック・ブートストラップ法の1つともいえます。

ノンパラメトリックまたはパラメトリック・ブートストラップ法によって得られた分布から、標準偏差と95%信頼区間などが求められます。解析する推定値が平均であれば、前述した中心極限定理によりこの分布は正規分布に従うことが分かります。

**例題1**　ある養鶏場から出荷されたロットの鶏卵から6個のサンプルを無作為に取り出して重量(g)を測定した結果、47.8, 56.1, 53.8, 62.3, 50.7, 65.8でした。このデータについてノンパラメトリック・ブートストラップ法を用いて平均、標準偏差、2.5%および97.5%タイル値を求めなさい。

**解答1**

この例題では平均を扱うので、この手法は第3章の中心極限定理で使用した手法と同じになります。Rを使うと次のようなコードになります(コード10-1)。

コード10-1　Rコード：ノンパラメトリック・ブートストラップ法

```
1   smp<-NULL;smp.means<-NULL  #Bootstrap-nonpara
2   egg<-c(47.8, 56.1, 53.8, 62.3, 50.7, 65.8)
3   n<-6
4   prb<-c(1/n,1/n,1/n,1/n,1/n,1/n)
5   m<-mean(egg)   #Measured mean
6   s<-sd(egg)      #Measured sd
7   m
8   s
9   for(i in 1:100000){
10    smp<-sample(x=egg,prob = prb, size = 6, replace =
    TRUE)
11    smp.means<-append(smp.means, mean(smp))
12  }
```

```
13  ggplot(NULL,aes(x=smp.means))+geom_histogram()
14  M<-mean(smp.means)
15  S<-sd(smp.means)
16  M
17  S
18  quantile(smp.means,probs = (0.025))
19  quantile(smp.means,probs = (0.975))
20  qqnorm(smp.means)
```

1行目：使うベクトルを初期化します。

2行目：サンプルサイズ$n$が6と小さいので、データはそのままベクトルとして書き込みます。

3行目：6つの値が等しい確率で選ばれるように、対応する確率prbもすべて等しくします。ここでは$1/n$となります。

4〜8行目：実測値からその標本平均$m$と標本標準偏差$s$を求め、それらを表示します。Rでの標準偏差sdは不偏標準偏差です。

9〜12行目：データから復元抽出で等しい確率で無作為にサンプルを取り出し、その平均を求めます。それをsmp.meansに格納していきます。これを10万回繰り返します。

13行目：smp.meansに格納したデータのヒストグラムを書きます。ここではggplotというグラフィックス機能を使っています。RStudioでggplotを使うためには事前に"Packages"の"User Library"でggplot2にクリックを入れておく必要があります。

14〜19行目：smp.meansに格納したデータの統計量（平均M、不偏分散S、2.5%および97.5%パーセンタイル）を求めます。

20行目：参考として生成された平均データの正規性をQQplotで確認します。

結果としてブートストラップ法によって平均$M=56.1$、不偏標準偏差$S=2.56$、2.5%パーセンタイル51.2、97.5%パーセンタイル61.2が得られました。なお、元の6個のサンプルについては平均$m=56.1$、不偏標準偏差$s=6.87$でした。また、ノンパラメトリック・ブートストラップ法によって、**図10-1**に示すヒストグラムが描かれました。左右対称の正規分布に近い分布が得られました。**図10-2**のQQplotでも対角線方向に高い直線性がみられ、正規分布と認められました。

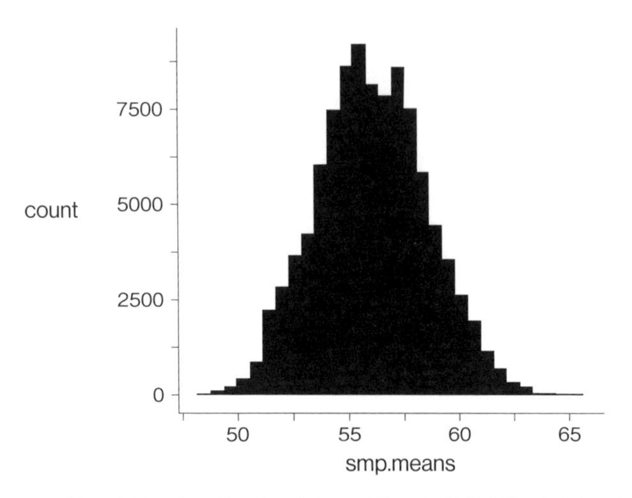


図10-1　ノンパラメトリック・ブートストラップ法による解析データのヒストグラム

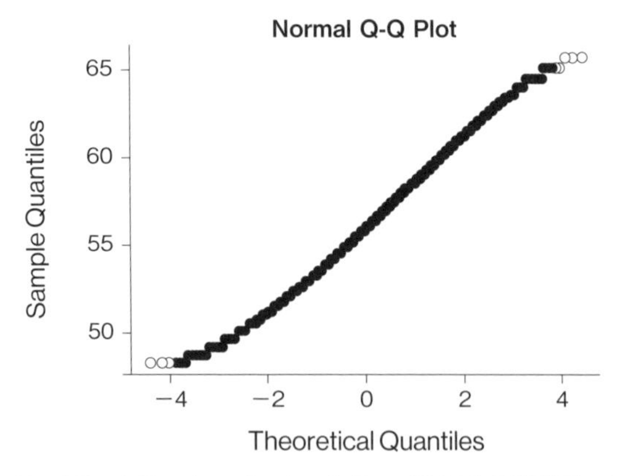


図10-2　ノンパラメトリック・ブートストラップ法による解析データのQQplot

## ㊎10-1

この例題の測定データ $(n = 6)$ に中心極限定理を適用し、ノンパラメトリック・ブートストラップ法の結果と、平均と標本標準偏差について比較しなさい。

次に同じ鶏卵データに対して正規分布を用いたパラメトリック・ブートストラッ

プ法を適用します。ここではデータから得た平均と不偏標準偏差からなる正規分布から乱数を発生させ、その平均について分布をみましょう。Rを使うとコード10-2のようなコードになります。コード10-1のノンパラメトリック・ブートストラップ法と比較すると、9行目で正規分布から乱数を発生させています。

コード10-2　Rコード：パラメトリック・ブートストラップ法

```
1   ss<-NULL;st<-NULL     #Bootstrap-para
2   egg<-c(47.8, 56.1, 53.8, 62.3, 50.7, 65.8)
3   m<-mean(egg)
4   s<-sd(egg)
5   m
6   s
7   smp.means<-NULL
8   for(i in 1:100000){
9     ss<-rnorm(6,m,s)
10    smp.means<-append(smp.means, mean(ss))
11  }
12  ggplot(NULL,aes(x=smp.means))+geom_histogram()
13  M<-mean(smp.means)
14  S<-sd(smp.means)
15  M
16  S
17  quantile(smp.means,probs = (0.025))
18  quantile(smp.means,probs = (0.975))
```

10

結果として平均$M = 56.1$、不偏標準偏差$S = 2.80$、2.5%パーセンタイル50.6、97.5%パーセンタイル61.5が得られました。この結果をノンパラメトリック・ブートストラップ法と比較すると、平均は等しく、標準偏差がやや大きくなりました。また、**図10-3**に示す左右対称のヒストグラムが描かれました。

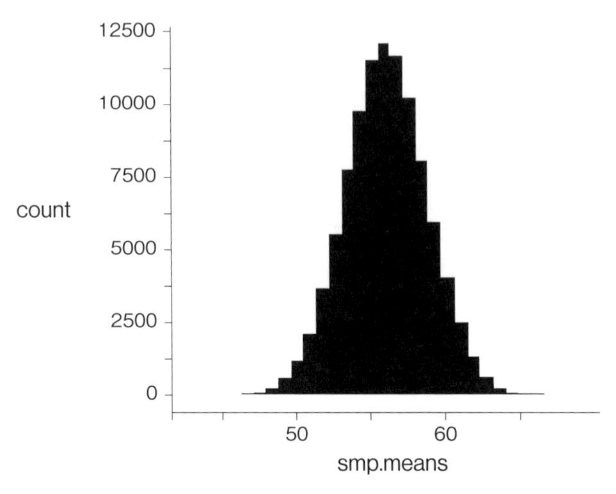


図10-3　パラメトリック・ブートストラップ法による解析データのヒストグラム

## 10.2 モンテカルロ法

数学的な問題の解を求めるために、乱数を使って近似的な解を得る方法を一般にモンテカルロ法Monte Carlo methodといいます。この方法はコンピューターの生みの親の一人であるアメリカのフォン・ノイマンらが最初に開発した方法といわれています。通常では解析解が得られないような難解な数式も、モンテカルロ法によって比較的簡単に解ける場合があります。モンテカルロ法では計算した結果が条件に合う乱数のみをカウントし、その比率を求めます。この比率が求める推定値となります。

**例題2**　次の定積分の値Lをモンテカルロ法で求めなさい。

$$L = \int_0^2 x^3 dx$$

**解答2**

この例題は関数$y = x^3$で$x$が[0, 2]での積分値を求める問題です。この値は定積分の公式を使えば次のように4と求められます。

$$L = \int_0^2 x^3 dx = \left[ \frac{x^4}{4} \right]_0^2 = 4 \tag{10-1}$$

モンテカルロ法ではこの公式を使わずに乱数を使って積分値を求められます。最初に0から2までの範囲[0, 2]で一様な乱数を1.261, 0.813,･･･のように、例えば1000個発生させます。それを$x$とします。$y$についても同様に1000個の乱数を発生させます。ただし、$y = x^3$において$x = 2$のとき$y = 2^3 = 8$ですから、[0, 8]の範囲で一様な乱数を発生させます。こうして$(x, y)$の組が1000組できます。これらの組を2次元座標の点として考えましょう。次に各組で$x^3$を計算し、$y$と比較して$x^3$が$y$以上であれば条件に合うのでカウントし、$y$未満である組はカウントしません。例えば(1, 1.32)の組は$1^3 = 1 < 1.32$であるため、$x^3 < y$となってカウントしません。組$(x, y)$を2次元平面上の1つの点と考えると、**図10-4**のようにイメージができます。ここで長方形の中で$y = x^3$の曲線より下の点が条件に合った点になります。条件に合う点の数が全部の点の数に占める比率が求める値となります。最後に該当する全面積(ここでは点線で囲まれた長方形)に比率を掛けて求めます。

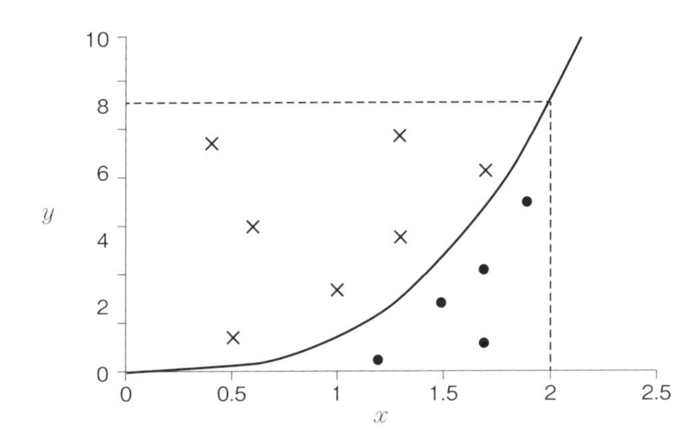


図10-4　モンテカルロ法の考え方
曲線は関数$y = x^3$を表したものです。条件に合う点を○で、合わない点を×で示します。

実際にRを使って10000組の乱数を発生させるシミュレーションをしてみましょう。そのコードはコード10-3のようになります。

コード10-3　Rコード：モンテカルロ法による解法

```
1   #Monte Carlo y=x^3 [0,2]
2   s<-0;i<-0;cc<-10000;a<-0
3   for(c in 1:cc){
4     x<-runif(1,0,2)
5     y<-runif(1,0,2^3)
6     if(x^3>y){
7       s<-s+1
8     }
9   }
10  i<-s/cc
11  a<-i*(2*2^3)
12  a
```

2行目：ccで繰り返し操作を10,000回行うように指定します。

3〜5行目：$x$と$y$に対して乱数を発生させます。区間内で一様に乱数を発生させるための関数runif()を使います。

6〜7行目：条件を作成し、それに合う場合はカウントし、$s$に1つ足します。

10行目：比率$i$ = s/ccを求めます。

11〜12行目：比率$i$と長方形の面積から求める値を計算します。

実際にRを動かすと、例えば3.96という定積分4に近い値が得られました。このような手法でさらに複雑な関数でも求める値が得られます。

# 10.3 応答曲面法

複数の要因（独立変数$x_1, x_2, \cdots$）と結果（従属変数$y$）の関係を解析する方法の1つとして、応答曲面法Response surface methodがあります。例えば、従属変数を2つの独立変数の1次式で表すと、次の式になります。

$$y = a_1x_1 + a_2x_2 + a_3 \tag{10-2}$$

この式を使った解析は第8章で説明した重回帰分析になります。応答曲面法はこれと類似していますが、式10-2の関係式を高次の式に拡張した手法とも考えられます。本章では最小2乗法を用いて、つまりデータは分散一定の正規分布に従うと仮定して、応答曲面法を説明します。実際の解法にはExcelソルバーを使います。

**例題3**　サルモネラ(食中毒細菌)を市販牛肉中に接種し、一定温度で保存後、最大到達菌数濃度$N_{max}$(log CFU/g)を測定しました[1)]。実験は3種の初期菌数濃度Initial dose(log CFU/g)と4種類の保存温度Temperature(℃)の計12種類の条件で行い、次の結果を得ました。
ここでCFU(colony forming unit)は生きた菌数を表す単位です。

| | | Initial dose | | |
|---|---|---|---|---|
| | | 2.2301 | 3.2653 | 4.1646 |
| Temp | 15.9 | 6.7769 | 7.3836 | 7.904 |
| | 19.7 | 7.1276 | 7.7869 | 8.6769 |
| | 23.8 | 7.2393 | 8.27 | 8.7903 |
| | 27.7 | 8.3127 | 9.1582 | 9.009 |

このデータを応答局面法で解析しなさい。次に温度25℃および初期菌数4 log CFU/gのときの$N_{max}$(log CFU/g)を推定しなさい。

**解答3**

最初に$N_{max}$を保存温度$T$と初期菌数$I$の多項式で表します。$T$と初期菌数$I$の多項式として2次式、3次式などが考えられますが、次数を上げていくと係数が増えていきます。できるだけ少ない係数で$N_{max}$を表すため、ここでは2次式(式10-3)を使ってデータを解析します。

$$N_{max} = a_1T^2 + a_2I^2 + a_3TI + a_4T + a_5I + a_6 \tag{10-3}$$

ここで$a_i$は係数です($i = 1, 2, 3, \cdots, 6$)。なお、原著論文では3次式を使いました[1)]。

㊣**10-2**　$N_{max}$を$T$と$I$の3次式で表しなさい。その係数はいくつありますか。

解析方法は**図10-5**に示すように各条件での測定値をセルC8:E11に入れ、それに対応して式10-3に従って推定値をセルH8:J11で計算します。例えばセルH8では=$B$4*$B8^2+$C$4*H$7^2+$D$4*$B8*H$7+$E$4*$B8+$F$4*H$7+$G$4と計算されます。ここで式10-3の各係数はセルB4:K4に設定します。次に測定値と推定値の差の二乗をセルH13:J16で計算し、ここではその和sumをセルH18で求めます。この和が最小になる各係数の最適値をソルバーで求めます。各係数の初期値が重要ですが、ここでは事前の情報がないので、2つの独立変数によって変動する項の係数はすべて0とし、定数項$a_6$は実測値から例えば6とします。ソルバーで誤差の二乗和が最小となる係数値を探すと、**図10-5**の結果が得られました。ソルバーの制約条件は$a_6$>0としました。

| | A | B | C | D | E | F | G | H | I | J |
|---|---|---|---|---|---|---|---|---|---|---|
| 1 | **応答局面法** | | | | | | | | | |
| 2 | | $N_{\max} = a_1T^2 + a_2I^2 + a_3TI + a_4T + a_5I + a_6$ | | | | | | | | |
| 3 | | a1 | a2 | a3 | a4 | a5 | a6 | | | |
| 4 | | 0.0024 | 0.0715 | -0.003 | 0.0326 | 0.179 | 5.0133 | | | |
| 5 | | | | | | | | | | |
| 6 | Measured | | Initial dose | | | | Estimated | | | |
| 7 | | | 2.2301 | 3.2653 | 4.1646 | | | 2.2301 | 3.2653 | 4.1646 |
| 8 | Temp | 15.9 | 6.7769 | 7.3836 | 7.904 | | 15.9 | 6.77692 | 7.3138 | 7.9046 |
| 9 | | 19.7 | 7.1276 | 7.7869 | 8.6769 | | 19.7 | 7.19831 | 7.7221 | 8.3015 |
| 10 | | 23.8 | 7.2393 | 8.27 | 8.7903 | | 23.8 | 7.73094 | 8.2406 | 8.8077 |
| 11 | | 27.7 | 8.3127 | 9.1582 | 9.009 | | 27.7 | 8.3127 | 8.8089 | 9.3643 |
| 12 | | | | | | | | | | |
| 13 | | | | | | | Sq error | 2E-10 | 0.0697 | 0.0006 |
| 14 | | | | | | | | 0.07067 | 0.0648 | 0.3754 |
| 15 | | | | | | | | 0.49167 | 0.0294 | 0.0174 |
| 16 | | | | | | | | 7E-09 | 0.3493 | 0.3553 |
| 17 | | | | | | | | | | |
| 18 | | | | | | | sum | 1.82424 | | |
| 19 | | | | | | | | | | |
| 20 | | | Temp | 25 | | | | | | |
| 21 | | | Init dose | 4 | | Nmax | 8.8593 | | | |

図10-5　応答曲面法によるデータ解析 Ex 10-1

得られた係数値を用いると、初期菌数濃度と保存温度に対応した最大到達菌数が「曲面」として推定されます(**図10-6**)。

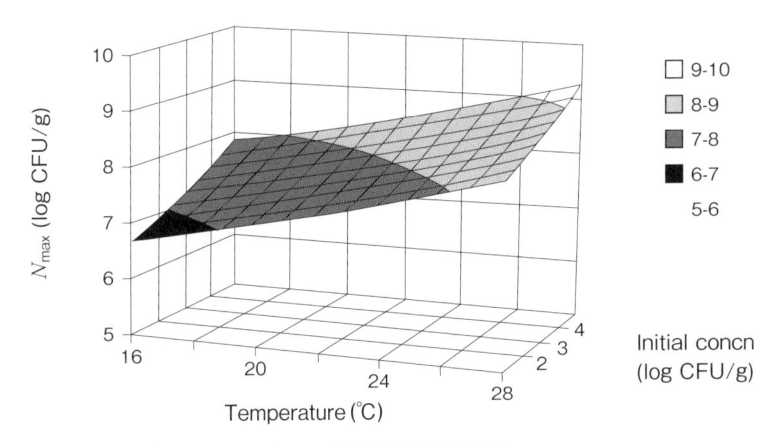


図10-6　牛肉中でのサルモネラの最大到達菌数の推定

次に温度25℃（**図10-5**：セルD20）および初期菌数4 log CFU/g（セルD21）のとき、得られた係数値を式10-3に代入して計算すると、サルモネラは最大8.86 log CFU/gに達すると推定されました（セルG21）。なお、温度23.8℃および初期菌数4.16 log CFU/gでの到達濃度は8.80 log CFU/gと予測され、（内部データではありますが）実測値8.79 log CFU/gに非常に近い値が得られました。

## 参考　ランダムウォーク

本書ではこれまで確率分布に基づいた統計モデルを中心に解説してきましたが、液体や気体中の微粒子の不規則な運動をランダムウォークRandom walk（酔歩）という単純化したモデルで考えることができます。ランダムウォークは確率モデルの1つで、確率モデルはモデル化した物体に確率に基づいた規則を与えて運動させるモデルといえます。本書では統計モデルと確率モデルとは分けて考えます。

ランダムウォークを1次元に単純化して、数直線上で左右に動く粒子を考えましょう。時刻$t=0$のとき原点にいた粒子が、次の時刻$t=1$のとき右または左に1歩移動するとします。ここで、正の方向に移動する確率を$p$とすると、負の方向に移動する確率は$1-p$となります（$0<p<1$）。したがって、時刻$t=1$で、この粒子は確率$p$で数直線上1の位置に、確率$1-p$で$-1$の位置にいます。し

かし、実際にどちらの方向に進むかは決定論的には分かりません。時刻$t = 1$で1の位置にいた粒子は、次のステップで確率$p$でさらに正の方向へ進んで2の位置に、確率$1-p$で負の方向に進んで0の位置に戻ります。同様に、時刻$t = 1$で−1にいた粒子は確率pで正の方向の0の位置に戻り、確率$1-p$でさらに負の方向の−2の位置に行きます。この操作を繰り返していくと、ランダムウォーク粒子の不規則な運動が観測できます。

実際にランダムウォーク粒子がどのように動くか、その軌跡をシミュレーションしてみましょう。まず、一様分布Uni[0, 1]から乱数を1個発生させます。正の方向に移動する確率$p$を0.5とします。例えば得られた乱数が0.289のときは$p = 0.5$より小さいので、粒子はX軸上を正の方向へ1ステップ進み、0.768のときは$p = 0.5$を超えるので負の方向へ1歩進むとします。つまり、$p$の値が移動方向の境界値になるわけです。この規則に従い、Excelを用いて50ステップまで行った例を**図10-7A**に示します。当然、同じ条件でもシミュレーションのたびに結果は異なります。条件を変えて$p = 0.7$とした場合は0.7の確率で正の方向が選ばれるため、**図10-7B**のような正の方向の移動数が多いシミュレーション結果が得られました。

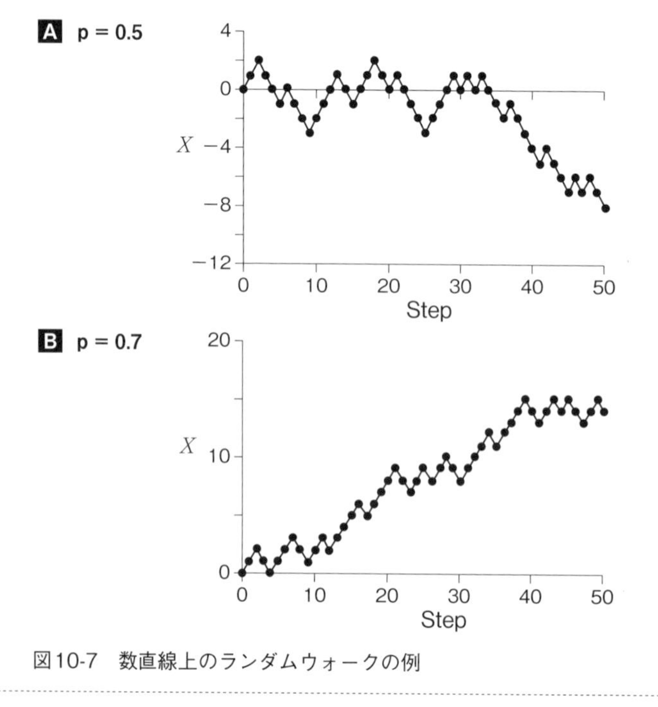


図10-7　数直線上のランダムウォークの例

さらに、ランダムウォーク粒子を、X軸方向とY軸方向の2次元平面でシミュレーションすることもできます。原点(0, 0)にいた粒子にX軸方向とY軸方向に一様分布Uni[0, 1]から乱数をそれぞれ1個発生させ、$p$ = 0.5として50ステップ移動した例を**図10-8**に示します。

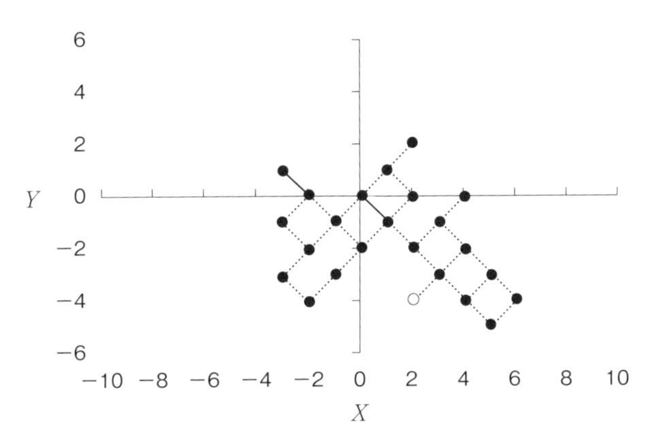


図10-8 2次元でのランダムウォーク例
最終位置は白丸で示します。

ある時刻の状態がその前の状態だけに依存する確率過程をマルコフ過程Markov processといいます。特に直前の時刻の状態にだけ依存する場合を単純マルコフ過程といいます。ランダムウォーク粒子はその典型的な例です。

次に、あるステップ数進んだ後、ランダムウォーク粒子は原点からどれほど離れているでしょうか。これは重要な課題ですが、ランダムウォーク粒子は再現性のないランダムな軌跡を示すため、**図10-7**および**図10-8**で分かるように、最終位置を決定論的に求めることはできません。

しかし、確率論的に最終位置の分布を知ることはできます。ここでは簡単のため、上記の1次元上のランダムウォーク粒子を考えます。この粒子が最終的に$n$ステップ動き、その中で正の方向へ$x$ステップ進んだとします。そのとき、粒子は負の方向へ$n-x$ステップ動いています。したがって、この粒子は最終的に原点から$x-(n-x) = 2x-n$の位置にいます。粒子の最終位置は正または負への移動の順序は関係しません。また、ランダムウォーク粒子の動きは正か負の2方向の選択しかないので、全ステップ中の正(または負)方向のステッ

プ数は二項分布が適用できます。したがって、$n$ステップ中$x$ステップが正の方向である確率$P(n, x)$は

$$P(n,x)=\binom{n}{x}p^x(1-p)^{n-x} \tag{10-4}$$

と表され、そのときの粒子の最終位置$s$は原点から$2x-n$です。

これらから例えば$n = 100$と$p = 0.6$のとき粒子の最終位置$s$の分布を求めると、**図10-9**のように解析できます。すなわちB行の正方向の回数$x$からC行で$s$を計算します。$x$の生成確率$P(x)$をD行で求めます。例えば最初の$x = 0$（セルB7）については=BINOM.DIST(B7, $D$3, $D$4, FALSE)となります。ここでセルD3とD4には$n$と$p$の値を入れます。

| | A | B | C | D | E | F | G |
|---|---|---|---|---|---|---|---|
| 1 | **最終位置の分布** | | | | | | |
| 2 | | | | | | **Sample** | |
| 3 | | | **n=** | **100** | | **avr** | **20** |
| 4 | | | **p=** | **0.6** | | **var** | **96** |
| 5 | | | | | | | |
| 6 | | **x** | **s** | **P(x)** | **sP(x)** | **dif^2*P** | |
| 7 | | **0** | **-100** | **2E-40** | **-2E-38** | **2E-36** | |
| 8 | | **1** | **-98** | **2E-38** | **-2E-36** | **3E-34** | |
| 9 | | **2** | **-96** | **2E-36** | **-2E-34** | **2E-32** | |

図10-9　ランダムウォーク粒子の最終位置sの解析

$s = 2x-n$の関係を使って各$s$に対する生成確率$P(x)$をグラフに表すと、ほぼ左右対称の分布を示します（**図10-10**）。これが求める最終位置$s$の分布になります。最頻値は$s = 20$です。これはステップ数が$n = 100$と非常に大きいため、二項分布Bin$(n, p)$は正規分布に非常に類似し、その平均$np = 100 \times 0.6 = 60$が$x$の最頻値となるからです。したがって、$s = 2x-n$から$s$の最頻値は$s = 2 \times 60 - 100 = 20$と計算されます。

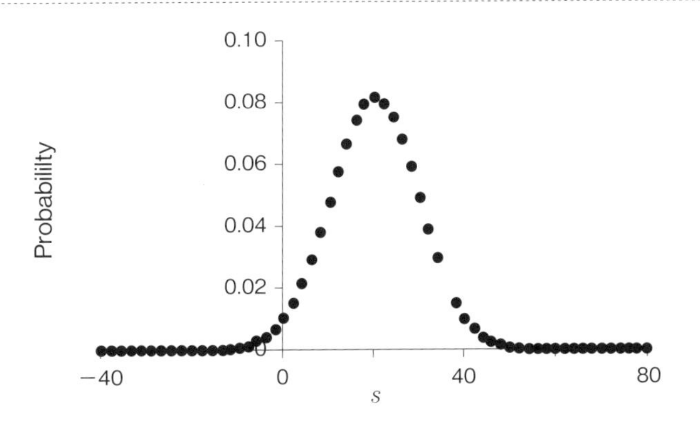


図10-10　ランダムウォーク粒子の最終位置$s$

一方、最終位置の平均$avr$と分散$var$を確率の定義から考えてみましょう。最初の1ステップ後の粒子の位置$s$の平均$avr_1$と分散$var_1$は、各定義から次のように求められます。

$$avr_1 = 1 \times p + (-1) \times (1-p) = 2p-1$$

$$var_1 = 1^2 \times p + (-1)^2 \times (1-p) - (2p-1)^2 = 4p(1-p)$$

### 問10-3

2ステップ後の粒子の位置は粒子の位置の平均$avr_2$と分散$var_2$を求めなさい。

$n$ステップ後の粒子の位置の平均$avr_n$と分散$var_n$は

$$avr_n = n(2p-1) \tag{10-5}$$

$$var_n = 4np(1-p) \tag{10-6}$$

と求められます。

上の例では$n = 100$, $p = 0.6$より、平均$avr_{100} = 100 \times (2 \times 0.6 - 1) = 20$と分散$var_{100} = 4 \times 100 \times 0.6 \times (1 - 0.6) = 96$と計算されます。一方、上記の二項分布からの解法では、**図10-9**に示したように各$s$とそれに対する確率の積

(E列)から標本平均、さらに平均との差の二乗から標本分散を計算すると、それぞれ20と96が得られます(G列)。これらの結果は式10-5と式10-6による理論値と一致することが分かります。

実際に$n$ = 50および$p$ = 0.6の条件でランダムウォーク粒子を移動させ、その最終位置$s$を求めるシミュレーションを150回行うと、**図10-11**に示すヒストグラムが得られました。ほぼ左右対称の分布となり、二項分布による**図10-10**の分布と類似した形状を示しました。このシミュレーションからは標本平均10.2、標本分散48.0と計算され、理論的には平均10、分散48ですから、この実験結果も理論値とよく一致しました。

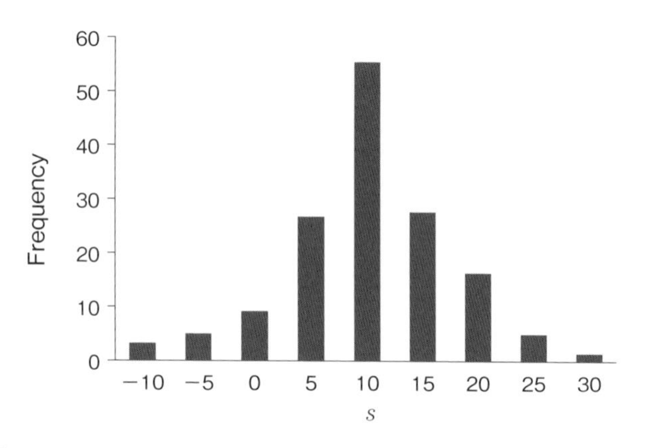


図10-11　シミュレーションによるランダムウォーク粒子の最終位置$s$

### 問 10-4

$n$ = 50および$p$ = 0.6の条件で、ランダムウォーク粒子の最終位置$s$の平均と分散の理論値を求めなさい。

なお、これまでの説明では一様分布Uni[0, 1]から発生させた乱数を使っていました。一様分布以外の確率分布から生成した乱数を使ってランダムウォークをモデル化することも、その目的に応じてできます。例えば平均4のポアッソン分布Pois(4)から乱数(正の整数)を発生させ、その値が4以下の場合は正の方向に、4を超えた場合は負の方向に移動するとしたランダムウォークモデルもできます。**図10-12**に50ステップまでシミュレーションした例を示します。

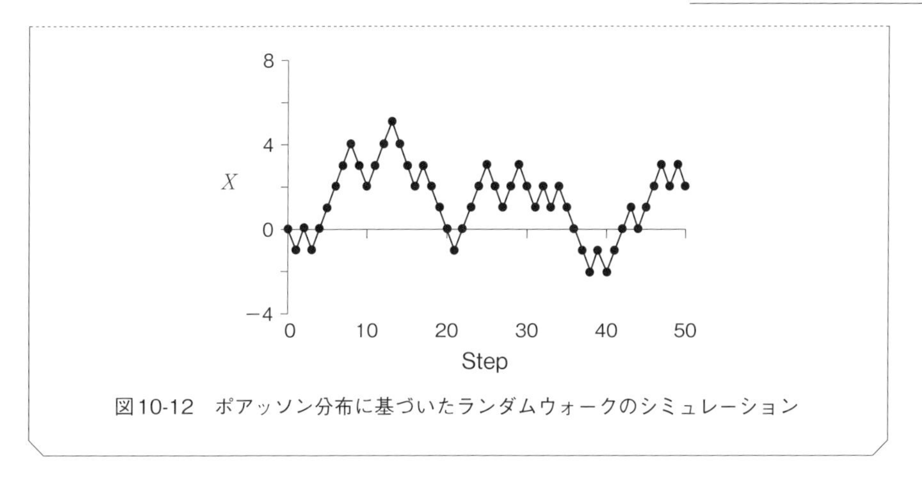

図10-12　ポアッソン分布に基づいたランダムウォークのシミュレーション

## 参考文献

1) H. Fujikawa, I. I. Sabike, and A.M. Edris 2015. Biocontrol Science. 20: 215-220.

2) 藤川　浩　2015「Excelで学ぶ食品微生物学」 p.93, オーム社.

# 問 解答

## 問 10-1

平均については標本平均$m$と中心極限定理による平均は等しく、またストラップ法による平均$M$も同じ値となりました。標準偏差については元データの不偏標準偏差$s = 6.87$より、標本分散は$6.87^2 \times (6-1)/6 \fallingdotseq 39.33$、標本標準偏差は6.27と計算されます。中心極限定理より標準偏差は$6.27 \times 1/\sqrt{6} \fallingdotseq 2.56$と推定されます。この値はブートストラップ法の不変標準偏差2.56と同じ値となりました。なお、例題のブートストラップ法では$n = 100{,}000$ですから不変標準偏差と標本標準偏差とは同じ値と考えられます。

## 問 10-2

$$N_{\max} = a_1T^3 + a_2I^3 + a_3T^2I + a_4TI^2 + a_5T^2 + a_6TI + a_7I^2 + a_8T + a_9I + a_{10}$$

この式から10個となります。

## 問 10-3

1ステップで数直線上の+1に確率$p$でいる粒子が2ステップ後に+2にいる確率は$p^2$、原点にいる確率は$p(1-p)$です。1ステップで数直線上の−1に確率$1-p$でいる粒子が、2ステップ後に−2にいる確率は$(1-p)^2$、原点にいる確率は$(1-p)p$です。したがって

$$avr_2 = 2 \times p^2 + 0 \times 2p(1-p) + (-2) \times (1-p)^2$$

これを計算すると、$avr_2 = 2(2p-1)$となります。

$$var_2 = 2^2 \times p^2 + (0)^2 \times 2p(1-p) + (-2)^2 \times (1-p)^2 - (2(2p-1))^2$$

これを計算すると、$var_2 = 8p(1-p)$となります。
いずれも1ステップの値の2倍です。

### ㊂ 10-4

平均：$50 \times (2 \times 0.6 - 1) = 10$、分散：$4 \times 50 \times 0.6 \times (1 - 0.6) = 4 \times 50 \times 0.6 \times 0.4 = 48$

# 練習問題　解答

## 第2章

### 練習問題2-1

毎回1個を取り出す際に規格外である確率は一定であると考えられるため、復元抽出に相当します。

(1)　1個当たりの確率が常に0.05であると考えられるので、3個では0.053 = 0.000125となります。

(2)　余事象は「3個すべて規格内である」です。したがって、求める確率は$1-(1-0.05)^3 = 1-0.95^3 \fallingdotseq 0.185$となります。

### 練習問題2-2

500個中、500 × 0.05 = 25個が規格外、500 − 25 = 475個が規格内でした。

(1)　${}_{475}C_0 \times {}_{25}C_3 / {}_{500}C_3 = 2300/20708500 \fallingdotseq 0.000111$

(2)　余事象「すべて規格内である」を考えると、${}_{1-475}C_3 \times {}_{40}C_0 / {}_{500}C_3 = 1-17749325/20708500 \fallingdotseq 0.143$あるいは$1-(1-0.05)^3 \fallingdotseq 0.143$

### 練習問題2-3

1. 最初に正解を選んだ場合（その確率は1/4）、番号を変えると失敗になります。最初に不正解を選んだ場合（その確率は3/4）、司会者がもう1つの不正解を教えてくれるので、残りは2つとなり、その正解率は1/2です。したがって、最終的な正解率$P(4)$は$P(4) = 1/4 \times 0 + 3/4 \times 1/2 = 3/8 = 0.375$となります。実際に100回乱数を発生させてシミュレーションした結果、正解率は0.37を得られました。
2. 最初に正解を選んだ場合（その確率は1/5）、番号を変えると失敗になります。最初に不正解を選んだ場合（その確率は4/5）、司会者がもう1つの不正解を教えてくれるので、残りは3つとなり、その正解率は1/3です。したがって、最終的な正解率$P(5)$は$P(5) = 1/5 \times 0 + 4/5 \times 1/3 = 4/15$で、0.2666･･･となります。実際に100回乱数を発生させてシミュレーションした結果、正解率は0.27333･･･を得られました。

# 第3章

## 練習問題3-1

サンプルサイズ4と$X$の平均$E[X]$ = 5.2から、$Y$の平均$E[Y]$は5.2×4 = 20.8となります。また、分散$V[Y]$は$X$の分散$V[X]$ = 1.96から分散1.96×4 = 7.84 = 2.82と推測できます。

Rを用いた10,000回のシミュレーションの結果、次のような左右対称の正規分布とみなせるヒストグラムが得られました。その平均と標準偏差は20.77および2.82となり、上記の理論値に非常に近い値が得られました。

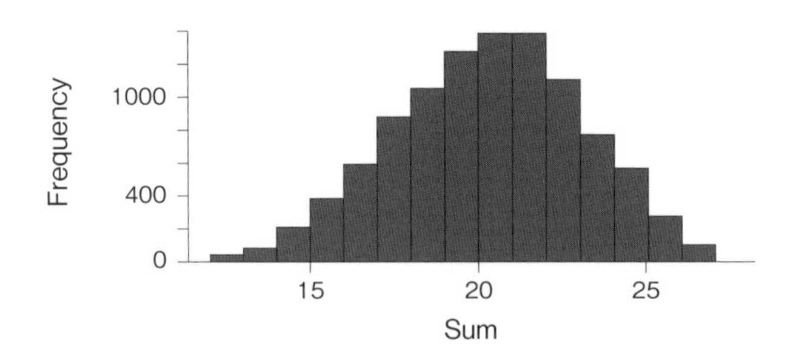


# 第4章

## 練習問題4-1

コインCをトスした結果は表と裏が出る事象しかなく、各事象は独立していると考えられるので、この事象はベルヌーイ分布が適用できます。問題文の結果が現れる確率、つまり尤度$L(p)$は$L(p) = p^4(1-p)^3$と表せます。この式を$p$で微分すると

$$\frac{dL}{dp} = 4p^3(1-p)^3 + 3p^4(1-p)^2(-1) = p^3(1-p)^2\{4(1-p)-3p\}$$

と計算され、最終的に$\frac{dL}{dp} = p^3(1-p)^2(4-7p)$となります。増減表を使うと$L(p)$は4 − 7$p$ = 0を満たす$p$、つまり$p$ = 4/7 = 0.5714･･･のとき最大となり、この値が$p$の最尤値となります。ソルバーを使った数値解析でも$p$ = 0.5714･･･のとき尤度は最大となります。尤度$L(p)$をグラフに描いても確認できます。

**練習問題4-2**

尤度$L(\mu)$は次のようにポアッソン分布による5つの確率の積になります。

$$L(\mu)=e^{-\mu}\frac{\mu^{x_1}}{x_1!}\cdot e^{-\mu}\frac{\mu^{x_2}}{x_2!}\cdot e^{-\mu}\frac{\mu^{x_3}}{x_3!}\cdot e^{-\mu}\frac{\mu^{x_4}}{x_4!}\cdot e^{-\mu}\frac{\mu^{x_5}}{x_5!}$$

ここで$x_1=1$, $x_2=4$, $x_3=3$, $x_4=2$, $x_5=5$です。

**微分法による解法**：尤度$L(\mu)$を$\mu$で微分すると、次の式のように表せます。

$$\frac{dL}{d\mu}=\frac{L}{\mu}\left(-5\mu+x_1+x_2+x_3+x_4+x_5\right)$$

この式を0にする$\mu$の値は次のようになります。

$$\mu=\frac{1}{5}\left(x_1+x_2+x_3+x_4+x_5\right)$$

増減表で$\mu$がこの値のとき尤度は最大を示すので、求める$\mu$の値は、この式に数値を代入して3となります。

**数値解析による解法**：Excelを使うと下の図のように計算し、ソルバーによって最適値は3となります。

| | | mu | | |
|---|---|---|---|---|
| | | 3 | | |
| | p | -ln p | sum | 8.97127 |
| 1 | 0.149361 | 1.901388 | | |
| 4 | 0.168031 | 1.783605 | | |
| 3 | 0.224042 | 1.495923 | | |
| 2 | 0.224042 | 1.495923 | | |
| 5 | 0.100819 | 2.29443 | | |

次に$\mu$ = 3のときの週当たりの交通事故数$x$が5件以上となる確率$P(x \geq 5)$を求めます。Excelを使うと=POISSON.DIST(4, 3, TRUE)で$\mu$が4までの累積確率$P_4$が得られるので、$P(\mu \geq 5) = 1 - P_4 \fallingdotseq 0.185$が得られます。

# 第6章

## 練習問題6-1

下の図に示すようにポアッソンモデルでAICは約169.2となり、負の二項モデルの値（約164.6）よりも大きな値となりました。商品Cの売り上げに関しては負の二項モデルのほうが適していました。

| | A | B | C | D | E |
|---|---|---|---|---|---|
| 1 | 商品C | | ポアッソンモデル | | |
| 2 | | μ | | sum | AIC |
| 3 | | 7.8 | | 83.613 | 169.23 |
| 4 | | | | | |
| 5 | No. | data | P | -ln P | |
| 6 | 1 | 10 | 0.0941 | 2.3632 | |
| 7 | 2 | 13 | 0.026 | 3.6486 | |
| 8 | 3 | 6 | 0.1282 | 2.0545 | |

## 練習問題6-2

下の図に示すように、どちらの手法でもAICは等しくなりました。なお、両法で平均値は等しく、標準偏差にわずかの差がありました。

| Nor:f(x) | | | Nor:ΔF(x) | |
|---|---|---|---|---|
| mean | 122.37 | | mean | 122.37 |
| sd | 10.094 | | sd | 10.09 |
| sum | 111.93 | | sum | 111.93 |
| AIC | 227.86 | | AIC | 227.86 |

### 練習問題6-3

下の図のようにL-M列のデータについて最尤法で最適な平均$\mu$の値を求めます。AICは二項モデルの値よりも大きくなりました。次に階級値に対してポアッソン分布の累積分布関数を用いて各度数を推定します（P-Q列）。

| L | M | N | O | P | Q |
|---|---|---|---|---|---|
| | | | | | |
| | | Pois | | | |
| | | $\mu$ | 10.16 | sum | 233.732 |
| | | | | AIC | 469.464 |
| | | | | | |
| 階級値 | 数量 | P | -ln P | | Pois |
| 5 | 4 | 1E-06 | 13.4208 | 0.1204 | 12 |
| 8 | 35 | 2E-34 | 77.5927 | 0.3177 | 32 |
| 11 | 46 | 7E-44 | 99.3262 | 0.3381 | 34 |
| 14 | 15 | 1E-19 | 43.392 | 0.2238 | 22 |
| | | | | sum | 100 |

### 練習問題6-4

下の図に示す数値解析の結果、N(175.3, $13.54^2$)が求める正規モデルであり、そのAICは245.46となりました。この値はポアッソンモデルの値よりもやや高い値でした。

| G | H | I | J | K | L |
|---|---|---|---|---|---|
| Histogram of Sample M | | | | | |
| Norm | | | | | |
| | | $\mu$ | 175.33 | sum | 120.73 |
| | | $\sigma$ | 13.536 | AIC | 245.46 |
| | | | | | |
| Value of class | Data | *P* | -ln *P* | Nor | Nor |
| 155 | 4 | 0.01 | 18.61 | 0.1287 | 4 |
| 165 | 7 | 0.022 | 26.71 | 0.2181 | 7 |
| 175 | 9 | 0.029 | 31.721 | 0.2881 | 8 |
| 185 | 6 | 0.023 | 22.676 | 0.2259 | 7 |
| 195 | 2 | 0.01 | 9.1596 | 0.1051 | 3 |
| 205 | 2 | 0.003 | 11.852 | 0.0342 | 1 |
| sum | 30 | | | 1 | 30 |

# 第7章

## 練習問題7-1

1つのシミュレーション結果を下の図に示します。標本平均、標本分散共に元の分布の値に近い値が得られました。

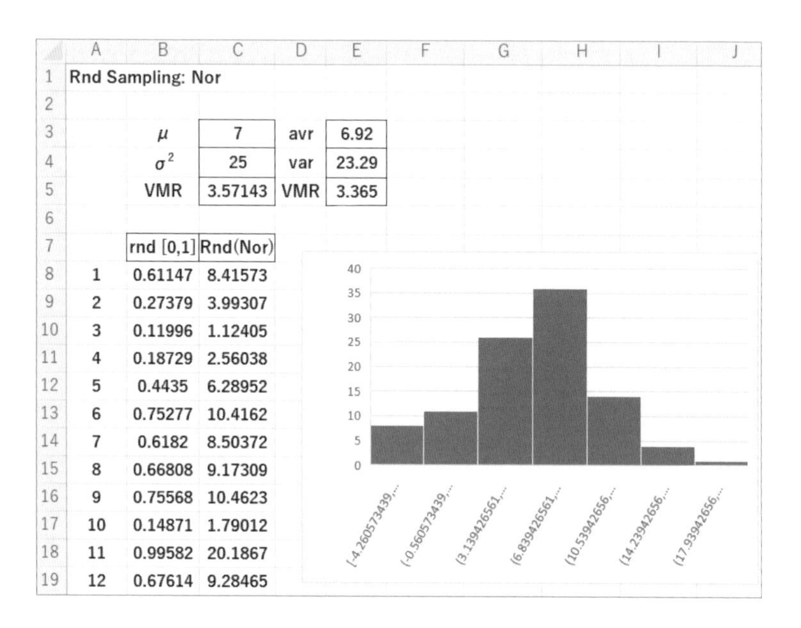

| | A | B | C | D | E |
|---|---|---|---|---|---|
| 1 | Rnd Sampling: Nor | | | | |
| 2 | | | | | |
| 3 | | $\mu$ | 7 | avr | 6.92 |
| 4 | | $\sigma^2$ | 25 | var | 23.29 |
| 5 | | VMR | 3.57143 | VMR | 3.365 |
| 6 | | | | | |
| 7 | | rnd [0,1] | Rnd(Nor) | | |
| 8 | 1 | 0.61147 | 8.41573 | | |
| 9 | 2 | 0.27379 | 3.99307 | | |
| 10 | 3 | 0.11996 | 1.12405 | | |
| 11 | 4 | 0.18729 | 2.56038 | | |
| 12 | 5 | 0.4435 | 6.28952 | | |
| 13 | 6 | 0.75277 | 10.4162 | | |
| 14 | 7 | 0.6182 | 8.50372 | | |
| 15 | 8 | 0.66808 | 9.17309 | | |
| 16 | 9 | 0.75568 | 10.4623 | | |
| 17 | 10 | 0.14871 | 1.79012 | | |
| 18 | 11 | 0.99582 | 20.1867 | | |
| 19 | 12 | 0.67614 | 9.28465 | | |



# 第8章

## 練習問題8-1

次の図に示す結果が得られます。本モデルのAICはモデルIの－8.193（図8-6）よりも大きな値となり、モデルIのほうがデータに適していました。

| | A | B | C | D | E | F | G |
|---|---|---|---|---|---|---|---|
| 1 | | | | | | | |
| 2 | | Norm | a | b | c | | |
| 3 | | $\mu$ | 0.004583 | 0.2465 | 0.033 | sum | -7.2098 |
| 4 | | $\sigma$ | 0.132688 | | | AIC | -6.4196 |
| 5 | | | | | | | |
| 6 | | Dose | Response | P | -ln P | | |
| 7 | | 0 | 0.05 | 2.982 | -1.0926 | | |
| 8 | | 0 | 0.06 | 2.945 | -1.0801 | | |
| 9 | | 0 | 0.02 | 2.9922 | -1.096 | | |

**練習問題8-2**

**最小2乗法**：Excelでの解析結果を次の図に示します。回帰直線の係数の最適値は4行目に示されます。

|  | A | B | C | D | E | F | G |
|---|---|---|---|---|---|---|---|
| 1 | 重回帰分析 |  | $y=ax_1+bx_2+cx_1x_2+d$ |  |  |  |  |
| 2 |  |  |  |  |  |  |  |
| 3 |  |  | a | b | c | d | sum |
| 4 |  | 正規モデル | 2.5495 | 0.9612 | -0.014 | -5.98 | 7.6076 |
| 5 |  |  |  |  |  |  |  |
| 6 |  | y | $x_1$ | $x_2$ | Dif^2 |  |  |
| 7 |  | 3.3 | 3.3 | 2 | 0.929 |  |  |
| 8 |  | 4.1 | 3.3 | 2 | 0.0268 |  |  |
| 9 |  | 4.6 | 3.3 | 2 | 0.113 |  |  |

次にRでの解析結果を示します。係数の最適値はExcelの結果とすべて一致しました。

```
Call:
lm(formula = y ~ x1 + x2 + x1 * x2, data = ab.data)

Residuals:
    Min      1Q  Median      3Q     Max 
-1.1043 -0.5515  0.1013  0.4588  1.3116 

Coefficients:
            Estimate Std. Error t value Pr(>|t|)    
(Intercept) -5.98030    2.17387  -2.751 0.018857 *  
x1           2.54953    0.48232   5.286 0.000258 ***
x2           0.96119    0.53591   1.794 0.100389    
x1:x2       -0.01389    0.11410  -0.122 0.905271    
---
Signif. codes:  0 '***' 0.001 '**' 0.01 '*' 0.05 '.' 0.1 ' ' 1

Residual standard error: 0.8316 on 11 degrees of freedom
Multiple R-squared:  0.9733,	Adjusted R-squared:  0.9661 
F-statistic: 133.8 on 3 and 11 DF,  p-value: 6.142e-09
```

**正規モデル（分散一定）**：Excelでの解析結果を次の図に示します。係数の最適値は4行目に示すように、最小2乗法およびRによる値とすべて異なりました。

| | A | B | C | D | E | F | G | H |
|---|---|---|---|---|---|---|---|---|
| 1 | 重回帰分析 | | $y=ax_1+bx_2+cx_1x_2+d$ | | | | | |
| 2 | | | | | | | | |
| 3 | | | a | b | c | d | σ | sum |
| 4 | | 正規モデル | 1.8423 | 0.7906 | 0.0569 | -4.036 | 0.429 | 3.4424 |
| 5 | | | | | | | | AIC |
| 6 | | y | $x_1$ | $x_2$ | P | -ln P | | 16.885 |
| 7 | | 3.3 | 3.3 | 2 | 0.2461 | 1.402 | | |
| 8 | | 4.1 | 3.3 | 2 | 0.9041 | 0.1008 | | |
| 9 | | 4.6 | 3.3 | 2 | 0.3501 | 1.0496 | | |

# 第9章

## 練習問題9-1

下に示す解析結果となりました。AIC = 3964.6は、モデルIIIよりも大きな値でした。

| | A | B | C | D | E | F | G |
|---|---|---|---|---|---|---|---|
| 1 | 正規回帰モデル | | | $y \sim N(ax+b, \sigma^2)$ | | | |
| 2 | | | av | a<0 | -2278 | sum | 1978.3 |
| 3 | | | | b | 12838 | AIC | 3964.6 |
| 4 | | | sd | sd | 4782.3 | | |
| 5 | | | | | | | |
| 6 | | | | | | | |
| 7 | No. | x | y | P | -ln P | | |
| 8 | 1 | 4 | 6231 | 7E-05 | 9.5288 | | |
| 9 | 2 | 4 | 2506.2 | 8E-05 | 9.4241 | | |
| 10 | 3 | 4 | 2859.7 | 8E-05 | 9.408 | | |

# 索 引

## 数字、記号



## アルファベット

## あ行



## か行



## さ行

## た行



## な行



## は行

## ま行



## や行



## ら行



## わ行

〈著者略歴〉
藤川　浩（ふじかわ　ひろし）
東京農工大学名誉教授、理学博士。専門は食品衛生学、公衆衛生学。著書に『Excelで学ぶ食品微生物学』（オーム社）、『実践 食品安全統計学 - R と Excel を用いた品質管理とリスク評価』（NTS）、『演習で身につける統計学入門』、『リスク解析がわかる』（ともに技術評論社）など。



Excel と R による例題で学ぶ統計モデル・データ解析入門
：最小２乗法から最尤法へ

2024 年 5 月 22 日　　第 1 版第 1 刷発行

著　者　藤川　浩
発行者　村上和夫
発行所　株式会社 オーム社
郵便番号　101-8460
東京都千代田区神田錦町 3-1
電話　03(3233)0641(代表)
URL　https://www.ohmsha.co.jp/



組版　トップスタジオ　　印刷・製本　壮光舎印刷
ISBN978-4-274-23199-5　Printed in Japan